甘肃省黄河国家文化公园建设 专项资金资助

兰州大学黄河国家文化公园研究院

◎黄河文化研究丛书

◎总主编 彭岚嘉 杨建军

黄河国家文化公园研究论集

◎主编 彭岚嘉

◎副主编 沈明杰 钟祖流

兰州大学出版社
LANZHOU UNIVERSITY PRESS

图书在版编目（CIP）数据

黄河国家文化公园研究论集 / 彭岚嘉主编. -- 兰州：
兰州大学出版社，2024.10
（黄河文化研究丛书 / 彭岚嘉，杨建军主编）
ISBN 978-7-311-06649-9

Ⅰ．①黄… Ⅱ．①彭… Ⅲ．①黄河－国家公园－文集
Ⅳ．①S759.992-53

中国国家版本馆 CIP 数据核字(2024)第 023030 号

责任编辑　李有才　梁建萍
封面设计　倪德龙

书　　名　黄河国家文化公园研究论集
作　　者　彭岚嘉　主编
出版发行　兰州大学出版社　（地址:兰州市天水南路222号　730000）
电　　话　0931-8912613(总编办公室)　0931-8617156(营销中心)
网　　址　http://press.lzu.edu.cn
电子信箱　press@lzu.edu.cn
印　　刷　兰州人民印刷厂
开　　本　710 mm×1020 mm　1/16
成品尺寸　170 mm×240 mm
印　　张　22.5
字　　数　355千
版　　次　2024年10月第1版
印　　次　2024年10月第1次印刷
书　　号　ISBN 978-7-311-06649-9
定　　价　85.00元

前言：黄河国家文化公园研究综述①

　　2019年9月18日，习近平总书记在河南郑州主持召开黄河流域生态保护和高质量发展座谈会并发表重要讲话，指出"黄河文化是中华文明的重要组成部分，是中华民族的根和魂"，要"保护、传承、弘扬黄河文化"②。2020年10月，党的十九届五中全会通过了《中共中央关于制定国民经济和社会发展第十四个五年规划和二〇三五年远景目标的建议》，首次提出要建设黄河国家文化公园。2021年4月，国家发展和改革委员会等七部门联合印发《文化保护传承利用工程实施方案》，提出要在2025年基本完成大运河、长城、长征、黄河等四大国家文化公园建设。在此背景下，诸学者就"黄河国家文化公园"进行了程度不同、角度不一的探究。对这些研究进行梳理，以期对黄河国家文化公园建设有所帮助。全文共分三个部分，第一部分总结国内学者对黄河文化、黄河国家文化公园概念研究的发展历程，并对黄河文化、黄河国家文化公园的定义与内涵进行界定与统一。第二部分系统介绍黄河国家文化公园的理论发展。第三部分对围绕黄河国家文化公园的实践发展研究的相关成果进行梳理，总结黄河国家

---

① 文章由沈明杰、钟祖流执笔。沈明杰，男，兰州大学艺术学院副教授、博士，兰州大学丝绸之路文化创意设计研究中心主任，主要从事文化创意产业和西部文化研究。钟祖流，男，赣南师范大学文学院副教授、博士，主要从事文化产业、文学与文化批评研究。

② 习近平：《在黄河流域生态保护和高质量发展座谈会上的讲话》，《中国水利》2019年第20期，第1-3页。

文化公园的可行发展模式，并提出黄河国家文化公园的可行发展模式。

一、黄河文化及黄河国家文化公园的含义界定

无论是对黄河文化还是对黄河国家文化公园含义的探讨，基本都在流动中进行；换言之，对二者含义的探讨随时间持续推进，在不断拓维优化中服务于社会发展需要。文化是国家文化公园建设的"本质属性和显性特征"[①]，在新时期对黄河文化的内涵展开更深入的阐释是黄河国家文化公园建设的根之所在。基于此，学界对黄河文化的研究进入一个全新的时期，诸多学者从黄河文化的形成和传播、界定与诠释、创新与发展、历史意义与时代价值等方面展开新的阐述。

（一）新时期黄河文化研究述略

从黄河文化的形成与内涵、传播与影响介入分析，是相对较长的时段内较为流行的研究范式。田学斌指出，习近平总书记强调黄河文化是中华民族的根和魂，这是对黄河文化在中华文明产生和发展中的科学定位。"根"指的是中华文明起源于黄河文化，"魂"指的是中华文明的基本内核、价值观念和黄河文化一脉相承，要在培"根"铸"魂"中弘扬黄河文化孕育的民族精神[②]。张占仓从地域和流域、人口迁移、空间地域、民族演绎、文化传承等角度分析了黄河文化的丰富内涵后，归纳出黄河文化具有根源性、灵魂性、包容性、忠诚性、原创性和可持续性等六大特征，进而提出黄河文化在中华民族伟大复兴、生态环境治理、黄河流域高质量发展、弘扬传统文化、区域协同发展和构建人类命运共同体等方面具有重要的时代价值[③]。葛剑雄指出，中华民族早期的生活和生产方式、价值观念、伦理道德、审美情趣和文学艺术都形成于黄河流域，亦或是在黄河流域形成黄河文化的主体后再传播并影响到其他地区。因此，中华文明的源头是

[①] 张祝平：《黄河国家文化公园建设：时代价值、基本原则与实现路径》，《南京社会科学》2022年第3期，第154-161页。

[②] 田学斌：《黄河文化：中华民族的根和魂》，《学习时报》2021年2月5日第A1、A5版。

[③] 张占仓：《黄河文化的主要特征与时代价值》，《中原文化研究》2021年第6期，第86-91.

中华民族的先民在黄河流域创造的黄河文明①。此外，黄河还哺育了华夏民族的主体。一方面，聚居于黄河流域的华夏族随着周朝的分封和迁移不断融合残留的戎、狄、蛮、夷人口；另一方面，秦汉至宋元之际，大规模的人口迁徙使华夏人口遍布全国各地，与匈奴、乌桓、鲜卑、突厥、吐蕃、蒙古、满等民族相交融，不仅促进了中华民族主体的形成，还扩大了中华文明的影响范围。

黄河文化因其丰赡内涵及深厚价值，成为黄河国家文化公园建设过程中极有必要探讨的关键，而分析黄河文化的历史意义与当代价值又是一大重点。张锟指出，黄河文化在历史进程其范围与内涵都在不停发生变化，范围也在不断扩大增多，近代以来黄河文化已经创造性地和红色文化、社会主义先进文化有机融合在一起，被赋予更多内涵与价值②。任慧等从地理空间、生产生活方式、社会结构、历史演进等角度较为全面地梳理了黄河文化的形成与发展脉络，并提出中国共产党在面临亡国灭种的危机中担负起了民族复兴的重任，在中华民族救亡图存的历程中形成了以黄河为主要象征意象的具有刚健美学风格的革命文化。同时，伴随着民族国家意识的觉醒和中华民族命运共同体的构建，以黄河为主题、对象、象征的中国文艺创作达到空前的高度③。

围绕黄河文化，视角的独特可衍生不一样的研究成果。譬如，刘庆柱和李云鹏分别从地域文化和水利文化的角度，强调黄河文化的重要性与独特价值。刘庆柱强调"中原"在黄河文化中的重要地位，认为中华民族五千年的文明之所以不断裂，就是因为形成于黄河中游中原地区的中华民族历史文化的"根"与"魂"一直存在，这里保存着中国境内最重要、最具有代表性的国家文化遗产，数千年来一直是国家政治、经济管理、文化礼

---

① 葛剑雄：《黄河：中华民族的魂，中华民族的根》，《光明日报》2022年4月6日第11版。
② 张锟：《丰富和发展黄河文化的时代内涵》，《河南日报》2020年9月16日第21版。
③ 任慧、李静、肖怀德、鲁太光：《黄河文化论纲》，《艺术学研究》2021年第1期，第5-19页。

仪活动、军事指挥的中心所在地①。李云鹏认为"黄河水利文化是黄河文化的核心和特征组成"，黄河水利文化内涵包括治水哲学与治河策略、水利工程与水利科技、水利精神等层面。要结合黄河国家文化公园建设，从系统保护各类水利遗产、挖掘传承传统水利科技、展示弘扬特色水利文化等方面出发，将黄河国家文化公园建成保护传承弘扬黄河文化独特价值、展现中华民族精神的核心载体与平台②。

近年来围绕黄河文化进行的新界定、新论述、新阐释，拓展了黄河文化的研究视野，为后续黄河文化的研究提供了新的思路与新的视野，也为黄河国家文化公园建设奠定了扎实的理论基础。

（二）黄河国家文化公园建设的核心要义

对黄河国家文化公园的概念界定可从黄河、国家、文化、公园四个关键词入手。国家是推动建设的主体，因而黄河国家文化公园的建设是站在国家高度的顶层设计。"黄河"在很大范围上对建设划定了地理区间与符号空间，"文化"则是黄河国家文化公园建设的主要内容。保护传承黄河文化是黄河国家文化公园建设的核心要义，更是"培中华之根和铸民族之魂的历史使命和时代需求"。推动黄河文化的保护传承，有助于延续中华历史文脉、坚定文化自信，为实现社会主义文化强国凝聚精神力量。

胡全章站在"构建具有中国特色的黄河文化价值体系"的角度，指出在传承保护弘扬黄河文化的系统工程中，保护是基础与前提，传承是关键和重点，弘扬是目的和难点，要加强对黄河文化的学理性研究和创新性阐释③。牛家儒则认为，加强黄河流域文化保护传承与合理利用，有助于推动中华优秀传统文化的传承与创新，有利于促进黄河流域区域经济区和"一带一路"沿线地区高质量发展。在对黄河流域文化资源保护和利用现状做了分析梳理后，牛家儒从黄河文化系统保护工程、建立健全黄河流域

① 刘庆柱：《黄河文化是中华民族文化的根和魂》，《中国民族博览》2021年第9期，第19–23页。
② 李云鹏：《对黄河水利文化及黄河国家文化公园建设的思考》，《中国文化遗产》2021年第5期，第58–63页。
③ 胡全章：《关于保护传承弘扬黄河文化的思考》，《黄河文明与可持续发展》2020年第2期，第1–4页。

文化保护工作协调机制、打造具有国际影响力的黄河文化旅游带、加大财政支持力度和引导社会资金、深入挖掘黄河文化内涵讲好"黄河故事"等方面提出黄河流域文化高质量发展的对策建议①。

整体性思维与系统性研究尤为重要。正如赵虎等人指出，目前对黄河文化遗产的研究多从地方视角出发，关注民俗和文物，不仅没有对遗产资源进行整体性和系统性研究，还忽视了水利工程的遗存。因此，要对黄河文化遗产的概念认识、构成原则和构成体系进行解析，构建黄河文化遗产研究的基本框架，在此基础上提出黄河文化遗产保护和利用对策建议②。郭永平认为，在对黄河流域文化资源进行梳理的基础上，借助文化赋值打造高端文创产品，构建人与自然和谐共生的文化生态系统，打造区域共同体，满足黄河流域高质量发展的现实需求③。

建设黄河国家文化公园是探求中国文化真髓、推动中华文化传承发展、展示文化自信和国际话语权的重要路径之一。这同董二为提出的黄河国家文化公园是黄河文化保护与传承的重要举措趋近，他认为可以借鉴国际上建设国家公园的经验，结合中国国情，从保持原貌、挖掘文化、突出教育、强调休闲等四个方面推进黄河国家文化公园的建设。黄河文化目前存在保护传承弘扬水平总体不高，保护修缮、宣传展示和文旅融合力度不足，缺乏有影响力的文化符号和品牌等问题，因而黄河国家文化公园建设可成为新时期推进黄河文化保护传承弘扬的战略抓手，这在王利伟等人的研究中便有体现。建设黄河国家文化公园需要处理好国家标准与地方特色、长期目标和短期见效、政府引导与市场主导、传统保护与现代运营、公园建设与黄河战略等关系，还需要做到制订合理的系统建设保护路径，建立协调有序的国家公园管理体制，健全政府与市场结合的现代公园运营体系，构建多元要素支撑系统，推动黄河国家文化公园建设纳入黄河流域

---

① 牛家儒：《论黄河流域文化的保护传承和合理利用》，《中国市场》2021年第6期，第1-4页。

② 赵虎、杨松、郑敏：《基于水利特性的黄河文化遗产构成刍议》，《城市发展研究》2021年第2期，第83-89页。

③ 郭永平：《乡土资源、文化赋值与黄河流域高质量发展》，《山西大学学报》(哲学社会科学版)2021年第2期，第41-48页。

高质量发展战略①。还有学者关注到了黄河文化生态的破坏和重建问题。20世纪下半叶以来，随着现代化、工业化、城市化的进展，黄河流域的自然生态遭到破坏，文化生态失衡，黄河文化保护与传承面临严峻考验。詹森杨提出，必须加强生态保护，只有整合黄河流域文化遗产并实施全域规划、系统性保护，才能保持黄河文化的生态平衡，使黄河文明持久发展②。

二、黄河国家文化公园的理论发展研究

对黄河国家文化公园建设的立论发展研究，表现为回应当下社会对文化发展的迫切需求。国家文化公园是"中国遗产话语在国际化交往和本土化实践过程中的创新性成果"③和在新时代历史语境下展开的一次文化治理体系、文化遗产保护和文化话语体系创新的伟大实践。在五大国家文化公园中，黄河国家文化公园提出相对较晚，黄河国家文化公园的一些基本问题，如概念界定、内涵阐释、构成要素、时代价值、建设原则、存在问题与矛盾等方面需要进一步展开深入研究，程遂营和苗长虹等多位学者就黄河国家文化公园的一些基础理论问题展开研究。

程遂营等人指出，黄河国家文化公园具有全民属性、文化属性、经济属性、政治属性、游憩与教育属性、自然属性等④。谢遵党指出黄河国家文化公园建设要依托黄河文化的根源性、创造性、持续性、统一性、包容性、革命性等特质，合理规划黄河国家文化公园的整体布局，有效传承弘扬黄河文化⑤。徐峰等提出黄河国家文化公园具有世界文化发轫之源、中国文化思想之根、执政文化主流之干、精神文化养成之基、艺术文化发展

---

① 王利伟：《高水平推进黄河国家文化公园建设保护》，《中国经贸导刊》2021年第13期，第55-57页。

② 詹森杨：《河流、景观与遗产互联的黄河文化生态保护》，《民俗研究》2021年第3期，第15-21、157页。

③ 李飞、邹统钎：《论国家文化公园：逻辑、源流、意蕴》，《旅游学刊》2021年第1期，第14-26页。

④ 程遂营、王笑天、王伟：《黄河国家文化公园建设的理论与实践探索》，《黄河文明与可持续发展》2022年第1期，第18-25页。

⑤ 谢遵党：《黄河国家文化公园建设探究》，《中国非物质文化遗产》2022年第4期，第107-115页。

之萃、中西文化交融之桥等内涵意蕴①。苗长虹提出黄河国家文化公园建设存在缺乏明确技术规范、四大主体功能区边界不明晰、文化内涵阐释不够、法规体系不够健全等问题，并提出出台相应的建设保护规划技术规范、明确公园和主体功能区边界和健全公园管理体制机制等措施②。张祎娜提出，要深刻理解黄河文化的精神内涵、重视黄河文化中的人物与事件以及无形文化资源，通过加强对黄河国家文化公园文化资源的挖掘和整理、重视黄河国家文化公园品牌建设和IP打造，实现黄河文化资源向文化资本的转变③。张野等对黄河国家文化公园的发展定位做了较为明晰的界定，提出黄河国家文化公园的五大定位，黄河国家文化公园是黄河文化保护传承弘扬的核心区、黄河流域高质量发展的承载区、国家文化形象展示的样板区、国民公共休闲的示范区、文旅深度融合发展的先行区④。

张祝平对黄河国家文化公园建设的时代价值、基本原则和实现路径作了较为深入的探讨，提出建设黄河国家文化公园具有构筑中华民族的精神家园、彰显中华民族的民族品格、展示中华民族的哲学思想等时代价值，要遵循协同推进与鼓励先行先试相结合、公益效应与产业效益相结合、保护传统与合理开发相结合、政府主导与市场参与相结合的基本原则⑤。陈波等提出，黄河国家文化公园是我国原生性的新型公共文化空间，空间生产是内生动力，场景表达是外在承载，可以从高度凝练文化符号和认同体系、多元优化舒适物的场景布局、精准锚定居民及游客获得感和幸福感三个维度优化黄河国家文化公园的场景表达⑥。 此外，也有学者将其他学科

① 徐峰、郭治鹏：《黄河国家文化公园的文化属性、内涵意蕴与传播表达》，《新闻爱好者》2023年第1期，第81-83页。

② 苗长虹：《文化遗产保护能够从自然保护中学到什么——以黄河国家文化公园建设为例》，《探索与争鸣》2022年第6期，第21-23页。

③ 张祎娜：《黄河国家文化公园建设中文化资源向文化资本的转化》，《探索与争鸣》2022年第6期，第24-26页。

④ 张野、李紫薇、程遂营：《黄河国家文化公园的发展定位》，《黄河文明与可持续发展》2022年第1期，第40-46页。

⑤ 张祝平：《黄河国家文化公园建设：时代价值、基本原则与实现路径》，《南京社会科学》2022年第3期，第154-161页。

⑥ 陈波、庞亚婷：《黄河国家文化公园空间生产机理及其场景表达研究》，《武汉大学学报》(哲学社会科学版)2022年第5期，第66-80页。

的理论同黄河国家文化公园建设相结合，通过对理论的移借丰富黄河国家文化公园建设的相关理论。杨蒙蒙在对黄河国家文化公园的研究中，以"投射——感知"形象比较研究的相关理论完成分析，得出重视文化投射形象在认知形象、情感形象与整体形象上的巨大功用。

三、黄河国家文化公园的实践发展研究

实践层的道路探索和创新，为黄河国家文化公园提供了有效建设途径。基于黄河国家文化公园在建设上的长时性，其发展亦有长短期之别，实践发展研究也基本以长短期作为考量。国家文化公园的多重属性，使得围绕黄河国家文化公园的实践发展研究也呈多维发展态势，这其中便包括创新视阈下黄河文化的发展研究与黄河国家文化公园的实践发展研究。

（一）创新视阈下黄河文化的发展研究

黄河文化是中华优秀传统文化的重要组成部分，要建设好黄河国家文化公园、发挥黄河文化的时代价值、扩大黄河文化的影响力、推动黄河文化资源的产业转化，就必须在保护传承的基础上对黄河文化进行内容、价值、精神、传播方式与渠道的创新。韩淑俊认为黄河文化存在缺乏传播受众差异化、缺乏复合型的国际传播人才、缺乏特色鲜明的创新推广模式等问题，黄河文化目前在国际上的认同度不高，影响力偏弱；因此，需要对黄河文化的精神内涵进行新的诠释，探索黄河文化更有效的国际传播路径。黄河文化的国际化传播可以从受众差异化、多元主体合作推广、多产业融合产品培育、线上线下双渠道传播和多方位统筹保障等路径展开①。徐峰提出黄河国家文化公园的传播表达要结合学术传播与理论表达、大众传播与通俗表达、实体传播与物化表达、网络传播与虚拟表达、组织传播和治理表达等，构建富有中国特色的黄河国家文化公园传播与表达体系②。吴丹等对新时期的黄河文化价值实现路径作了探索，提出新时期黄河文化

---

① 韩淑俊：《黄河文化国际传播现状及传播路径》，《新闻研究导刊》2021年第20期，第75-77页。

② 徐峰、郭治鹏：《黄河国家文化公园的文化属性、内涵意蕴与传播表达》，《新闻爱好者》2023年第1期，第81-83页。

的传播是坚定文化自信的精神保障、增进"幸福之河"的坚实保障、凝聚民族自豪感的动力之源，可以通过展示多元黄河文化，实现新时期黄河文化的传播与弘扬①。王晶通过对陕西黄河文化品牌的SWOT分析，提出可以从满足市场实际需求、获取受众群体认可、延续文化品牌生命力三方面建设和推广黄河文化品牌，提高我国软实力，有效落实中华民族复兴伟大战略②。

数字技术的发展对黄河文化的传承、创新、发展与弘扬提出新的要求。张虓芊等提出大数据对文化传播与推广产生巨大影响，黄河文化的传播面临着全新的机遇与挑战，可以通过依托互联网技术平台赋能内容创作、运用数据可视化技术丰富传播出口、结合数计算法精准匹配等数字化手段，实现大数据助力黄河文化的传播与推广③。薛苗苗提出黄河文化的传承创新需要数字化艺术的推动，但数字化艺术在黄河文化创新传承发展中还存在黄河文化数字化艺术转译质量不高、经济和文化价值之间不平衡和数字化艺术形态发展不均衡等问题；因此，需要通过加强信息传播者传播能力、加强数字化艺术应用的规范、标准建设和重视数字化艺术转译等路径来实现黄河文化的传承创新与弘扬传播④。

(二)黄河国家文化公园实践发展研究

2020年1月，习近平总书记在中央财经委员会第六次会议中作出重要指示，要打造具有国际影响力的黄河文化旅游带，大力弘扬黄河文化。国家文化公园本身就是文旅融合时代背景下的产物，国家文化公园相关规划中也明确提出要建设管控保护区、主题展示区、文旅融合区和传统利用区四大主体功能分区，管控保护、主题展示、传统利用在很大程度上对文旅

① 吴丹、赵何晶、郜珂欣：《新时期黄河文化价值实现路径探析》，《中国水利》2022年第1期，第62-64页。
② 王晶：《黄河文化品牌建设下的对外推广策略研究》，《文化创新比较研究》2021年第26期，第170-173页。
③ 张虓芊、薛亚辉、赵帅：《大数据背景下的黄河文化传播路径研究》，《焦作大学学报》2021年第4期，第44-46页。
④ 薛苗苗：《数字化艺术在黄河文化传承发展中的策略探析》，《文化产业》2021年第35期，第70-72页。

融合起到支撑作用。因此，文旅融合是黄河国家文化公园建设的重要支柱和主要任务。

程遂营、范周、李紫薇等学者从文旅融合角度探究黄河国家文化公园建设。程遂营指出，文旅融合协调发展对建好黄河国家文化公园有重要的现实意义，但黄河国家文化公园建设所涉及的115个城市文旅协调发展程度整体偏低。受人均绿地水平、年末总人口、客运总量、人均地区生产总值、人口密度等诸多因素的影响，文旅融合协调指数呈现"梭形"变化特征。基于"基础""支撑""手段"与"目标"四大根植性要素变化，程遂营提出构建黄河国家文化公园文旅协调发展机制、注重黄河国家文化公园与旅游业优势互补发展、强化核心城市的"增长极"作用和加快世界级黄河文化旅游带建设等四大优化路径[1]。李紫薇等基于黄河国家文化公园建设的背景对河南黄河文化旅游带国际化品牌建设进行探究，提出河南黄河文化旅游带在资源数量、资源种类、游憩价值、时间跨度、国际影响力等方面都有明显优势，可以通过打造黄河国家文化公园国际旅游品牌、中国功夫国际旅游品牌、沿黄河大遗址廊道国际旅游品牌、黄河水利风景廊道国际旅游品牌、黄河治理研学廊道国际旅游品牌等路径来提升黄河文化[2]。范周等提出，国家文化公园的属性蕴含文旅融合的特质，文旅融合也是实现国家文化公园建设目标的重要手段，要实现黄河国家文化公园文旅深度融合，需要挖掘黄河文化的当代性与公共性，做好黄河文旅上中下游的差异化发展，构建"活态化"的黄河文化旅游产品体系[3]。戴靖怡等就黄河国家文化公园与旅游者的文化认同生成机制展开研究，在对游客访谈数据进行分析的基础上，提出"旅游者对自然景观的文化认同生成的基础条件在于景观客体本身的生态特质和被建构的文化表征"，黄河国家文化公园的标志性景观为旅游者提供高质量的文化认同体验，从而"激发旅游者主

---

[1] 程遂营：《黄河国家文化公园文旅协调发展水平差异归因与路径优化》，《河南大学学报》(社会科学版)2022年第6期，第19-26、152-153页。

[2] 李紫薇、王书丽、田佳惠：《河南黄河文化旅游带国际化品牌建设探析——基于黄河国家文化公园建设背景》，《人文天下》2022年第2期，第61-66页。

[3] 范周、祁吟墨：《国家文化公园建设导向下的黄河文化旅游发展研究》，《理论月刊》2022年第8期，第71-77页。

体具身的联觉感知、集体记忆激活和群体间交互"，最终使旅游者通过对黄河文化的认同实现其所承载的国家文化认同①。戴有山从黄河国家文化公园建设和黄河城市群高质量发展的的角度出发，提出推动黄河流域城市群高质量发展具有重要的战略意义，要协同推进黄河流域城市群文化旅游高质量发展，协同打造黄河城市群特色文旅品牌，用"黄河故事""黄河艺术"推动黄河城市群高质量发展②。胡炜霞等分析了黄河国家文化公园所涉及九省区的文化资源禀赋和旅游发展水平的耦合关系，提出九省区文化资源和旅游发展之间耦合水平偏低且空间差异显著，协调程度从东向西逐渐降低，旅游发展落后的省份未能有效将旅游资源优势转换为旅游竞争优势③。杨学燕以宁夏黄河文化为例，提出了黄河文化资源文旅融合的开发路径，分别是借助文化产业和旅游产业实现黄河文化资源的业态融合，通过全视角开发黄河文化产品实现黄河文化资源的生产融合，以打造无边界产业发展发展格局实现黄河文化产品的销售融合，通过共建立体化的媒体体系实现全民融入黄河文化的创新与传播④。

四、结语

整体来看，针对黄河国家文化公园的研究成果逐年增多，研究视角愈加多元，研究领域不断拓展，但相比大运河国家文化公园、长城国家文化公园和长征国家文化公园，研究数量偏少。以"国家文化公园""大运河国家文化公园""长城国家文化公园""长征国家文化公园""黄河国家文化公园""长江国家文化公园"为关键词，以"篇名"为限定词在中国知网搜索可以发现，大运河、长城、长征、黄河和长江国家文化公园研究的文献数量与国家公布建设各个国家文化公园的时间先后有强关联性，所以

---

① 戴靖怡、黄潇婷、孙晋坤等：《国家文化公园的旅游者文化认同生成机制研究——以黄河国家文化公园标志性自然景观为例》，《旅游学刊》2023年第1期，第31–41页。
② 戴有山：《以黄河国家文化公园建设为契机 加快推动黄河城市群高质量发展》，《人民周刊》2021年第9期，第70–72页。
③ 胡炜霞、赵萍萍：《黄河国家文化公园文化资源禀赋与旅游发展水平耦合研究——黄河流域沿线九省区域角度》，《干旱区资源与环境》2023年第1期，第177–184页。
④ 杨学燕：《黄河文化的文旅融合发展研究》，《民族艺林》2021年第3期，第5–11页。

建设时间相对较短的黄河国家文化公园和长江国家文化公园的研究成果较少。

此外，关于"黄河国家文化公园"的研究，目前还处于研究框架搭建阶段，一些具体的研究还没有展开，或是研究深度有待加强，诸如深入阐释建设黄河国家文化公园的重大意义、如何实现黄河国家文化公园建设与乡村振兴等国家战略的对接、黄河国家文化公园的建设路径、黄河国家文化公园与其他国家文化公园的空间叠合问题、黄河国家文化公园建设与黄河文化数字化的问题、黄河国家文化公园建设在人类文化遗产保护方面的新探索和中国话语构建等。这些对国家文化公园建设产生更直接影响的问题研究都还处于起步阶段，有些问题没有得到应有的重视。因此，需要借鉴大运河、长城、长征等国家文化公园先行建设经验，参考国内外线性文化遗产保护理论，结合黄河国家文化公园建设实践，通过跨学科互动与对话，拓宽研究视野，深化对黄河国家文化公园的认识与阐释，提出具有中国特色话语体系和更富有原创性的理论和方法，是今后黄河国家文化公园研究的重要任务。

沈明杰　钟祖流

目　录

铸牢中华民族共同体意识视域下的
黄河国家文化公园建设

　　文化是民族的血脉和魂魄，是国家强盛的重要支撑。中华文化认同是铸牢中华民族共同体意识的精神家园。习近平总书记强调，要"树立和突出各民族共享的中华文化符号和中华民族形象，增强各族群众对中华文化的认同"①。国家文化公园代表着中华民族独特的精神标识和身份认同。建设国家文化公园，是以习近平同志为核心的党中央作出的重大决策部署，在实现中华民族伟大复兴进程中意义非凡、影响深远。中华民族共同体意识是国家层面最高的社会归属感、面向世界的文化归属感，是国家统一之基、民族团结之本、精神力量之魂②。黄河是中华民族大家庭各成员共有、共享、共铸的代表性符号，黄河国家文化公园是彰显中华文明、促进民族团结进步、增强中华文化认同、铸牢中华民族共同体意识的重要空间和载体。在黄河国家文化公园建设中，如何阐释"国家标准""国家意识""国家精神"等理念；如何在整合原有的地域认同、民族认同过程中，构建好国家认同和中华文化认同，值得我们深入研究和思考。

---

① 习近平：《习近平谈治国理政》（第三卷），外文出版社，2020，第300页。
② 中共中央办公厅、国务院办公厅：《关于全面深入持久开展民族团结进步创建工作铸牢中华民族共同体意识的意见》，《中国民族》2019年第11期，第12–13页。

一、相关概念阐释

(一)国家文化公园

国家文化公园,是新时代物质层面与精神层面的深度融合,是建设文化强国、提升国家文化软实力、推动各民族共同走向社会主义现代化的重要抓手。国家文化公园管理将实现区域化国家遗产的整体性保护,系统推进物质文化遗产保护利用与非物质文化遗产传承发展,突破以往单体遗产保护向线性遗产、区域遗产转变,既注重历史文化的保护利用,又重视注入传承发展活力,塑造历史记忆,增强中华文化共同体认同,使其在未来更具生命活力。2017年5月,《国家"十三五"时期文化发展改革规划纲要》指出,依托长城、大运河、黄帝陵、孔府、卢沟桥等重大历史文化遗产,规划建设一批国家文化公园,形成中华文化重要标识[①]。2019年12月,中共中央办公厅、国务院办公厅印发《长城、大运河、长征国家文化公园建设方案》,强调国家文化公园要整合具有突出意义、重要影响、重大主题的文物和文化资源,实施公园化管理运营,实现保护传承利用、文化教育、公共服务、旅游观光、休闲娱乐、科学研究功能,形成具有特定开放空间的公共文化载体,集中打造中华文化重要标志[②],生动呈现中华文化的独特创造、价值理念和鲜明特色[③]。2020年10月,《中共中央关于制定国民经济和社会发展第十四个五年规划和二〇三五年远景目标的建议》提出,建设黄河国家文化公园。目前,我国已从顶层设计上谋划形成了长城、大运河、长征、黄河、长江五大国家文化公园的格局,未来国家文化公园将成为中华民族文化中最醒目的标识,彰显新时代中华民族的文化精神、文化胸怀和时代风采,不断坚定文化自信。应着力构建中国特色国家文化公园理论体系和话语体系,重点建设"管控保护、主题展示、文

---

① 《国家"十三五"时期文化发展改革规划纲要》,《人民日报》2017年5月8日第1版。
② 《探索新时代文物和文化资源保护传承利用新路》,《人民日报》2019年12月6日第6版。
③ 《中办国办印发长城、大运河、长征国家文化公园建设方案》,《人民日报》2019年12月6日第1版。

旅融合、传统利用4类主体功能区"①，推动中华优秀传统文化创造性转化、创新性发展，延续中华民族文化根脉，使其成为繁荣中华文化的重要标志。

（二）黄河国家文化公园

黄河被誉为中华民族的母亲河，它发源于青藏高原巴颜喀拉山北麓，流经青海、四川、甘肃、宁夏、内蒙古、山西、陕西、河南、山东九省区，全长5464千米②。黄河横跨青藏高原、内蒙古高原、黄土高原、华北平原等四大地貌单元和我国地势三大台阶，是我国重要的生态安全屏障③。黄河流域是汉族、藏族、蒙古族、撒拉族、东乡族等多民族聚居地区，其中少数民族占10%左右④。黄河串联起了沿黄九省区亿万人民的生机与活力，滋养了博大精深、丰富多样的黄河文化。黄河文化是以黄河流域为中心，人们所创造的物质文化和精神文化的总和。黄河沿岸各地域和各民族文化遗产资源富集，伴随着中华民族多元一体发展的不同历史进程而孕育形成和发展。河湟文化、河套文化、关中文化、三晋文化、河洛文化、齐鲁文化等各具特色的地域文化形态，均被黄河所哺育，黄河是传承中华文明的历史文化长廊。黄河国家文化公园是各民族同根共有的精神家园，应以黄河两岸孕育的不同特色、各具风格的地域文化为主题，以山水生态文化、文物古迹、历史古都、非物质文化遗产、各民族古籍文献、治水文化、红色文化、祖脉文化等为主轴，兼容黄河沿线其他相关自然遗产资源，构建黄河文化地标体系，形成黄河国家文化公园展示点、展示园和展示带。黄河流域生态保护的规划范围为黄河干支流流经的九省区相关县级

---

① 《中办国办印发长城、大运河、长征国家文化公园建设方案》，《人民日报》2019年12月6日第1版。

② 中共中央、国务院：《黄河流域生态保护和高质量发展规划纲要》，《中华人民共和国国务院公报》2021年第30期，第15—35页。

③ 中共中央、国务院：《黄河流域生态保护和高质量发展规划纲要》。

④ 习近平：《在黄河流域生态保护和高质量发展座谈会上的讲话》，《实践》2019年第11期，第5—9页。

行政区，国土面积约130万平方公里①。黄河国家文化公园建设可结合黄河流域区域文化发展实际，规划辐射范围。黄河国家文化公园是推动新时代文化繁荣发展的重大工程，承载着塑造国家文化标识的功能，是我国向世界呈现绚烂多彩的中华文明的重要平台之一。通过黄河国家文化公园建设，可充分激活黄河流域丰富的历史文化资源，系统阐发黄河文化的精神内涵和时代价值，推动中华优秀传统文化创造性转化、创新性发展，铸牢沿岸各族人民的中华民族共同体意识。

（三）铸牢中华民族共同体意识

中华民族共同体意识是中华民族绵延不衰、永续发展的力量源泉。铸牢中华民族共同体意识是党中央着眼于维护中华民族大团结、实现中华民族伟大复兴中国梦作出的重大决策，也是深刻总结历史经验教训得出的重要结论②。习近平总书记在党的十九大报告中提出"铸牢中华民族共同体意识"，要求"全面贯彻党的民族政策，深化民族团结进步教育，铸牢中华民族共同体意识"③。"铸牢中华民族共同体意识"被写入新修订的《中国共产党章程》，成为新时代民族工作的主线，彰显出中国特色社会主义制度和国家治理体系的显著优势。2021年8月，"铸牢中华民族共同体意识"在中央民族工作会议上被提升到"新时代党的民族工作的'纲'"的高度。2022年3月，习近平总书记在参加十三届全国人大五次会议内蒙古代表团审议时强调："要把铸牢中华民族共同体意识的工作要求贯彻落实到全区历史文化宣传教育、公共文化设施建设、城市标志性建筑建设、旅游景观陈列等相关方面，正确处理中华文化和本民族文化的关系，为铸牢中华民族共同体意识夯实思想文化基础。"④这不仅是对内蒙古的要求，也是对包括黄河国家文化公园在内的文旅、规划等领域以及全国的要求。在

---

① 中共中央、国务院：《黄河流域生态保护和高质量发展规划纲要》。
② 《不断巩固中华民族共同体思想基础　共同建设伟大祖国共同创造美好生活》，《人民日报》2022年3月6日第1版。
③ 习近平：《决胜全面建成小康社会　夺取新时代中国特色社会主义伟大胜利》，《人民日报》2017年10月28日第1版。
④ 《不断巩固中华民族共同体思想基础　共同建设伟大祖国共同创造美好生活》，《人民日报》2022年3月6日第1版。

推动黄河国家文化公园建设中，须牢固树立休戚与共、荣辱与共、生死与共、命运与共的中华民族共同体理念，在相关工作中赋予铸牢中华民族共同体意识的意义。

二、黄河国家文化公园与铸牢中华民族共同体意识之间的内在关系

黄河国家文化公园与铸牢中华民族共同体意识两者之间不仅有着内在的深层关联，还有相互交叠、相互渗透、互构互促、相融相通之处。建设好黄河国家文化公园，可为黄河流域生态保护和高质量发展注入精神文化动力，推动中华文化的丰富发展，从而铸牢中华民族共同体意识。

（一）黄河国家文化公园是承载各民族共同历史记忆的文化空间

黄河是中华民族的摇篮，"没有黄河，就没有我们这个民族"，黄河将沿岸各民族连为一体。黄河文化在中华文明发展史上有着根源性的地位和作用。黄河源头与万山之祖的昆仑山密不可分。"河源昆仑""河出昆仑"成为中华民族的千年文化乡愁和精神家园。《尚书·禹贡》曾记载"导河积石，至于龙门"，即已开启对黄河源头的探索[①]。唐太宗时期，名将侯君集和李道宗在追击吐谷浑之余，"北望积石山，观河源之所出"[②]。唐穆宗时期，刘元鼎出使吐蕃途中，曾考察黄河源头。元代忽必烈时期，招讨使都实奉诏从河州（今甘肃省临夏市）出发，沿着黄河西上探查河源。明代洪武年间，名僧宗泐也曾考察黄河源头。清代康熙、乾隆两位皇帝，曾分派拉锡、舒兰、楚儿沁藏布、兰木占巴、阿弥达等人，对黄河源头地区进行多次勘察和勘测。黄河凝结着中华民族的共同记忆，是各民族共同创造灿烂文化和培育伟大精神的佐证与象征，是政治性和共享性强、内涵丰富、意蕴厚重、接受度高的中华文化标志性符号。黄河国家文化公园承载着各民族的共同情感和共同价值理念，是新时代构筑、彰显和弘扬中国精神、中国价值、中国力量的重要空间。

[①] 方辉、郭晓娜：《大河上下灵岳之间——上古时期黄河流域的文化联系与族群融合》，《民俗研究》2021年第6期，第25-32页。

[②] 刘昫等：《旧唐书》，中华书局，1975，第5299页。

(二)黄河国家文化公园是各民族交往交流交融的重要空间

黄河流域自古以来就是多地域、多民族和多宗教文化交流的重要空间场域，黄河文化具有兼收并蓄的包容性。历史上，黄河流域各民族迁徙驻足，交往互动，你中有我，我中有你，守望相助，血脉相通，折射出黄河与中华民族多元一体格局孕育、形成和发展的内在深层关联。当前，黄河流域各民族交错杂居，民族间交往交流交融的深度和广度前所未有，各民族共居、共学、共事、共乐、共建、共享的氛围日益浓厚。藏族文化（玉树）、格萨尔文化（果洛）、羌族文化、热贡文化、陕北文化、晋中文化、河洛文化、齐鲁文化（潍坊）、黄河文化（东营）、泰山文化、河湟文化（海东）等国家级和省级生态保护（实验）区的建设实施，推动了黄河流域各民族在文化上的相互尊重、相互欣赏和相互借鉴。其中，各类非遗传承人特别是传统手工技艺类传承人，在与不同区域、不同行业传承人的相互交流、切磋互鉴中，不仅视野不断开阔，观念得到转变，而且各自技艺水平也逐步提高，发展空间不断拓展。比如，位于黄河源头的格萨尔文化（果洛）生态保护实验区，在各级文化和旅游部门以及援青省市的支持下，先后在上海大学、南京旅游职业学院、青海民族大学等院校举办了非遗传承人培训班，受到广泛欢迎。部分非遗传承人还与上海等地文化创意公司以及经销商达成合作协议。各类非遗传承人在全面交流、深度交融中，不断铸牢了中华民族共同体意识。国家文化公园凝聚着强烈的认同感与归属感，是连结民族情感、维系国家统一的重要纽带。黄河国家文化公园是建构与传承中华文化的重要标识，是促进各民族交往交流交融的重要文化空间，对各民族坚定对中华民族和中华文化的认同发挥着重要作用。

(三)黄河国家文化公园是聚合铸牢中华民族共同体意识文化动力的载体

黄河流域不同区域孕育出了不同的地域文化，但都保留了"黄河"这一共有、共护和共享的文化基因符号，黄河流域不同区域和民族有着同源共生的内在深层关系，这是黄河国家文化公园建设的重要基础和起点。黄河文化是对黄河流域不同干流和支流孕育汇聚而整合形成的不同区域文化的高度概括与提炼升华。黄河文化是内含多层次和多重性的文化共同体，黄河流域在不同历史时期形成的各具特色、异彩纷呈的地域文化，统一于黄河文化之中。黄河国家文化公园兼具标志象征和文化多样性等多重意义，一体中包含着多元，多元又组成了一体，不同地域文化是黄河文化的重要组成部分，共同构成黄河文化多元一体格局。黄河国家文化公园建设将进一步整合宏大多样的黄河文化资源，促进黄河沿岸各族群众在思想观念、价值理念、精神情趣、生产技术和生活方式上向现代化迈进，不断推动各地域、各民族文化的交融创新，在尊重和包容差异中不断增进共同性。

（四）黄河国家文化公园是推动各民族共同富裕的重要平台

黄河沿岸各地发展不平衡、不充分的矛盾较为突出，通过黄河国家文化公园建设，可以利用好各地的文化资源禀赋，发挥比较优势，加快推动高质量发展，从而走向共同富裕。在黄河国家文化公园建设中赋予铸牢中华民族共同体意识的意义，有利于进一步助推黄河沿岸区域协调发展，助力不同区域板块发挥比较优势和良性互动，促进黄河沿岸各民族人心归聚、精神相依，推进中华文化根深干壮，各地域和各民族文化枝繁叶茂，共同构筑好中华民族大家庭共有的精神家园。未来建设完成的黄河国家公园将成为黄河沿岸各族群众的"致富园""团结园""幸福园"，是不断提高各族群众获得感、幸福感、安全感的重要平台。

三、铸牢中华民族共同体意识的路径思考

通过黄河国家文化公园建设铸牢中华民族共同体意识，不可能一蹴而就，须长期艰苦努力，必须持续发力，积小胜为大成。

（一）进一步加强系统性思维

推进黄河国家文化公园建设，需要牢固树立系统观念和整体思维，从宏观、辩证等视角把握其本质特征、内涵外延和发展规律，认识黄河国家文化公园建设与铸牢中华民族共同体意识之间的内在联系，使其相互促进、相得益彰。一是应不断完善顶层设计，突破"一叶障目，不见泰山"的窠臼与局限，通过"牵一发而动全身"的举措，推动整体性、全面性、前瞻性、战略性工作。二是通过黄河国家文化公园建设，不断挖掘黄河流

域各民族共有、共享的历史记忆与文化元素，归聚人心、激发活力，缩小黄河沿岸不同区域间的差距、黄河流域与长江流域等区域的发展差距，进一步夯实铸牢中华民族共同体意识的经济基础和文化基础。

（二）在增进一体性和包容多样性等方面找到平衡点

黄河国家文化公园建设需要整体性统筹协调、协同推进，需要从中华文明整体和黄河文化中，正确把握共同性和差异性的关系，中华文化和各地域文化、各民族文化，中华民族共同体意识和各地域意识、各民族意识等多重关系。在处理好尊重和包容文化多样性的同时，不断增进一体性，并找到推动平衡性、互动性的密码。黄河国家文化公园可实施纵向和横向相结合的公园化管理运营方式，形成具有特定开放空间的公共文化载体，整合黄河流域沿线具有突出意义、重要影响、重大主题的文物和文化资源，不断增强园区各族干部群众对中华文明和黄河文化的认同感、归属感与凝聚力，始终将中华民族共同体意识放在第一位，在促进一体性和多样性良性互动等方面找到平衡点。

通过规划设计和实施，推动各地文物保护利用、文化生态保护区建设、非遗传承工作等深度融入黄河国家文化公园建设中。各省区在建设黄河国家文化公园进程中，须更好地把握增进共同性、尊重和包容差异性的辩证统一，处理好不同特色文化带之间的承接与兼容，构筑好中华民族共有的精神家园。将黄河流域相关的格萨尔文化（果洛）、热贡文化、羌族文化、河湟文化（海东）、陕北文化、河洛文化等生态保护（实验）区与黄河国家文化公园深度衔接和融合，凸显中华文化与地域性文化和各民族文化的内在关系，不断增强黄河流域各族人民对中华文化的认同。

（三）研究厘清地域文化在黄河文明中的重要地位

在黄河国家文化公园建设中，应积极引导树立"四个共同"的中华民族历史观，准确认识中华文明、中华民族、黄河文化的多元一体性和基本走向，深度解读、阐释黄河沿岸各地域文化、各民族文化是中华文化不可分割的一部分，都对中华文化的丰富和发展作出了独特的贡献，从而切实增强沿岸各族人民对中华民族、中华文化的认同感和自豪感。一是深化对黄河国家文化公园不同园区溯源关系的考察与交流，促进黄河流域各区域要素和资源的融通互补与不同区域产业的融合协作，实现共同发展，增强民族文化自信和各族人民对黄河文化及其背后所代表的中华文明与中国精神的认同感，不断铸牢中华民族共同体意识。二是立足各地文化特色和资源禀赋，以学术研究为支撑，深入挖掘黄河文化的深厚内涵，进一步深化生态文化、山水文化、地域文化的系统阐释和展示传播。通过课题招标等形式，发挥高校和研究机构思想库、智囊团作用，系统梳理河湟文化、河洛文化、关中文化、齐鲁文化等地域性文化的内涵和外延，深入研究其相互之间以及与黄河文化、中华文明之间的深层联系，推出一批高质量研究成果。三是倡导沿黄九省区共同轮流主办"世界大河文明论坛""黄河文明国际论坛"等研讨会，深入探讨黄河文化与世界大河文明、河源文化与支津文化、区域文化与黄河文明等的内在联系，打造世界大河文明学术文化交流平台，推动黄河文化"走出去"，将世界著名河流文明"引进来"。四是建立区域保护协同机制，加强专题研究，举办品牌活动，适时适地举办祭祀黄河大典，邀请国内外文化名人和知名专家学者参加，准确定位和传播黄河文化。

（四）深度融入国家重大战略

一是加强国家文化公园服务和融入国家发展战略的能力，让黄河国家文化公园建设深度融入黄河沿岸新型城镇化建设、乡村振兴、共有精神家园建设、全域旅游和民族团结进步创建等方面，增强国家文化公园园区各族群众的获得感、幸福感、共享感。二是加强黄河国家文化公园与国家"一带一路"建设、长江国家文化公园、青藏高原国际生态文明高地建设、国际生态旅游目的地、黄河流域兰西城市群建设等战略和措施的互相衔接与紧密融合，开展多形式、多层次、多学科、多领域的学术文化交流与文旅产业项目合作，使自然与人文相融，长江与黄河互济，道路与河流互连，构建、铸牢中华民族共有精神家园。三是推动黄河国家文化公园进入国家整体宣传推广计划，让黄河流域各省区走出中国、走向世界，使黄河国家文化公园成为"一带一路"国家和地区人民的重要旅游目的地，推动黄河文化和中华文明在新时代焕发生机、不断升华，绽放出璀璨光芒。

（五）不断提高黄河文化遗产保护水平

一是在坚持黄河流域生态和文化保护优先原则的基础上，挖掘一些价值突出、内涵丰富、影响深远的物质文化遗产和非遗项目。在以往文物普查和非遗普查数据基础上，进一步查缺补漏、分类梳理，做好黄河流域历史文化资源数字化转化工作，为黄河流域各省区共同建立权威性、动态性大数据库做好准备。二是根据黄河流域文化资源的整体布局、区域生态环境等情况，结合国土空间规划，聚焦文物保护、非遗传承、考古发掘、文献梳理、学术研究、文旅融合、文化传播等关键领域，通过科学保护自然文化遗产保护区，重点打造核心展示园，辐射带动集中展示带，精准建设特色展示点，聚力建设文旅融合发展示范区、生态旅游体验区等不同功能区，保护和展示一批主题明确、内涵清晰、影响突出的文物和文化资源，对沿黄地区文化遗址、博物馆和文化产业园等建设赋予铸牢中华民族共同体意识。三是推进数字再现工程。充分运用现代高科技手段，加强黄河文化数字基础设施建设，建设云上黄河国家文化公园。特别是对海拔较高、生态脆弱地区的黄河文化资源，可通过情景再现、虚拟成像等方式，开发多种形态的文化产品和服务。对黄河国家文化遗产、非遗文化、自然景观等进行系统化、数字化展示，立体式、整体式形塑和展现"中国黄河""云上黄河"形象。

（六）构筑中华民族共有精神家园

黄河是中华民族的母亲河，是呈现中华文明多元一体格局的重要展示带。黄河文化中包含着天人合一、同根同源、家国一体、百折不挠的心理结构，展现出中华民族独特的精神品质和民族性格。一是黄河流域是延安精神、南泥湾精神、太行精神、"两弹一星"精神、抗洪精神、抗震救灾精神、焦裕禄精神、红旗渠精神的发源地或重要承载地，这些精神在黄河流域生态保护和高质量发展中发挥着坚定信念、凝心铸魂、鼓舞斗志的作用。建议根据黄河沿岸各地红色精神、红色故事、红色基因和民族团结故事，分类分步建设与提升黄河国家文化公园园区内所涉及的各类博物馆、纪念馆、体验馆、展览馆等展示场所，进一步发挥好各场所归聚人心、振奋精神、保护传承、文化教育、公共服务、研学旅游、科学研究等功能，使各族群众心灵得到滋养净化，精神得到丰富升华。二是通过电视专题片、影视剧、演艺、文创产品等多种形式和手段，讲好黄河故事，使治水精神、水利文化、民族文化、民族团结、宗教和睦等内涵可视化、亲民化。因地制宜开展宣传教育活动，鼓励有条件的地方打造实景演出和"永不落幕"的云上宣讲，让黄河文化、黄河精神融入群众生活。三是拓展协同发展空间。打破传统的行政界限，发挥各地比较优势，互通有无，以铸牢中华民族共同体意识为主线，开展跨区域联合与协作，贯穿黄河主题文旅新业态培育计划，联合培育文化演艺、研学旅行等业态产品，促进各地旅游业的共生共荣，进一步推动黄河流域文旅产业融合发展。

（作者鄂崇荣系青海省社会科学院民族与宗教研究所所长、研究员，主要研究方向为青藏民族宗教文化、国家文化公园）

国家文化公园建设导向下的
黄河文化旅游发展研究

  建设国家文化公园，是以习近平同志为核心的党中央的重大决策部署，是推动新时代文化繁荣发展的重大系统性工程。2017年1月，中共中央办公厅和国务院办公厅印发的《关于实施中华优秀传统文化传承发展工程的意见》首次提出"规划建设一批国家文化公园，成为中华文化重要标识"。2019年7月，中央全面深化改革委员会审议通过了《长城、大运河、长征国家文化公园建设方案》（下简称"《方案》"），计划到2023年基本完成长城、大运河、长征三大国家文化公园建设保护任务。2020年10月，党的十九届五中全会通过《中共中央关于制定国民经济和社会发展第十四个五年规划和二〇三五年远景目标的建议》，将黄河正式纳入国家文化公园建设体系之中。2022年初，国家文化公园建设工作领导小组部署启动长江国家文化公园建设。至此，五个国家文化公园的建设名单正式确立，共同列入"十四五"期间我国文化领域相关工作的重点任务清单。

  相较于首批纳入建设、沿线经济条件较好、相关保护传承工作已经取得一定成效的大运河国家文化公园，黄河国家文化公园的建设尚处于起步阶段。2021年10月，中共中央、国务院印发《黄河流域生态保护和高质量发展规划纲要》，在这一纲领性文件的引导下，目前沿线各省（市、区）工作稳步推进，不同河段的黄河国家文化公园建设保护规划基本处于编制完成状态，以河南省、陕西省为代表的部分地区业已布局谋划了一批重大标志性项目。黄河文化作为中华文化的主体与突出代表，其上下游、干支流、左右岸所承载的多元一体的厚重历史和自然人文风情，如何才能在黄河国家文化公园的建设中熠熠生辉？对这些资源的保护传承和活化利用应当统筹处理好哪些关系？文旅深度融合示范区的建设应遵循何种路径？在对理论来源、概念缘起、时代价值、政策制度等基础性问题进行深入研究的同时，从文旅产业发展层面去观照黄河国家文化公园的建设实效也迫在眉睫。

一、国家文化公园建设与相关研究进展

（一）国家文化公园相关研究

国家文化公园是一项系统性重大文化工程，是凝聚国家共识、传承历史文脉的重要载体。自"国家文化公园"概念提出以来，国家文化公园建设已取得了阶段性进展，法律法规和体制机制等顶层设计不断完善，各省区重大工程项目相继开工或已完工投入使用，大众对于国家文化公园的认知逐渐提升。学界对于国家文化公园的探索自2019年以来掀起一股热潮，取得了丰硕的研究成果，并逐渐达成一定共识。在概念辨识和理论源流方面，李飞、邹统钎指出政治、文化、组织管理三股逻辑力量分别在塑造国家象征，促进全民族文化认同，建设多功能、公益性、大尺度线性空间方面促使国家文化公园概念最终确立；龚道德通过对比中西方在遗产资源审视角度的不同，得出国家文化公园是从具体国情出发，对西方国家公园制度的大胆衍生和创造。在建设原则和功能特征上，学者们通过对"国家""文化""公园"三个关键词进行语义拆解，如吴丽云强调国家文化公园建设须突出国家代表性、突出全民公益性、突出完整性；范周提出国家主体性、文化首位性、公园载体性是国家文化公园高质量发展需要重点关注的三个方面；程惠哲创造性提出国家公园体系中不能缺少国家文化公园，要把国家文化公园建成文化传承的载体、文化建设的阵地、文化交流的平台、文化消费的场所。对于国家文化公园建设过程中的难点堵点，也有许多深刻符合发展实际的研究成果。例如，梅耀林结合大运河国家文化公园的江苏试点实施情况，提出建设面临的问题主要集中在边界如何划定、价值如何挖掘、文化如何展示、公园如何运营管理等几个方面；祁述裕从公共政策制定效果的视角，分析国家文化公园建设的制约因素，并提出应统

筹好空间边界和技术规范、文物和文化资源、资金来源和管理机制几对关系；郭新卓则着眼于传播过程，指出目前在政府主导下，国家文化公园形象传播的全民参与率低，且缺乏相应的管理组织。在管理体制与政策创新方面，付瑞红从产业融合链构建、组织制度创新、文化要素融合等方面提出了"文化+"产业融合政策的构建策略；刘晓峰等在对大运河国家文化公园的结构特征和实践探索分析的基础上，从省域管理的角度提出组建实体管理机构、明确多元主体关系和完善管理运行体制等对策建议；吴丽云等系统性指出管理机构缺乏稳定性、管理效率不高、资金长效保障机制尚未形成等问题并提出建议。总体而言，对于国家文化公园的研究主要集中在理论逻辑、概念缘起、时代价值、政策体制、遗产保护等几个方面。另有学者聚焦不同文化主题、不同点段位置、不同体量大小的国家文化公园，结合地方文化和自然资源特质展开案例研究，其中大运河国家文化公园的研究起步早、成果多，此处不再一一列举。

（二）对国家文化公园与文化旅游发展的关系探讨

从已经确认的五大国家公园空间范围看，我国国家文化公园的跨区域性质显著，且基本涵盖了我国自然生态资源和文化遗产资源最富集的区域，可以说具备文旅发展的天然优势。例如，长城国家文化公园涉及15个省区市，大运河国家文化公园涉及8个省市，长征国家文化公园涉及15个省区市，黄河国家文化公园涉及9个省区，长江国家文化公园涉及13个省区市，除了海南、香港、澳门和台湾，全国其他省份都肩负着国家文化公园的建设任务。这些地区无论是自然风貌还是文化景观，都是优质的文化旅游吸引物。但是国家文化公园框架下的文化旅游模式与普通旅游经济活动势必会有显著差异。在实践先行的背景下，近年来已有部分学者结合规划编制和项目实践经历，就大运河国家文化公园建设过程中的文旅发展情况进行探究。王健、彭安玉提出，建设好大运河国家文化公园，应实现从生产生活到文化旅游的转换，通过发展文化旅游唤起大众对大运河文化遗产的珍爱之心和保护之责①。秦宗财基于系统性建设思维，指出文旅产业

---

① 王健、彭安玉：《大运河国家文化公园建设的四大转换》，《唯实》2019年第12期，第64-67页。

系统在大运河国家文化公园中为民众提供体验的情境和消费渠道，是保持大运河国家文化公园可持续发展的动力①。实际上，正确认识国家文化公园与文旅发展的关系是进一步强化相关研究的基础和前提。

首先，国家文化公园的属性蕴含文旅融合特质。文化首位性是国家文化公园区别于国家公园和各级遗产保护空间的最主要表征。国家文化公园在更大的空间范围内系统性地关注着重大文化主题，且更加注重文物和文化资源受线性区域的长期影响而呈现出的文化，如大运河文化、黄河文化等。可以说国家文化公园概念的诞生，是文旅融合时代背景下的产物。2018年国家文化和旅游部组建以及各级文化和旅游行政管理机构职能整合以来，文旅融合正在实现从理念融合向产品融合、业态融合、市场融合等多个层次的渗透，已经成为行业发展乃至全民共识。作为我国在民族复兴、文化强国和旅游发展的背景下提出的新概念，国家文化公园诞生伊始便自然而然地带有文旅融合的发展倾向。

其次，文化旅游是实现国家文化公园建设目标的重要抓手，是文化资源保护、传承、利用、协调推进的必然选择。一方面，公园载体性决定了国家文化公园的共有属性，其与公众日常生活是密切联系而非静态孤立的。2019年两办《方案》中首次明确了国家文化公园的六大功能和建设目标，强调"整合具有突出意义、重要影响、重大主题的文物和文化资源，实施公园化管理运营，实现保护传承利用、文化教育、公共服务、旅游观光、休闲娱乐、科学研究功能，形成具有特定开放空间的公共文化载体，集中打造中华文化重要标志"②。另一方面，国家文化公园是新时代探索文旅高质量发展路径的重要载体。具体建设中，根据文物和文化资源的整体布局、禀赋差异及周边人居环境、自然条件、配套设施等情况，并结合国土空间规划，国家文化公园将重点建设"管控保护、主题展示、文旅融合、传统利用4类主体功能区"。其中文旅融合区"由主题展示区及其周边

---

① 秦宗财：《大运河国家文化公园系统性建设的五个维度》，《南京社会科学》2022年第3期，第162-170页。

② 《探索新时代文物和文化资源保护传承利用新路——中央有关部门负责人就〈长城、大运河、长征国家文化公园建设方案〉答记者问》，http://www.gov.cn/zhengce/2019-12/05/content_5458886.htm，访问日期：2022年4月11日。

就近就便和可看可览的历史文化、自然生态、现代文旅优质资源组成，重点利用文物和文化资源外溢辐射效应，建设文化旅游深度融合发展示范区"。深度融合不仅是文旅产业发展的未来面向，也是对国家文化公园建设提出的时代考题。

二、国家文化公园建设中文旅发展面临的问题与矛盾

（一）国家形象塑造与区域文化特质展示之间需要调适

国家文化公园是象征国家精神的重要载体，文化是其最鲜明的特色和最突出的功能。这意味着需要从国家意志出发，用文化标志物来塑造国家文化形象，用典型文化符号来表达国家文化形象[1]。长城、大运河、长征是中华民族的辉煌创造，黄河、长江是孕育了灿烂中华文明的母亲河，这些线性区域作为重要的文化资源聚合体，串联起多地区、多民族、多时期的文化资源。例如，大运河国家文化公园范围内京津文化、燕赵文化、齐鲁文化、中原文化、淮扬文化和吴越文化伴生发展；黄河沿线途经上游青甘川地区的河湟—藏羌文化，宁夏、内蒙古地区的河套文化，陕西、河南等地区的中原文化，以及山东地区的齐鲁文化等多个文化区。

在国家文化公园范围内，如何凝练国家文化整体形象，同时与极具特色的区域文化与民族文化特质之间达到形式上的多元和内核上的统一，是国家文化公园建设过程中发展文化旅游需思考的首位问题。当前各国家文化公园的文化内涵阐释不足。关于长城、大运河、长征、黄河、长江文化的内涵阐释仍未能达成广泛共识。两办《方案》指出，相关省份需对辖区内文物和文化资源进行系统摸底。这是彰显国家文化公园文化内涵的基础，也是发展文化旅游的必要准备。学术研究层面可以求同存异，但政策规划中对于相关资源的梳理和表述必须准确、内涵标准必须清晰。这样才能保证遴选甄别后纳入国家文化公园体系中的文化旅游资源具有充分的国家代表性和准确的指向性。

---

[1] 程遂营、张野：《国家文化公园高质量发展的关键》，《旅游学刊》2022年第2期，第8-10页。

(二)"国家在场"主体性与多功能区叠加的发展实际需要调适

国家文化公园的特殊属性和功能定位决定了其管理体制上的特殊性。两办《方案》指出，"完善国家文化公园建设管理体制机制，构建中央统筹、省负总责、分级管理、分段负责的工作格局"①。国家对于国家文化公园规划编制的管理和监督、中央财政的支持、"垂直管理"与地方管理相结合等，均体现了国家文化公园建设中的"国家在场"②。但与此同时，国家文化公园跨多个省份区域，覆盖国土面积广，部分区域还可能与国家森林公园、生态保护区、文化生态保护区、大遗址保护区等涉及不同主体的功能区产生交集甚至是冲突。

促进不同区域间的协同发展、各国家文化公园之间的协同发展，成为系统建设、治理、运营国家文化公园必须面对的重要问题，也是统筹文旅资源、打造主题文化旅游线路时的必要考量。在实际发展中，几大国家文化公园在体制机制建设方面的协同实效还有待优化。一方面，跨区域的协同发展亟待提升。目前邻近省份之间对同类型文化资源的保护传承、利用的合作意识还不强，在文化资源的传承活化上仍存在重复投入甚至相互争夺等情况。不同主题国家文化公园的文物和文化资源有重复的情况，也容易导致在进行文旅资源活化利用时出现同质化的问题。如何通过国家文化公园建设促进同一文化资源的创造性转化和创新性发展，是提升国家文化公园效能的关键。另一方面，国家文化公园之间的协同发展机制亟待建立。不同主题的国家文化公园建设点段地处同一空间，如老牛湾地处长城与黄河交汇，若尔盖拥有黄河与长江交汇的独特资源。因此，不仅需要处理好不同主题国家文化公园建设范围重叠空间融合的问题，还要筑牢涉及相关国家公园、国家级自然保护区等区域在文化旅游发展时的红线和底线。

---

① 《中共中央办公厅　国务院办公厅印发〈长城、大运河、长征国家文化公园建设方案〉》，https://www.ndrc.gov.cn/xwdt/ztzl/dyhgjwhgy/202010/t20201021_1301674.html?code=&state=123，访问日期：2022年8月11日。

② 文孟君：《国家文化公园的"国家性"建构》，《中国文化报》2020年9月12日第4版。

（三）社会共享的公益性与地方文旅经济效益之间需要调适

与国家公园类似，国家文化公园建设也蕴含人民性、共享性、社会化的内在逻辑，打造开放度高、公众参与度高的国家文化公园，也是实现两办《方案》确立的保护传承利用、文化教育、公共服务、旅游观光等六大功能的必然要求。在这种导向下，国家文化公园建设的最终目的是向广大公众提供公共产品而不是私人物品，是引导公众接受文化熏陶，培养其树立保护、传承、弘扬中华优秀文化的自觉和自信。从结构上看，国家文化公园的空间可分为两个层次。在宏观形态上，国家文化公园以长城、大运河、长征、黄河、长江为线索和牵引，形成覆盖中华文明大部分文化聚落的线性文化廊道，串联起文化群体，构成文化符号，唤醒文化认同，形成文化自觉。在微观形态上，分布在长城、大运河、长征、黄河、长江全线的，包括核心展示园、集中展示带、特色展示点在内的重点项目共同为沿线人民群众和国内外游客提供新的文化地标和旅游目的地。

在文旅融合过程中，过于迎合普通旅游者的文化认知、单一化的文化信息传递都会造成文化要素选择的肤浅、文化信息编码的偏离、文化要义传递的阻碍①。因此，国家文化公园的文旅项目建设，既需要平衡好普适性、大众化的公共服务和文化展示功能，也要在文旅深度融合示范样板的导向下，以优质的文化内容和活态创新的表达形式，成为文化资源传承活化的重要载体，成为与周边城镇、乡村聚落联系紧密，具备自我"造血功能"的产业化表达。因此，国家文化公园必须以文化资源保护和生态资源涵养为前提，充分发挥文旅发展的外溢辐射效应，促进区域经济、文化、社会和生态建设的协同共生发展。

（四）文旅项目推进的动态性与评价反馈的滞后性之间需要调适

目前，几大国家文化公园的建设时序和具体实践进度均有所差异，各省区的规划编制状态也不尽相同，关于如何推进文旅发展以及建设过程中

---

① 厉新建、宋昌耀等：《高质量文旅融合发展的学术再思考：难点和路径》，《旅游学刊》2022年第2期，第5—6页。

的经验反馈得较少。由于近年开展相关工作的经验梳理和总结不足，其工作尚处于"摸着石头过河"的阶段，地方推动开展下一步工作的落点仍无法直接明确。科学全面反映国家文化公园建设的评价体系还未建立，国家文化公园长期性发展缺乏周密指导。比如国家文化公园建成后，在促进当地历史人文资源保护开发的同时，是否也助力当地文化产业和经济增长，是否与生态和人文环境相互协调适应，社会力量参与程度如何，游览人数和经济效益如何，带动周边旅游消费情况如何，是否发挥社会效益并提升当地居民的文化认同感和满意度等一系列情况，都需要通过科学的指标体系进行评估。与此同时，对于社会力量参与的国家文化公园文旅建设运营项目，对其发展实效的动态追踪等方面工作仍有提升空间。

三、国家文化公园建设中促进黄河文化旅游发展的几点思考

（一）唤醒黄河文化价值认同，挖掘黄河文化的当代性与公共性

黄河文化是一个时空交织的多层次、多维度的文化共同体，内涵十分丰富，造就了具有生成性、开放性的网状结构式的黄河文化系统，具体而言，包括生物化石线、文明遗址线、农耕文化线、民族文化线等不同脉络①。黄河文化不仅包括黄河流域内的物质财富，还包含人们在生产实践活动中所形成的自我价值及文化观念，这些物质财富与精神财富的结合，共同孕育了伟大的黄河文化，富有极高的文化内涵。

黄河不仅是历史的，也是当下与未来的。《中华人民共和国国民经济和社会发展第十四个五年规划和2035年远景目标纲要》提出要"实施黄河文化遗产系统保护工程，打造具有国际影响力的黄河文化旅游带"。2021年，《黄河流域高质量发展规划》中再次强调"系统保护黄河文化遗产，深入传承黄河文化基因，讲好新时代黄河故事，打造具有国际影响力的黄河文化旅游带"。新时代的黄河文化旅游高质量发展的重要前提，是充分挖掘黄河文化的当代价值，唤起更广泛的社会文化认同。

---

① 彭岚嘉、王兴文：《黄河文化的脉络结构和开发利用——以甘肃黄河文化开发为例》，《甘肃行政学院学报》2014年第2期，第92-99、13页。

首先，要分层次、分类别深入研究并挖掘黄河文化谱系。目前沿黄九省区文旅部门稳步开展文化遗产及非物质文化遗产的资源普查工作。例如2021年，青海省、宁夏回族自治区分别完成省内黄河流域非遗和物质文化遗产资源调查、统计及上报工作，为挖掘黄河文化价值、保护黄河文化遗产、发展黄河文化旅游奠定坚实基础。接下来，应继续加强、加快统计、分类、评估、定级，建成权威、统一、动态的黄河文化遗产数据库，与国家文化数字化战略深度链接。其次，要进一步深化研究黄河国家文化公园文化内涵和形象表达。加快推出黄河国家文化公园形象标志，扩大国家文化公园的宣传覆盖，推动各大国家文化公园依据形象标志设计自身视觉识别系统，在各大公园的实体空间、官方网站、官方公众号和微博等平台的显著位置标注，增强黄河国家文化公园文旅品牌的可识别性。

（二）保护黄河文化生态系统，做足上中下游黄河文旅差异化发展篇章

文化生态系统强调运用生态学的逻辑，解析文化内涵，发掘文化结构，探索文化与环境的互动关系，主张文化的多样性，强调文化共存、差异互补[1]。在文化生态系统中，一种文化孕育和延绵离不开其与自然环境、经济社会、人类活动的深刻互动。从这种视角来看，黄河国家文化公园也是一个复杂的文化生态系统。在黄河上游和下游，有两个国家级文化生态保护区：羌族文化生态保护区和齐鲁文化（潍坊）生态保护区，正是前文提到的国家文化公园与其他功能区的空间交叠现象。另外，黄河上、中、下游还分布有7个国家级文化生态保护实验区，干流沿线共认定国家级非遗代表性传承人近300名，国家级非遗代表性项目200余项，其中8项被列入联合国教科文组织非物质文化遗产名录，占全国的五分之一。

黄河流域生态安全关乎沿线经济、社会、文化可持续发展的方方面面。习近平总书记在黄河流域生态保护和高质量发展座谈会上的讲话中强

---

[1] 江金波：《论文化生态学的理论发展与新架构》，《人文地理》2005年第4期，第119-124页。

调，黄河生态系统是一个有机整体，要充分考虑上中下游的差异，"要坚持绿水青山就是金山银山的理念，坚持生态优先、绿色发展，以水而定、量水而行，因地制宜、分类施策"。因此，黄河文化旅游发展必须以筑牢生态安全屏障为前提。

首先，坚持生态优先原则，依据上游水源涵养、中游水土保持、下游稳定生态多样性的要求，精准适度发展文化旅游。上游生态脆弱区，在保证生态秩序的前提下也可发展特色黄河旅游。例如，甘南藏族自治州是黄河上游重要生态安全屏障和水源涵养区，经过多年的治理，甘南州实现了4.5万平方公里大草原全域旅游无垃圾目标，同时依托民族、生态、农耕、游牧等特色文化资源，打响了玛曲黄河九曲第一湾等生态型文旅项目。其次，应严格设置黄河生态旅游发展标准，从沿线资源环境承载力、生态脆弱性、物种珍稀度和规模大小等不同维度进行综合评估，科学核定黄河沿线重点旅游区游客最大承载量并严格执行。

（三）创新黄河文化表达方式，构建"见人见物见生活"的黄河文旅产品体系

黄河文化是中华民族文化的"根"与"魂"，黄河文化的流动性、活态性从未改变。黄河沿线文旅资源富集，干流流经的9省（区）拥有世界文化遗产4处（国内38项）、世界自然遗产2处（国内14处）、世界文化和自然双重遗产1处（国内4处）、世界灌溉工程遗产2处；覆盖全国重点文保单位近320处，省级文保单位1100余处；共有国家4A级以上旅游景区131处，红色旅游经典景区11个。在国家文化公园的建设契机下，势必形成点线面统一的文旅发展格局。

第一，平衡宏大叙事与日常生活。虽然黄河文化是大国气象和文化魅力的集中表达，但就黄河与中华儿女的关系来说，"从生活中来，到生活中去"，可能是黄河文化与现代旅游融合发展的最生动表达。黄河流域的原典文化、姓氏文化、饮食文化、聚落文化、农耕文化、游牧文化、治黄文化、汉字文化、仪礼文化等背后蕴藏的神话传说、历史典故、风俗民情等，都是黄河文旅产品创作的万花筒，可作为黄河文化主题类实景演出、特色文创、动漫游戏等产品的素材来源。目前，黄河文化多以

物质遗产及非物质遗产项目的形式进入人们视野，如黄河号子、羊皮筏子等。对于这类辨识度高、广泛认同的项目，也要在保留其乡野情趣和生活气息的同时，通过互动式、沉浸式、休闲化的设计给予人们以新鲜的体验与感觉。

第二，兼顾滨河城市与特色乡村。黄河干流流经9省（区）148个县（市、区），途经国家历史文化名城、名镇、名村共29处，中国传统村落224处。黄河文化的主线一致，但城镇与乡村文化旅游发展的侧重各有不同。城市可聚焦文旅新业态方面，如黄河演艺、黄河夜游等。在文化产业助力乡村振兴的背景下，尤其要加强对黄河沿线自然生态、田园风光、传统村落、历史文化、民族文化等资源的保护和合理利用，打造乡村旅游精品线路，开发优质乡村旅游产品。例如，位于宁夏沙坡头区南岸的半岛黄河·宿集民宿集群，就是在保留了当地民居夯土建筑风格的同时，集合黄河、长城、沙漠、湿地、古村落等自然景观和人文景观，受到市场热捧。另外，还要加强黄河沿线红色资源的保护和合理开发，充分体现和展示红色文化的先进性、时代性，培育形成红色主题鲜明、内涵丰富、形式多样的复合型红色旅游产品。

第三，设计特色游线与节庆活动。2021年6月，文化和旅游部发布10条黄河主题国家级旅游线路，此后沿黄九省区结合自身旅游资源及发展情况，推出了一些具有自身特色的黄河文旅线路。未来还须进一步强化区域协同合作，继续围绕文化遗产研学游、华夏历史文明体验游、黄河沿线古都游、民族文化生态游、黄河故事特色专题游等精品线路，用线路串联黄河国家文化公园中文化展示区、特色展览点等节点。另外，可通过节庆赛事的活动植入方式，聚集黄河文旅品牌知名度与关注度，例如榆林借助"吴堡黄河大峡谷国际漂流公开赛"的契机，重点打造"吴堡黄河漂流"文化旅游名片。

文化旅游发展是国家文化公园建设的必要支撑和促进文化遗产资源保护、传承和弘扬的重要手段。国家文化公园的属性和功能一方面呼唤文旅深度融合发展，但也面临着空间与时间、保护与开发、公益与效益等一系列矛盾。黄河国家文化公园的建设工作还在起步阶段，国家层面的建设规划尚未发布，沿线各省区工作也在推进中。基于理论和实践探索，厘清国家文化公园建设导向下文化和旅游发展的逻辑意蕴与矛盾问题，有利于明确黄河文化旅游高质量发展的原则和导向，探究文旅深度融合示范区的建设思路，助力打造具有国际影响力的黄河文化旅游带。

（作者系范周、祁吟墨。范周系北京京和文旅发展研究院院长，中国传媒大学教授、博士生导师。祁吟墨系中国传媒大学文化产业管理学院博士研究生）

国家考古遗址公园与黄河国家文化公园的价值嵌入和融合路径

  作为中华文化的重要标识和中华文明的具体见证，国家文化公园是在习近平新时代中国特色社会主义思想的指导下，形成的一种凸显线型文化遗产保护、强调利用与传承功能的特性开放空间和公共文化载体。国家文化公园重在"国家文化"，非常强调国家属性，也就是"政治文化"。其核心目的在于将珍贵的文化遗产资源利用国家行为加以保护、串联和展示，最终增强历史的信度、文化的深度，让世界进一步认识与理解当今中国，从而增强我们在国际上的话语权与影响力。其可定义为"以传承弘扬优秀文化、加强重要文化和自然遗产、非物质文化遗产系统性保护为主要目的，突出公益性和开放性特征，以国家名义进行认定并建设的具有文化传承、文物保护、文化交流、旅游休憩、科学研究等功能，融文化内涵和自然环境于一体的特定区域"[1]。

  自2017年《关于实施中华优秀传统文化传承发展工程的意见》首次提出"规划建设一批国家文化公园，成为中华文化重要标识"[2]以来，习近平总书记高度重视国家文化公园的发展建设，其在2019年7月主持召开的中央全面深化改革委员会第九次会议上审议通过了《长城、大运河、长征国家文化公园建设方案》，并在2020年1月主持召开的中央财经委第六次

---

① 张祝平：《黄河国家文化公园建设：时代价值、基本原则与实现路径》，《南京社会科学》2022年第3期，第154—161页。

② 中共中央办公厅、国务院办公厅：《关于实施中华优秀传统文化传承发展工程的意见》，《中华优秀传统文化研究》2019年第1期，第3—13页。

会议上明确要求谋划建设黄河国家文化公园①。党的十九届五中全会审议通过的《中共中央关于制定国民经济和社会发展第十四个五年规划和二〇三五年远景目标的建议》中更着重指出繁荣发展文化事业和文化产业，提高国家文化软实力要"建设长城、大运河、长征、黄河等国家文化公园"②。作为华夏儿女的母亲河，黄河见证着中华文明不曾间断的悠久历史，蕴含着巨大的时代价值和璀璨的民族品格，黄河国家文化公园身为讲好"黄河故事"的直接载体，更是我们延续历史文脉、坚定文化自信的关键所在。

鉴于此，如何加强黄河文化的保护、弘扬与传承，进而寻找推动黄河国家文化公园高质量建设的有力抓手，就成了当前迫在眉睫的问题。而沿黄地区的国家考古遗址公园作为以重要考古遗址和周边环境为主体，具有科研、教育、游憩等功能，在遗址保护和展示方面具有全国示范意义的公共文化空间③，是一种针对黄河流域重要历史文化遗产进行创造性保护和创新性展示的中国特色大遗址保护模式。从其所处的地理区位环境、蕴含的历史文化价值和潜在的社会经济效益来看，沿黄国家考古遗址公园非常适合作为黄河国家文化公园的历史文化主地标。

一、建设黄河国家文化公园的时代价值

文化是一个民族、一个国家之于世界最本质的符号和特征。具有自身独特的文化，是一个国家立足世界民族之林所必须，也是最根本的基石④。伴随着信息化技术的快速发展，全球一体化浪潮的加速进行，文化领域的话语权争夺也日趋激烈。作为人类文明的重要发祥地之一，中华文明要想实现文脉的传承有序，在外部文化渗透的压力下保持自身文明的独特性，

① 《习近平主持召开中央财经委员会第六次会议》，http://www.xinhuanet.com/politics/2020-01/03/c_1125420604.htm，访问日期：2022年1月12日。

② 《中共中央关于制定国民经济和社会发展第十四个五年规划和二〇三五年远景目标的建议》，《光明日报》2020年11月4日第1版。

③ 国家文物局：《国家考古遗址公园创建及运行管理指南（试行）》，http://www.sach.gov.cn/art/2018/1/30/art_2237_38336.html，访问日期：2022年1月12日。

④ 胡鞍钢、刘韬：《民族伟大复兴的本质是文化复兴——兼谈当代中国文化的独特性》，《人民论坛·学术前沿》，2012年第14期，第6-12页。

就需要不断提升文化软实力，通过大型的文化工程项目强化自身的文化特性，从而进一步唤醒许多沉睡已久的文化基因。而以长城、大运河、长征和黄河为代表的国家文化公园建设体系，无疑具有划时代的意义。

(一)有助于黄河文化遗产的系统性保护,厘清中华文明起源发展的脉络图谱

黄河文化源远流长、波澜壮阔，留下了无数灿烂的文化遗产，其中众多大型古代遗址如灿若繁星般散布于沿黄两岸，见证着中华文明的起源演变。从旧石器时代的许家窑遗址、丁村遗址、下川遗址等，到新石器时代早期的裴李岗遗址、中期的仰韶遗址、晚期龙山时代的陶寺遗址等，再到三代的二里头遗址、郑州商城、丰镐遗址、曲阜鲁国故城等，以及秦汉以降的汉长安城、汉魏洛阳城、隋唐长安城、北宋东京城等等，以上文化遗产不仅实证了中国百万年人类史、一万年文化史、五千年文明史的历史信度，更见证了整个中国历史的进程，折射出盛世文明的伟大记忆与辉煌成就。通过建设黄河国家文化公园不仅有助于实现对黄河文化遗产的普查整理与梳理分类，更有益于加强黄河文化遗产保护的顶层设计，做好其分区规划布局、连片整体利用等指导工作，真正实现对黄河文化遗产的系统性保护。

同时，黄河国家文化公园本身亦是中华文明史一部生动画卷，其投射出了中华文明在发展演变中所经历的关键历史节点。通过推动黄河国家文化公园的建设，不仅能清晰地梳理出中华文明起源演变的脉络蓝图，更有助于公众回答"我是谁""我从哪里来""我要到哪里去"这一人生三问的终极思考，树立我们的文化自信心和自豪感，更好满足人民日益增长的美好生活需要。

(二)有助于多区域间的合作协调,推动文旅融合的高质量发展

黄河文明历史悠久，在上、中、下游分别形成了河湟文化、中原文化和海岱文化，这些文化丰富多彩、各具特色，都是中华文明的核心组成部分。从地域上看，黄河流域范围广阔，贯穿东西九省（区），流域囊括了青海、四川、甘肃、宁夏、内蒙古、山西、陕西、河南、山东，如将历史视野拉长，古代黄河流经的地区还包括河北、天津、安徽、江苏以及北

京。在黄河国家文化公园的战略出台之前，各省区市虽然都颁布有针对黄河文化资源保护与利用的政策文件，但可以说都是长期处于一种各自为战的境地，缺乏有效的区域合作和统筹规划。作为国家文化的具象表征，黄河国家文化公园是承载着中华优秀传统文化的公共文化载体，其一大突出特征就是公益属性，即强调还绿于民、还文化于民、还园于民的公益理念。其涉及范围如此之广，覆盖人口如此之多，加之身为线型文化遗产本身具有的普遍突出性、文化辨识性与融合贯通性，就决定了黄河国家文化公园的建设必须要走一条多省联动、区域协调的合作之路。同时，多区域间的合作协调亦为推动文旅融合的高质量发展提供了前提保障。

首先，黄河国家文化公园提升了对黄河文化的整体把握。其打破了区域文化间的鸿沟与壁垒，加强了各区域间的文化联系，将沿黄多种文化都纳入家国一体、中华一统的宏观视野当中。其次，黄河国家文化公园有利于深化沿黄九省区的合作机制。作为推动沿黄九省区协同合作的有力抓手，黄河国家文化公园可以放大黄河文化资源的聚合效应，凝聚沿黄城市的开放协作意识，通过召开高端会议研讨、签署相关战略协议、设计整体规划布局以切实推动黄河流域区域联动、开放发展、优势互补的合作态势。最后，黄河国家文化公园有益于推动文旅融合的高质量发展。通过统筹谋划、规划建设一批大遗址保护区、博物馆、展览馆、生态园区、农耕文明体验区等，将黄河沿线丰富的历史文化资源与多样的自然生态资源进行深度链接，实现黄河文化与中原文化、河洛文化、海岱文化等区域文化的科学布局与有机融合，最终借助黄河国家文化公园打造具有国际影响力的黄河文化旅游带，塑造"中华母亲河"的文化旅游品牌。

(三)有助于全国人民的团结进步,铸牢中华民族共同体意识

习近平总书记多次在不同场合强调："文化认同是最深层次的认同，是民族团结之根、民族和睦之魂。"①这就要求我们应把加强文化认同作为推动各民族团结和睦的关键举措，把建设各民族共有精神家园上升至国家战略。而黄河国家文化公园的核心建设目标正是通过传承、弘扬黄河文化

---

① 《完整准确全面贯彻新发展理念　铸牢中华民族共同体意识》，《人民日报》2021年3月6日第1版。

加强文化层面的认同，强化不同民族对于家国身份的认可。

纵观中华文化所取得的灿烂成就，黄河文化在其中占据了重要地位，而黄河文化本身亦是集各民族文化精华之大成者。展开黄河文化的历史长卷，点点滴滴都在讲述各民族文化的互融互通：从赵武灵王的胡服骑射，到北魏孝文帝的汉化改革；从"洛阳家家学胡乐"到"万里羌人尽汉歌"；从边疆民族习用"上衣下裳""雅歌儒服"到中原盛行"上衣下裤""胡衣胡帽"，以及今天随处可见的舞狮、胡琴、旗袍等。这些黄河国家文化公园保护、展示、传承的重要内容，充分展现了各民族共同创造中华文化的辉煌历程，共同构成了我们多民族紧密团结的文化基础与精神认同，从而实现了全国人民的团结进步，铸牢了中华民族共同体意识。

二、国家考古遗址公园与黄河国家文化公园的价值嵌入

身为黄河文化的一种重要具象表征和物质载体，沿黄地区的国家考古遗址公园是将源远流长的黄河文脉进行串联的重要线索，是对波澜壮阔的黄河之魂进行叙事的关键图景，更是把宏大复杂的黄河文化转化为老百姓听得懂、看得明、讲得清的"黄河故事"的核心所在。如果说黄河国家文化公园是对黄河线性文化遗产资源的一次系统梳理，那么沿黄地区的国家考古遗址公园就是这条文化线路上的璀璨明珠，集中展示了黄河文化的历史积淀和厚重文脉，其自身拥有的多重价值亦可以完美嵌入黄河国家文化公园的价值体系之中。

（一）国家考古遗址公园能提供黄河文化源远流长的核心见证

纵观中华源远流长的文明史，古代先民在黄河流域留下了灿若繁星的文化遗产，无论是新石器时代的贾湖遗址、城子崖遗址、大河村遗址、新砦遗址，还是三代的二里头、偃师商城、周原遗址以及春秋战国的郑韩故城，再到秦汉之后的秦始皇陵、汉阳陵、西夏陵等。可以说见证中国重要历史时刻与关键节点的大型古代遗址大都聚集在黄河流域，尤其是史前时期的众多聚落遗址和大型城址，以及闻名遐迩的都邑遗址和帝王陵墓，共同见证了中华文明自诞生之日起就延绵至今且未曾中断的强大生命力。

同时，沿黄国家考古遗址公园还涵盖了古代先民遗留下来的多重文化

财产。由于身处中华文明的滥觞之地，遗址公园既囊括了物质层面的古代遗物、遗址和遗迹，也包含了非物质层面的思想传统、风俗习惯，这些都是黄河文化数千年发展延续的重要见证，体现了古代先民无与伦比的创造性、与自然相处的和谐性，以及思想精神的深邃性。沿黄国家考古遗址公园不仅是黄河沧海桑田巨变的历史见证，反过来也投射出黄河文化源远流长的融合演变，证实了黄河文化在推动整个中华历史文明发展过程中所起到的重要作用。

(二)国家考古遗址公园能彰显黄河文化兼容并包的多元一体

沿黄地区自古就是多民族和多文化的水乳交合之地，沿黄国家考古遗址公园更蕴含着各民族共同创造中华文化的辉煌成就。无论是文学方面的诗经、楚辞、汉赋、唐诗、宋词、元曲、明清小说，还是大明宫、隋唐洛阳城等宏大工程，抑或是"汉字""河图洛书""四大发明""二十四节气"等伟大创造，其都有各族人民共同创造的历史身影。沿黄国家考古遗址公园在讲述自身历史的同时，也在彰显黄河文化海纳百川的包容特性。

"邦畿千里，维民所止"，中华五千年的文明史就是一部描绘各民族共同开疆扩土的悠久历史。从先秦时代起，中华大地的锦绣河山就是在各族先民披荆斩棘、筚路蓝缕的开拓中奠定了蓝图。通过将众多见证民族融合、开疆扩土的重要历史遗迹加以系统保护、重点展示与有效传承，沿黄国家考古遗址公园能充分证明黄河流域的中原先民与边疆民族是在不断的交流碰撞中，逐渐形成了以炎黄华夏为核心凝聚"东夷、北狄、西戎、南蛮"，"五方之民"共天下的交融格局。让每一位来到园区的公众都深刻感受到"六合同风，九州共贯"的统一的多民族国家发展的光辉历史。

(三)国家考古遗址公园能奠定黄河文化永续发展的文化自信

文明的延续不仅要靠内在的文化结晶来树立文化自信，更需要与外部的不同文明交流来相互获取优秀的文化资源。而国家考古遗址公园正是实现内在文化自信与推动外部文明互动的有力驱动。从内部来看，其见证了中华文明悠久的历史，引领和保持了中华文化的独特性，是我们树立文化自信的重要支撑；而从外部来说，这些重要大型古代遗址代表了中华民族的最高文化成就，这种结晶跨越了时空的限制，让不同肤色和语言的人群互相欣赏着彼此的历史传统，尊重着差异的价值观念，学习着对方的科学技术，最终让中华民族在与世界交流碰撞中激发出永续的生命活力。

与此同时，沿黄国家考古遗址公园还能更好满足广大公众的精神文化需求与区域社会的持续发展。从产生的社会效益与经济效益来看，作为一种大规模、综合性的文化遗产传承保护模式，国家考古遗址公园非常切合当下保护、传承和弘扬黄河文化的现实需要：其不但能充分激发文化遗产自身的活力，真正发挥爱国教育、人文游憩等功能，增强公众的文化自信心和民族自豪感；而且能为经济发展建设与化解文化保护中的矛盾提供一个合理的解决途径，在满足人民日益增长的美好生活需要的同时，推动整个社会的和谐永续发展。

三、国家考古遗址公园与黄河国家文化公园融合的优势基础

（一）国家考古遗址公园的立园之本与黄河国家文化公园的根魂本质天然契合

2019年9月18日，习近平总书记在郑州召开的"黄河流域生态保护和高质量发展座谈会"上强调指出"黄河文化是中华文明的重要组成部分，是中华民族的根和魂"①，明确了建设黄河国家文化公园的政治站位与根本基调。所谓"根和魂"，解决的就是中华民族的从哪里来、到哪里去的问题。为进一步实证"中华五千年不断裂文明史之根"，同时又彰显"中华民族的价值取向、道德取向和审美取向之魂"，就需要为黄河国家文化公园寻找到一个合适的物化载体，通过物质层面的展示辅以精神层面的引导，进而发挥出以上应有的功能与效用。

早在设计之初，国家考古遗址公园就将保护对象聚焦于考古成果丰硕、遗址现状完好、历史文化价值重大的古代大型遗址，其立园之本就是让这些"沉睡"已久的大遗址抖落身上的层层尘土，焕发出勃勃生机。通过严谨缜密的保护规划和对遗址价值的提炼、阐释与转化，依托多种新兴展示技术的交叉呼应，从而对中华文明的源远流长和多元一体娓娓道来。

---

① 寇江泽、姜峰、侯琳良：《共同抓好大保护协同推进大治理　让黄河成为造福人民的幸福河》，《人民日报》2019年9月20日第1版。

这与黄河国家文化公园所肩负的讲述中华文明的起源、发展、演变与融合的历史责任可谓一脉相承。黄河流域作为中华文明的重要发祥地，中华民族发源于此，中华文化发轫于此，这里不仅富集着众多历史遗存、文化景观，更孕育出了"最早的中国"①。正是在黄河母亲的丰富滋养下，诸多区域的史前文明中唯有黄河中下游的中原文明绵延不断持续发展，在龙山时代如满天星斗般的诸多考古学文化中脱颖而出，最终呈现出以"二里头"为代表的华夏文明前身伊始。

除此以外，作为中华先民最早的活动区域之一，沿黄流域还保留着众多气势恢宏、规模庞大的古代遗址，如新石器时代见证人类进步和文明曙光的双槐树遗址，王国时代的夏商周三代都邑，历数帝国辉煌的汉长安城、隋唐长安城、东京汴梁城等，可谓不胜枚举。这些沿黄大遗址不仅是国家考古遗址公园的重点建设对象，更是黄河国家文化公园精神内核的物质外延。依托以上重要考古发现，无论是作为东方文明标志的儒道法等诸子百家思想，还是"建中立极"的中轴线都城布局理念，以及隋唐科举制、北宋文官制等重大政治制度变革都可以体现得淋漓尽致。可以说，黄河国家文化公园的这些深刻影响中国政治文化经济生态、塑造中华民族集体品格、推动中华文明发展演进的核心要素，都可以在沿黄国家考古遗址公园中寻找到全方位展示的物化载体。

（二）国家考古遗址公园的社会效应与黄河国家文化公园的核心诉求高度一致

我国最早的遗址公园的可以追溯至上世纪80年代，彼时为了应对快速城镇化对城区古代遗址的冲击与影响，形成了一批以圆明园、殷墟、元大都为代表的由政府主导，经统一规划，以文保为主、科研为基的遗址公园。在经历了长期的探索与实践后，伴随着《"十一五"期间大遗址保护总体规划》等相关指导性文件的公布，国家文物局在2009年颁布了《国家考古遗址公园管理办法（试行）》，正式拉开了国家考古遗址公园建设的帷幕。应当说，国家考古遗址公园的成立标志着我国文物保护理念进入了一个更加开放和多元的维度，从最初的解决城市用地与遗址本体保护之间

① 许宏：《最早的中国》，科学出版社，2009，第5页。

的矛盾，来到了如何加强相容使用和创新展示来满足人民日益增长的美好生活需求的新阶段。

之后国家文物局公布的《国家考古遗址公园创建及运行管理指南（试行）》亦明确指出，遗址公园除去文物本体及其环境保护、考古发掘研究、文化教育传播和参观旅游休憩等基础功能外，还要遵循实际情况凸显社会层面的效应。无论是宏观层面的促进文旅融合、助推乡村振兴、加强生态环境保护、优化提升社会文明程度，还是中观层面的调整城市布局、优化城市功能、周边环境治理，亦或是微观层面的改善社区设施、解决当地人口就业、提供居民活动空间，这些国家考古遗址公园的重要目标可谓涉及人民群众社会生活的方方面面。

应当说以上目标要求与黄河国家文化公园推动黄河流域生态保护和高质量发展的核心诉求高度一致。建设黄河国家文化公园的一项核心任务就是要利用黄河悠久的文化遗产和丰富的人文景观充分激活沿黄两岸的历史文化资源潜力，用以文促旅、以旅彰文的方式满足城市、城郊和乡村等不同地域的社会发展要求，坚持以"公益性"为主导的方针，充分发挥园区的生态环境保护、社会普及教育、社区人文关怀等社会功能，建立一个能传承中华优秀传统文化、凝聚中华民族精神共识、提升人民生活品质的公共文化体验空间。

（三）国家考古遗址公园的现有基础与黄河国家文化公园的建设需求无缝衔接

自2009年国家考古遗址公园的建设工作正式开展以来，当下沿黄地区的国家考古遗址公园在经历了十三个春秋后已取得了许多傲人的成绩。大量遗址公园目前已经完成了园区的全部建设或一期建设任务，进入了完全对外开放的阶段，保护和利用的各项条件已基本完备。下以隋唐洛阳城国家考古遗址公园为例。

首先，园区规划布局合理，遗址重点突出。自2005年被列为"十一五"期间重点保护的大遗址项目后，隋唐洛阳城遗址公园于2010年正式开工建设。遗址依托隋唐洛阳城的形制，聚焦于唐神都洛阳宫城——紫微城遗址的核心区域形成了以明堂、天堂、应天门三处遗址为中轴，附带宫城西部皇家池苑九州池遗址为主体的"一区一轴"总体布局。其中明堂是唐洛阳紫微城正殿，又称万象神宫，位于宫城中轴线上，是祭祀天地、宴飨群臣、举行神功大乐舞的朝堂所在；天堂则是武则天的御用礼佛堂。两处遗址充分展现了中国历史上唯一女皇理政、礼佛、生活的重要场所。应天门又称五凤楼、顺天门，是隋唐洛阳城宫城的正南门，始建于隋大业元年（605年），其"两重观，三出阙"是中国古代礼制中最能彰显天子身份和地位的建筑形制，也是目前国内发现等级最高的城门楼遗址。

其次，园区本体保护完备，展示手段多样。整个园区目前占地145亩，总投资约7亿元，针对遗址本体保护原真性的原则，三处遗址的保护展示建筑外部均采用仿唐风格外观，内部使用大跨度钢结构设计，利用抬高建筑台基的形式，对地下遗址进行了360度的全方位展示，并充分利用上层空间将其建设成为遗址博物馆进行展览讲解。建成后的隋唐洛阳城遗址公园宏伟壮观、气象万千，通过本体展示、场景复原、实物模型、艺术品仿制、多媒体互动、AR现实增强技术等展示手段，不仅体现了天人合一的古代都城规划理念，更充分彰显了"中兹宇宙，均朝宗于万国"的盛唐气象。

最后，园区服务设施完善，文创成果丰硕。作为一座强调"穿越历史，再现神都"的遗址公园，隋唐洛阳城的各项硬件服务设施已趋于完善，无论是基础的标识解说、景观绿化、道路交通、游客服务等硬件设施，还是利用IP开发的"唐妞系列""洛阳印象系列""盲盒系列"等涉及衣食住行多个层面的文创产品，都基本满足了园区游客精神层面和物质层面的诸多需求，为广大公众提供了沉浸式的游玩观赏体验。

应当说沿黄国家考古遗址公园经过多年的前期筹备和大力建设，遗址的整体规划、本体保护、展示技术，以及交通、服务、餐饮、娱乐、购物等硬件设施，都已经十分完备。不需要在将其赋予黄河国家文化公园属性的过程中进行大规模的二次改建，只须对其导览线路、遗址讲解、场馆策划等软件方面进行规划链接，纳入黄河文化的大视野之中。

四、沿黄国家考古遗址公园与黄河国家文化公园融合的三重路径

将沿黄国家考古遗址公园打造成为黄河国家文化公园的历史文化主地标，实现两者的有机融合，首要有两个先决条件：一是要通过顶层设计将沿黄地区的所有国家考古遗址公园（含立项）纳入到宏大的黄河文化叙事体系中，赋予沿黄国家考古遗址公园一个共同的核心主题，从而加强区域联动，扭转各个遗址公园各自为战的零散局面，同时也使热门遗址公园的带动冷门遗址公园形成一个园区间的良性循环；二是应通过"中央政策+地方主导+市场参与+专家指导"的方式，在保障遗产本体安全的前提下充分激活市场经济的活力，利用好各类社会资本，缓解黄河国家文化公园建设中的资金缺口和财政压力。在具体实施融合战略的过程中，可考虑从以下三重路径入手。

（一）原生路径：通过遗址本体与黄河国家文化公园的物质遗产相统合，擦亮"文明起源"的IP名片

黄河流域作为中华文明的核心发祥地，在很长的一段时间内，见证了中华文明从"满天星斗"到"月朗星稀"的起源历程。早在二十世纪八九十年代，苏秉琦先生就将中国古代农耕文明划分为黄河农业生产区和长江农业生产区，并依此进行了区系类型分析，之后赵辉、栾丰实等学者又在此基础上将中国古代农耕文明总结为八大区系，即黄河流域的甘青地区、中原地区与海岱地区，长江流域的巴蜀地区、江汉地区与江浙地区，长城以北的河套地区与燕山以北的辽西地区。来到龙山时代，黄河和长江两大农业生产区在黄河中下游地区产生了重叠，多种文化类型在此汇聚融合。正因如此，黄河中下游集合了粟作和稻作两种农业生产方式，社会生产力显著提高，随着人口的增加、城邑规模的扩大、手工业技术的提升，炎帝、黄帝、蚩尤、太昊、颛顼、帝喾、尧、舜等部族都逐渐向黄河流域靠拢，中国历史进入了五帝时期。到了五帝时期晚期，长江中游的石家河文化和下游的良渚文化、辽西的红山文化、黄河下游的海岱文化等都出现了衰亡的迹象。而黄河中游的中原地区一方面保持着自身文化的特性持续发

展，另一方面又用海纳百川的胸襟吸收着周边文化的先进要素。此种态势经历夏商周三代文明的更进一步发展，最终形成了中华文明"多元一体"的整体格局。这种格局一直深刻影响着中华文明之后的走向，即使经历了春秋战国、三国魏晋南北朝、五代十国、宋辽金夏等多个时期的冲突、碰撞与分裂，但最终都会重现"大一统"的中华文明格局。

因此可从原生路径出发，在最大限度保护遗址本体及周边环境的基础上，依托沿黄国家考古遗址公园的博物场馆等文化展示空间，统合黄河国家文化公园内关联紧密的物质遗产如古文物、古建筑、石窟寺与石刻、古墓葬、古街区等，进而做好顶层设计，编制出"一轴两期三代文明圈"宏观融合规划。从而将黄河流域的多重遗产要素进行整体概括和统领，既可以一统相关的所有物质遗存，使其传达出一致的信息，便于公众在后续的展示过程中体验到栩栩如生的历史空间，理解黄河文化对于整个中华文明的关键贡献之所在，打造出"文明起源"这一核心 IP。具体融合过程如下：

首先，"一轴"是指以大遗址和相关历史文化遗产的具体分布为核心，参照考古学系统研究所得出的科学结论，所建立起的"中华文明演进时间轴"，在黄河国家文化公园内展开一幅波澜壮阔的中华文明演进图卷。其次，"两期"是指在"一轴"的基础上一方面将新石器时代仰韶文化的仰韶村遗址、半坡遗址、双槐树遗址，大汶口文化的大汶口遗址、滕州岗上遗址，马家窑文化的马家窑遗址、石岭下遗址等诸多文化遗产资源相统一，构成黄河国家文化公园"漫天星斗"般的"文明裂变期"，实证中华文明的起源并非是从一个中心逐渐向外围扩散，而是在距今8000年到3000年很长一段时间内，在诸多地区如满天星斗般地各自发展，并在此过程中通过"裂变"形成了各具特征的文明因素，加剧了社会的复杂化程度，产生了飞跃式的质变①；另一方面将龙山时代庙底沟二期文化的庙地沟遗址、西坡遗址、泉护村遗址，中原龙山文化的王湾遗址、后岗遗址、王油坊遗址，山东龙山文化的两城镇遗址、尧王城遗址，客省庄二期文化

---

① 李新伟：《裂变、撞击和熔合——苏秉琦文明起源三种形式的新思考》，《南方文物》2020年第2期，第1-7页。

的客省庄遗址、姜寨遗址，齐家文化的齐家坪遗址等诸多遗址的文化要素进行融合，组成了黄河国家文化公园"万邦闪耀"的"文明碰撞期"，充分体现出龙山时代众多古国在"碰撞"中相互借鉴先进文化因素的文明发展态势。最后，建立起以新砦遗址、二里头遗址为代表的"夏代文明圈"，以二里岗商城遗址、偃师商城遗址、殷墟遗址为代表的"商代文明圈"，以及以周原遗址、丰镐遗址和洛邑遗址为代表的"西周文明圈"，从而让夏商周三代的不同文明时段都有切实的物质载体而变得脉络清晰，搭建起黄河国家文化公园的"三代文明熔合圈"。通过"一轴两期三代文明圈"的宏观融合，可以让沿黄地区较早时段的国家考古遗址公园在中华文明裂变、碰撞与融合的过程中所扮演的关键角色有一个明晰的定位，扬长避短地弥补了大遗址缺乏直观性的缺陷，最终在黄河国家文化公园内描绘出一幅中华文明演进发展的全景图，擦亮了"文明起源"的IP名片，为后续线型文化遗产资源的开发利用提供了核心标识。

（二）次生路径：实现遗址阐释与黄河国家文化公园的文化风貌相协合，营造历史空间的场景重现

无论是带来中华文明曙光的史前聚落遗址，还是气象万千的都城遗址，他们都是古代先民劳动创造和改造周边自然环境所遗留下来的宝贵物质文化遗产。一直以来，国家考古遗址公园阐释工作的重点就在于要通过尘封已久的地下遗址体现不同时期古代人类的思维方式、文化传统和社会治理体系，这种"透物见人"的阐释要求恰恰与黄河国家文化公园弘扬中华优秀传统文化的核心目标高度契合。而黄河国家文化公园对中华优秀传统文化的弘扬则主要依托于黄河众多的文物古迹所塑造出的历史文化风貌。因此，实现国家考古遗址公园阐释方式与黄河国家文化公园文化风貌的和谐一致，不仅有助于达成两者的核心目标，更有助于营造出历史空间的场景重现。

在实现遗址阐释与文化公园文化风貌相协合的过程中，首先应辨析两者的异同之处。所谓遗址阐释其实就是对大遗址提炼出的多种遗产要素的整合、关联与扩展，其由内核和外延两个层面构成。内核是关键之所在，是对信息要素的整体性概括和抽象性总结；外延部分则对应遗址不同类型

的遗产要素的具体特征，是内核在不同方面的发展延伸，可由时间、空间和人这三个维度构成，既能观照到以时间为纵轴的遗址演变和历史事件，也能投射出以空间为横轴的规划布局和功能结构，亦能反映出以人为竖轴的当时的政治体制（社会治理观）、行为处事准则（价值观）和思维方式（宇宙观）①。而黄河国家文化公园的文化风貌则是由园区历史文化要素的不断积淀而形成的一种风格和面貌，从本质上来说也是一种诸多要素积累而成的"文化意象"，是人们对身处的文化环境所产生的心理图像或心理印象。可以说两者都是一种复杂信息的集合体，所不同的是前者是对信息的提炼，后者则是信息的积累。

因此，在次生路径的融合过程中，从遗址阐释最初的信息提炼和延伸设计上，就要将黄河国家文化公园所沉淀而产生的"文化意象"融入其中，进而共同营造出历史空间的场景重现。从具体操作层面来看，以殷墟国家考古遗址公园为例，在充分考虑黄河国家文化公园"文明起源""文字起源""城市起源""国家起源"等"文化意象"的基础上，可将阐释内核概括为"为杰出全球价值的中国文字语境下的早期历史、古代信仰、社会体系以及重大历史事件提供了物质证据"，外延则可围绕"为商代晚期的都城确立了早期中国宫殿建筑布局和陵园制度""彰显了以中原为核心的多区域文化交流""代表了古代东亚青铜文化发展的最高水平"等方面展开。从而结合历史文献，参照保存良好的古代建筑范式，将以上阐释内容作为遗址公园和黄河国家文化公园保护性复建规划的主要参考。同时亦可结合时人的社会治理观、价值观和宇宙观等形而上的内容，复原当时的政治祭祀活动、生产制造技艺和日常生活活动，充分营造出一个经历漫长发展、以血缘纽带和地域纽带为基础，拥有复杂而稳固的对外统治网络和祭祀系统的高度文明的王权国家②，以满足公众对于深入体验商代文明的诉求。

---

① 张冬宁：《国家考古遗址公园如何阐释和转化其核心遗产价值》，《中国文物报》2020年5月19日第6版。
② 张光直：《商文明》，三联书店，2019，第65-166、395-398页。

（三）再生路径：推动遗址展示与黄河国家文化公园的民族品格相融合，建设精神同源的灵魂家园

身处中华文明滥觞之地，黄河国家文化公园一方面可以依托物质层面的古代遗物、遗址和遗迹，投射出中华文明源远流长的融合演变脉络，成为中华文明数千年发展延续而不曾中断的历史见证，坚定我们的文化自信；另一方面可以针对先祖遗留下来的多重精神财富，如非物质层面的文学作品、口头传说、表演艺术、社会风俗、礼仪、节庆以及传统手工技艺等，充分体现华夏先民勇于创新的创造性、与自然和谐相处的生态观，以及社会治理的先进思想。从而梳理出黄河文化所蕴含的民族品格。在黄河文化的历史长河中，农耕文明的勤劳质朴、崇礼亲仁，草原文明的热烈奔放、勇猛刚健，源源不断汇入中华儿女的精神特质之中，无论是历史时期的大禹治水、汉武帝"瓠子堵口"、潘季驯"束水攻沙"等与黄河水患斗争的英勇事迹，还是《将进酒》《浪淘沙》《凉州词》《行路难》《使至塞上》《登鹳雀楼》等流传千古的文学艺术作品所体现出的忧患悲壮的家国情怀，抑或是隋唐长安城、东京汴梁城等国际性贸易大都市所拥有的海纳百川的气势胸怀，都无一不在彰显各民族共同熔铸而成的不畏艰险、敢于斗争、勇于创新、崇德尚仁、兼容并包的以爱国主义为核心的伟大民族品格。

如果说原生路径是从物质本身出发，次生路径是物质的延伸，那么再生路径则是对物质的升华与再造。国家考古遗址公园的遗址展示方式是多层次、多维度的，除去基础性的原貌展示、模拟展示、覆罩展示、标识展示和复原展示等方式外，还可以结合现有最新的展示技术如VR（虚拟现实技术）、AR（现实增强技术）、MR（混合现实技术）以及元宇宙等虚拟展示空间，利用遗址博物馆展示、在线网络展示、多媒体宣传教育展示、大型沉浸式展示等方式，将遗址公园所蕴含黄河文化精神实质展示出来。如可通过"遗址本体+VR在线+短视频讲解"等展示方式，聚焦双槐树遗址的桑蚕牙雕、陶寺古城的古观象台、登封王城岗和新密古城寨的城壕布局及版筑技术、二里头遗址的"井"字型道路布局及都城规划和青铜冶炼技术，讲清楚以上考古发现对于实证黄河文化是在不断创新中赓续着中华文明的旺盛生命力，深入展示大遗址所蕴含的中华民族"勇于创新"的民

族品格。再如可通过"遗址博物馆展示+复原展示+大型沉浸式展示"等方式，针对最早中国的二里头遗址、恢宏雄伟的汉长安城遗址、气象万千的汉魏洛阳城遗址等，重点展示其所见证的炎黄时期多部族的融合、秦汉时期汉民族的形成以及魏晋南北朝时期汉族与匈奴、鲜卑、羯、氐、羌等多民族的交融，深入阐明其所蕴含的"尚和合""求大同"的民族文化认同和主流意识，最终展示出中华民族"兼容并包""博采众长"的精神品格特质，进一步增强各民族对于家国身份的文化认同，共同建设好我们的灵魂家园。

（作者张冬宁系历史学硕士，河南省社会科学院助理研究员，主要从事文化遗产相关研究）

黄河国家文化公园建设的民俗赋能与高质量发展

　　黄河是一条自然的河流，更是文化的河流，它孕育了中华文明，是中华民族的母亲河。黄河文化作为中华文明的重要组成部分，在绵延相续的历程中，始终居于轴心地位，是中华民族的根和魂。2019年，习近平总书记在黄河流域生态保护和高质量发展座谈会上发表重要讲话，指出："黄河流域在我国经济社会发展和生态安全方面具有十分重要的地位。"2021年，中共中央、国务院印发的《黄河国家文化公园建设实施方案》是推进黄河国家文化公园建设的纲领性文件，其中保护、传承黄河文化是推动黄河流域高质量发展的重要切入点，对于坚定文化自信、大力推进社会主义文化建设具有重要意义。目前，学界对黄河国家文化公园的研究尚处于起步阶段，大多聚焦于文化内涵[①]、时代价值[②]、建设路径[③]与体制机制[④]等方面，从传统民俗的视角对黄河国家文化公园建设进行赋能的研究较少。黄河国家文化公园作为对外集中展示中华文明的窗口，其中积淀的优秀传统文化是实现中国式现代化的源泉和动力。黄河国家文化公园建设不是简单

[①] 刘庆柱、汤羽扬、张朝枝等：《笔谈：国家文化公园的概念定位、价值挖掘、传承展示及实现途径》，《中国文化遗产》2021年第5期，第15–27页。

[②] 张祝平：《黄河国家文化公园建设：时代价值、基本原则与实现路径》，《南京社会科学》2022年第3期，第154–161页。

[③] 戴靖怡、黄潇婷、孙晋坤：《自然景观激发文化认同的多元理论研究范式：以黄河国家文化公园标志性自然景观为例》，《民俗研究》2023年第2期，第5–10页。

[④] 戴靖怡、黄潇婷、孙晋坤等：《国家文化公园的旅游者文化认同生成机制研究：以黄河国家文化公园标志性自然景观为例》，《旅游学刊》2023年第1期，第31–41页。

的遗产统筹保护,而是要从世界维度、国家高度和历史厚度来阐释黄河文明的独特性。黄河流域作为世界上最早的农业发源地之一,注入并突出农耕文明的"文化底色",将与之关联的物质与非物质文化纳入黄河国家文化公园建设中,有利于逐步建立起中华民族优秀传统文化的重要标识体系。在厘定黄河流域文化脉络的基础上,应强化区域协作机制,确立系统观念,突出文化特色与建设重点,充分彰显黄河沿线"几"字弯、"金三角"区域的示范引领作用。在黄河国家文化公园建设的统筹下,将视野聚焦于"黄河整体流域",积极探索黄河国家文化公园与乡村振兴、区域高质量发展深度融合的模式与路径,发挥国家文化公园建设的生态、经济、协同、创新以及开放效能,方可推进"黄河流域跨省域社会文化共同体"的建立。

一、务农重本:黄河流域农耕文化的根基性

黄河是中华文明的重要发祥地之一,中华民族的文化传统和生活习俗在此表现得尤为明显,其中农业是黄河文化产生、发展的经济与社会基础。随着农耕曙光在黄河流域的照临,勤劳智慧的华夏民族在此定居,在长期生产实践中形成了稳定的农耕文化体系,奠定了黄河流域经济文化的主体地位。农耕文明作为黄河国家文化公园建设的底色,重视传统农业文化的根基性与现代价值,对于赓续黄河文化,打造文化标识,深入理解与推进乡村振兴与中国式现代化具有重要意义。

(一)黄河流域农耕文化的时空演变

任何一种文化都是在特定时空中产生的,只有在时空维度中才能真正把握文化发展的脉搏,其中时间是考察文化发生发展的结构形式,空间是考察文化产生的地理基础,两者不可分割。重点关注流域内的自然生态环境与历史文化,便于厘清黄河流域农耕文化生成演变的时空谱系。

在黄河文化形成的初期,自然环境起决定性作用。气候和土壤是人类生存与农业生产的必要条件。黄河流域地处暖温带,空气湿润,土壤为疏松的黄土,同时黄河地下水位较低,便于灌溉。适宜的气候与肥沃的土壤造就了黄河流域农业生产得天独厚的自然条件。早在旧石器时代末期,由

采集狩猎发展而来的原始农业已经出现，距今10000年至4000年前的新石器时代，黄河流域农业文化广泛分布在山西、陕西、河南、甘肃等地，根据对裴李岗、半坡、庙底沟、龙山、陶寺等文化遗址的发掘，证实了黄河流域原始农业的发达[①]。原始农业的出现成为人类社会文明的曙光，农业所提供的稳定食物来源，使人类从迁移式的采集狩猎过渡到定居式的农耕畜牧，这一时期的原始农业以种植粟和黍为主，具有典型的旱地农业特征。随着农业生产的发展与成熟，农作物的种类有所增加并开始驯养家禽家畜，生产工具得到改进，制陶、纺织、冶铸等手工业技术也得以发展[②]。在黄河文化形成的初级阶段，围绕农业出现的生产技术与物质文化，均直接或间接地根植于黄河流域的自然环境中，并未完全脱离自然界的控制，带有明显的生态特征，对人类的生存活动产生了积极影响。同时，这为黄河文化产生和发展奠定了物质基础，并逐渐构建起以农耕文明为基型的多层次、多维度的文化体系。

在黄河流域数千年的农业生产实践中，人类由被动消极地适应环境到主动积极地改造环境，创造出不同时期层累递进、各种要素相互连结的农耕文化系统。黄河流域以旱作农业为主，基于农业经济发展的需要，将民众聚集起来兴修水利设施、进行水患治理，在物质层面修建了用于灌溉的水利工程；在文化层面形成了相关的水利组织以及管理制度。除水利文化外，黄河流域以水神、土地神为主的农神信仰，也是农耕文明的伴生物。在先民已控力量与未控力量之间的空白区以及"万物有灵观"的影响下，农神信仰由此产生，并将相关的仪式程序与农业丰产相关联。以晋陕豫地区的水神信仰为例，河神主要是白龙、黑龙、河伯、大禹、金龙四大王等，雨神信仰则以龙王为主。此外，黄河流域的土地神又称后土、社神，围绕土地神崇拜，形成了社神信仰、社祭活动、村社组织、社火文化。原始先民将周围的自然和社会现象，以一种不自觉的艺术方式加以表现，形成了神话传说，如广泛流传在黄河流域的神农炎帝尝百草、后稷教民稼穑等为代表的农业神话。专门记载和总结农业生产经验的农书自汉代开始出

---

① 李玉洁：《黄河流域的农耕文明》，科学出版社，2010，第13-14页。
② 侯仁之：《黄河文化》，华艺出版社，1994，第82-84页。

现，如西汉末年的《氾胜之书》、北魏贾思勰的《齐民要术》、元代王祯的《王祯农书》、明代徐光启的《农政全书》，均系统详细地记载了黄河流域的耕作原则、种子选育等农业生产知识①。围绕农耕文明生成的耕作技术、水利文化、农神信仰以及神话传说，作为黄河文化的重要组成部分，皆以时间为序，记录了文化产生和发展的历史轨迹。

(二)黄河流域农耕文化的融汇发展

黄河文化产生发展于黄河流域，以农耕文化为根基，在演变扩布的过程中与周边文化互动交流、吸纳统合，超越了地域属性与流域限制，具有连续性、包容性、辐射性等特征，成为中华民族多元一体格局凝聚的核心，是中华文化的发祥地与典型代表。

黄河文化的形成同农业的起源和发展有密切的关联，从二者的演变路径来看，农业的起源是黄河文化出现的前提，而农业的进一步发展又促进了黄河文化融汇发展。在距今5000年前后的新石器时期，黄河流域农耕文明快速成熟，率先突破了原始农业的低水平模式，呈现出以黄河中下游为主导、诸多文化区渐趋统一融合的趋势。其中，新石器时代的仰韶文化是黄河流域农业发展的关键阶段。根据考古发现，该时期的文化遗址遍布甘肃、青海、宁夏、河北、河南、陕西、山西等地，以黄河流域为中心创造出裴李岗文化、磁山文化、大汶口文化、龙山文化等具有典型特色的农业文化，辐射范围极其广泛，极具传播性②。新石器时期黄河流域存在不同的文化分区，受到生态环境、自然灾害、人口迁移等多种因素的影响，在外力与内力的共同作用下，与周边文化区进行的频繁交流与融合，形成了中华民族的初级统一体。在黄河流域精耕细作的农业社会中，汇聚了北方旱作农业与南方稻作农业的生产经验，并在此过程中实现了生产工具、生产技术、生产规模的更新与发展，逐步向更高程度的农业文明迈进，影响和推动了其他文化区农业文化的发展。

黄河流域作为中国巨大地理单元中相对独立的一部分，为农业文化结

---

① 段友文：《山陕豫民间文化资源谱系建构与乡村价值发现》，《山西大学学报》(哲学社会科学版) 2021年第2期，第20-31页。
② 李学勤、徐吉军：《黄河文化史》，江西教育出版社，2003，第40-54页。

构体系的形成提供了温床，使其文明的发育具有连续性与稳定性。进入夏、商、周的早期王朝时代，农业经济提供了较为一致的生产基础与生产方式，从而形成统一的文化观念和价值规范，开创了政治、经济、文化等制度体系，奠定了早期国家统一的社会基础。秦朝结束了战国时期地方割据的局面，在中原地区形成了大一统格局，其范围主要为黄河长江中下游的平原农业区。秦汉时期的中原地区逐步向北方游牧区与南方稻作农业区辐射，随着黄河"几"字弯与南北两大文化分区交流融汇，完成了以黄河流域为凝聚核心的中华民族多元一体格局的构建。直至唐宋，黄河流域在中华文明的发展历程中始终居于轴心地位。数千年来，黄河独立且庞大的时空场域中进行着文明的孕育、民族的融合，以及历史的演进，多元互动的文化进程造就了日渐成熟的黄河文化，并在传承发展中不断焕发出强大的生命力，成为中华文明的根与魂。

(三)黄河流域农耕文化的现实价值

中国传统文化在发展演变的过程中始终扎根于农耕文明与乡土社会，农业、农村与农民作为传统文化产生和发展的经济与社会基础，同样也是坚持文化主体性、推动中国式现代化的立足点。通过对黄河流域农耕文化根基性的挖掘，将黄河国家文化公园建设与农业农村相对接，重视并挖掘黄河流域农业文化的现代价值，有利于保障粮食安全，建设宜居宜业的和美乡村，进而全面实现乡村振兴。

黄河流域的农耕文化从历史深处走来，贯穿黄河流域发展变迁的始终，重视农业、农村和农民是理解黄河文化的起点，也是建设黄河国家文化公园、传承弘扬中华优秀传统文化的原点。在社会现代化进程中，乡村与城市各自保有独特的文化形态，乡村较城市而言，更具封闭性、稳定性，在传统文化的保护传承方面发挥着重要作用。其中农业生产为乡村的形成奠定了经济基础，不仅是乡村文化产生创造的主体与源头，也是优秀传统文化永续发展的最佳载体。2023年中央一号文件聚焦全面推进乡村振兴，加快建设农业强国、确保国家粮食安全依然是首要工作，需要在遵循农业现代化规律的基础上，赓续农耕文明，走中国特色的农业现代化道路。优先推进农业现代化，既符合中国基本国情，也是实现中国式现代化

的重要举措。另外，文化振兴作为乡村振兴的精神内核，鼓励、引导乡村
按照文化的禀赋特征进行传承、弘扬，并不断更新自身的文化结构和优秀
乡土传统。在此基础上，进而挖掘、继承、创新优秀传统乡土文化，建立
国家文化公园建设、乡村振兴和农业文化之间可持续的共生关系。

黄河流域是中国农耕文明的重要发源地，形成并传承着悠久灿烂的农
业文化，农业不仅是区域发展的重要支撑，也是实现中华民族伟大复兴之
根基。时至今日，乡村社会依旧是广大民众赖以生存发展的重要场域，千
百年来孕育了传统的农耕文明，也延续着与之关联的自然生态、建筑艺
术、社会制度、历史文化等丰富的物质与非物质文化遗产。这些遗产资源
在乡土社会中得以传承与保存，使乡村成为黄河国家文化公园建设与跨省
域社会文化共同体建构的依托。同时对于黄河国家文化公园建设和乡村振
兴而言，农业文化遗产的挖掘和利用都是不可替代的资源。面对数量众多
的文化遗产，如何延续黄河文化根脉，实现文化遗产"资源化"与"资本
化"，需要确立保护传统与合理开发相结合的原则。通过立足于流域内厚
重久远、类型多样的农耕文化资源，挖掘传统农业生产经验与生存智慧，
可以为现代农业发展提供借鉴经验，推动乡村社会良性运行与协调发展。
黄河国家文化公园建设以农耕文明为价值主线，以农村农业为载体，依托
区域内自然生态环境、物质与非物质文化遗产，挖掘整合乡村社会丰富的
文化资源，充分发挥传统乡村文化、农耕文化在构筑共同体意识中的基础
性作用，逐步构建传统与现代、乡村与城市对接融通的跨省域黄河文化共
同体，以此实现黄河流域高质量发展背景下的中国式现代化。

二、多元共生：黄河流域文化资源的结构脉络

黄河流域历史文化资源蕴含丰富，自然地理环境复杂多样，具有沿河
流线性分布和地域空间分散的特点。把握黄河流域的突出资源，确立黄河
上中下游不同区段的标志性文化景观，必将为黄河国家文化公园建设夯实
基础。

（一）黄河国家文化公园建设的资源体系

我国首次提出建立国家文化公园体制，其文化功效是激发国家认同

感、增强民族自信心。建设国家文化公园的资源基础是自然遗产和文化遗产，自然的黄河被逐渐升华为中华民族集体认同的象征。但在大多数实证研究中，国内外学者关注人文景观如何促进旅游者的文化认同，却忽视了自然遗产在国家文化公园建设中宣传民族、国家认同感的重要性①。在摸清黄河流域自然遗产和文化遗产的基础上，黄河国家文化公园需要进行标志性景观建设。"景观"（landscape）一词最早出现在《圣经·旧约》中，等同于"风景"。随着社会的发展，学者们强调它的"文化性"。当今世界各地的学者对"景观"都有自己的诠释，我国学术界对景观有不同层面的认识。

从旅游学的角度来看，景观是指引发旅游者从长居地到异地产生旅游行为的吸引物，既可以是物质的自然和人文景观，又可以是非物质的社会文化景观②。景观是基于大地的自然或文化的空间或物质的综合体，昭示着自然历史的印记，蕴含着人类文明的足迹。黄河国家文化公园建设的资源体系包括多个层面，如历史文化、现代文化、红色文化、民俗文化等，其中以文物、遗址、古建筑、传统文化等为代表的历史文化层是最为难得的资源，而黄河流域恰恰拥有这类丰富的历史文化资源。"流域内的世界文化遗产（含文化景观和双遗产）12处，全国重点文物保护单位1451处，省级文物保护单位4221处，市县级文物保护单位26476处"③，丰富的历史文化遗产为黄河国家文化公园建设提供了资源基础。在遗产资源的利用上，文旅文创融合发展是我国的国家文化公园建设的实现路径和切实措施④旨在集中形塑具有代表性的中华文化重要标识，保护优秀传统文化和红色文化，传承弘扬中华民族精神。

以天然与否为区分标准，黄河国家文化公园的景观文化分为自然景观和文化景观两大类。黄河流域标志性自然景观，如位于甘肃景泰县境内的

---

① 牛建强：《黄河文化概说》，黄河水利出版社，2021，第54—60页。

② 邓爱民、王子超：《旅游文化基础导论》，中国旅游出版社，2019，第65页。

③ 国家文物局：《黄河文物保护利用规划》，http://www.ncha.gov.cn/art/2022/7/18/art_722_175826.html，访问日期：2023年5月8日。

④ 苗长虹：《文化遗产保护能够从自然保护中学到什么：以黄河国家文化公园建设为例》，《探索与争鸣》2022年第6期，第21—23页。

黄河石林国家地质公园，山西、陕西二省交界处的壶口瀑布和乾坤湾等；黄河流域标志性人文景观，如莫高窟、兵马俑、五台山、殷墟、泰山等。目前，"十四五"规划中确认的四大国家文化公园建设，由于长城、大运河、长征三个公园建设起步略早，已经卓有成效，而黄河国家文化公园尚处于规划与建设初期阶段。沿黄九省区在思考黄河流域文化遗产保护工作的基础上，运用新媒体、云端直播等方式打造黄河流域全域旅游，为黄河流域文化旅游带建设的深入发展探索了有益路径。

（二）黄河流域文化遗产的内在演进机制

黄河全长5464千米，发源于"世界屋脊"青藏高原，以"几"字形姿态盘踞在中国北方大地，黄河流域是中华文明的发祥地之一，以山西西侯度遗址、匼河遗址、丁村遗址，陕西蓝田人遗址为代表的旧石器时代遗址，是黄河流域史前文明的萌芽。以陕西西安半坡遗址为代表的仰韶文化，以及黄河下游的大汶口文化、龙山文化等新石器时代遗址，标志着黄河先民进入了以定居半定居农业生产为特征、以制作陶器为标志的新石器时代。目前考古发掘出的史前时期遗址，让我们感受到黄河流域的精神文化、社会制度、生活方式等多层面的中华民族发展历程。从黄河上游的青海喇家遗址、甘肃马家窑遗址、内蒙古和林格尔土城子遗址到黄河中下游的陕西神木石峁遗址、山西襄汾陶寺遗址、河南庙底沟遗址和山东大辛庄遗址，串联起以农业文明为基型的多层次、多维度的时空交错的中华文明谱系网络。

黄河九省区具备丰富的自然资源和文化资源，黄河文明的历史积淀形塑了黄河九省区的区域文化特色，形成了多元纷呈、和谐相容的黄河文化带。黄河是中华文化的思想根脉，是中华儿女的精神家园，是中西文化交融的桥梁，也是中国红色革命文化的根据地。建设黄河国家文化公园，要创造出具有"文化旅游融合特性的功能区"[①]，调动旅游者的多种感官，联动旅游者的身心体验，从地方认同最终达到文化认同，与黄河国家文化公园建设的最终目标相契合。

[①] 戴靖怡、黄潇婷、孙晋坤：《自然景观激发文化认同的多元理论研究范式：以黄河国家文化公园标志性自然景观为例》，《民俗研究》2023年第2期，第5-10页。

（三）黄河流域文化遗产的谱系脉络

黄河文化可以抽象出若干主脉线，蕴含着浩瀚的考古遗址、农耕文化、建筑文化、民族民间文化、宗教文化、文学艺术等文化脉络。每条主脉线上又分布有若干副脉线，这些脉线交错蔓延，共同织就了具有开放性和延续性的黄河文化谱系[①]。在实施黄河国家文化公园建设的实践中，依循黄河文明形成和发展的内部逻辑和聚散关系，让公众清晰认知黄河九省区的特色文化，在此基础上形成对黄河全面的文化体认。文化记忆是民族精神的彰显，黄河流域文化遗产凝聚着中华民族的集体记忆，深刻地反映出人民朴素的生活情趣和审美理想。系统性保护黄河流域物质文化遗产，活态传承非物质文化遗产是实现黄河国家文化公园建设的基本保障和内在进路。

1.系统性保护黄河流域物质文化遗产

"遗产廊道"（heritage corridor）概念源于20世纪80年代美国学术界，指一种线性的遗产区域，内部可以包括多种不同的遗产，空间范围可大可小，"是一种综合性保护措施，即将历史文化内涵提到首位，同时强调经济价值和自然生态系统的平衡能力"[②]。从国家层面来看，需要开展黄河文化资源的全面调查和认定，摸清重要文化遗产底数，界定黄河文化区域的本质特征。在线性景观中确定黄河流域文化遗产景观，以中华文明重要地标建设中国特色的文化遗产廊道，打造具有民族特色和文化底蕴的黄河国家文化公园。

一是自然景观线。主要包括山脉、河流、草原等自然或人文复合型景观。例如：黄河上游的三江源自然保护区、贵德高原生态旅游区、坎布拉景区、循化撒拉族绿色家园、兰州百里黄河风情线、龙洲丹霞地貌景区、刘家峡恐龙国家地质公园、和政古生物化石国家公园、孟达国家级自然保护区，黄河中下游的天桥峡谷、壶口瀑布、乾坤湾、济源黄河小三峡景

---

① 彭岚嘉、王兴文：《黄河文化的脉络结构和开发利用：以甘肃黄河文化开发为例》，《甘肃行政学院学报》2014年第2期，第92-99页。

② 王志芳、孙鹏：《遗产廊道：一种较新的遗产保护方法》，《中国园林》2001年第5期，第86-89页。

区、黄河三角洲生态文化旅游岛。山脉如五岳之四皆分布在黄河流域，西岳华山、北岳恒山、中岳嵩山、东岳泰山，不仅具有秀丽的风景，而且以山脉为中心流传着丰富的传说故事。再如五台山不仅是太行山脉最高峰，也是中国佛教"四大名山"之一，是人们心中的佛教圣地。

二是文物古迹线。主要指考古遗址、墓葬、石窟、岩画、墓室壁画等人类活动留下的痕迹，展现了黄河流域厚重的历史文化、独特的民族审美和浪漫的信仰世界。遗址主要有：以陕西蓝田人、大荔人，山西襄汾丁村人为代表的旧石器时代遗址；以陕西西安半坡遗址为代表的仰韶文化，以及黄河下游的大汶口文化、龙山文化等新石器遗址；有史料记载的如位于河南安阳的安阳殷墟，中古以来的位于内蒙古锡林郭勒的元上都遗址、西安的秦始皇陵及兵马俑坑。岩画则有甘肃黄河岩画、内蒙古阴山岩画、宁夏黄羊湾岩画、山西吉县柿子滩岩画等。陵墓主要分为帝王陵和士人墓，历代帝王陵有黄帝陵、炎帝陵、尧陵、舜帝陵、西夏陵等，历史名人祠墓如陕西韩城司马迁祠、山西夏县司马光墓等。墓室壁画主要分布在甘肃嘉峪关，内蒙古和林格尔，陕北榆林、米脂、绥德，山西离石等地。宝塔以陕西延安宝塔、陕西西安大雁塔、山西洪洞飞虹塔、山西永济莺莺塔、河南开封铁塔等最为著名。寺庙建筑以黄河中游的陕西佳县白云观、山西临县黑龙庙、陕西韩城大禹庙、山西解州关帝庙、河南济源嘉应观等为代表。

三是水文化遗产线。主要包括水利建筑、运河、渡口等复合物质遗产，体现了黄河治理的成果，以及黄河沿岸人民对安宁幸福生活的夙愿。人工建筑如黄河上游甘肃兰州滨河路中段白塔山下的黄河铁桥、八盘峡水电站、大峡水电站，山西万家寨水利枢纽工程等。渡口如甘肃境内的青石津渡口、临津古渡，山西境内的蒲津渡、碛口古渡口，并称为"黄河四大渡口"。反映历代黄河变迁与治理成就的遗产，如黄河豫北故道、黄河豫东故道、大伾山黄河改道遗址、汉武帝瓠子堵口遗址、内黄三杨庄汉代村落遗址、汉代金堤遗址、渑池阙流堆台、明代太行堤遗址、济渎庙、嘉应观、玲珑塔、武陟御坝等[①]。

四是革命文物线。即红色文化区，主要包括陕甘宁等革命根据地和红军长征雪山草地、西路军西征路线等地区，是全国革命遗址规模最大、数量最多的地区之一[②]。如青海中国工农红军西路军纪念馆，甘肃会宁县红军长征会师旧址，宁夏、内蒙古大青山抗日游击根据地旧址，陕甘宁边区盐池革命老区遗址，陕西延安革命纪念地系列景区，山西武乡县八路军太行纪念馆，河南二七纪念堂，山东铁道游击队红色旅游景区等。

五是古城大院线。沿黄河九省有多个国家级古村落和历史文化名城。世界文化遗产如平遥古城，古城内共有国家级文保单位20处，不可移动文物1 075处，具有保护价值古民居3 798处。流域内古村落大都依山面水、向阳而建，体现了人与自然的融合，也是黄河流域家族村落文化的象征性体现。黄河流域的古村落按照地理形态特征来划分，有密集型和分散型两大类。前者可分为棋盘式、长龙式、杂散密集式；后者包括山塬型、关隘型、屯垦型、移民型等。甘肃庆阳地窨院、山西平陆地窨院、河南三门峡陕州地坑院，以及陕北、晋西依山而建、排列整齐的土窑洞成为黄河流域的民居奇观，至今仍然是人们理想的栖息居所。

2.活态传承非物质文化遗产

非物质文化遗产（以下简称"非遗"）具有不同的表现形式，"包括作为非物质文化遗产载体的语言；表演艺术；社会习俗、仪式和节庆活动；与自然和宇宙相关的知识和实践；传统工艺等领域"[③]。这些领域突出体现了非遗在文化方面的综合性，不能单一进行非遗的传承保护。从非遗的"地域性特征"[④]出发探究黄河流域非遗的保护传承应打破地域的空

[①] 张新斌：《推进黄河文化遗产系统保护和整体利用》，《河南日报》2020年11月27日第8版。

[②] 中共中央、国务院：《黄河流域生态保护和高质量发展规划纲要》，https://www.gov.cn/zhengce/2021-10/08/content_5641438.htm，访问日期：2023年5月8日。

[③] 联合国教科文组织：《保护非物质文化遗产公约（2003）》，https://www.mct.gov.cn/whzx/bnsj/fwzwhycs/201111/t20111128_765132.htm，访问日期：2023年5月8日。

[④] 郭永平、贾璐璐：《全球在地化到地方全球化：互联网时代非物质文化遗产的保护与传承》，《云南师范大学学报》（哲学社会科学版）2023年第2期，第125-133页。

间限制，国家文化公园建设的"四类主题功能区"①启发我们要充分挖掘传统文化的"功能性"，赋予其新的资产、功能和历史文化价值，方能活化黄河流域非物质文化遗产。加强黄河九省区的区域联动，突出非遗传承人的能动性，打造以非遗为主体的文化认同机制，实现非遗在国家文化公园建设中的深度融合。

一是神话传说。古老的神话传说是华夏民族形成发展的见证，保留着珍贵的历史记忆。以黄帝、炎帝、蚩尤为代表的诸多部族在黄河流域经过冲突、融合，形成了华夏民族。黄河流域人民形成的艰苦奋斗的精神文化意识，是中华优秀传统文化的根基。盘古开天辟地、大禹治水、愚公移山等"古神类"神话，后稷教民稼穑、神农尝百草等"先农类"神话传说，介子推割股奉君、杨家将精忠报国等"英雄人物类"民间故事，集中体现了中华儿女尊崇生命、勤劳善良、坚韧不拔的精神。建设黄河国家文化公园，就是要挖掘非物质文化遗产的深刻特质，为黄河文化注入新的时代价值。

二是宗教信仰。黄河流域既保留着古老的原始宗教，又有儒释道三教，还有丰富驳杂、地域特色鲜明的民间信仰活动。大量的宗教遗迹传承着教义、教规及特殊的意蕴，如五台山佛教圣地，以中国石窟艺术著称的敦煌莫高窟、甘肃麦积山石窟、洛阳龙门石窟等佛教造像艺术。黄河两岸随处可见的河神庙、白龙庙、黑龙庙，都伴随着各具地域特色的民俗活动。建设黄河国家文化公园，就要充分发挥非物质文化遗产的历史性，为推进黄河文化遗产系统保护奠定根基。

三是民间艺术。民间艺术包括民间戏曲、民间音乐、民间舞蹈、民间美术、民间工艺等门类。这些非物质文化遗产以四级名录的形式被列入国家非物质文化遗产保护体系，为黄河流域各地民众提供了持续的地方认同感和文化自信心，是中华民族根和魂的重要体现。如民歌，跨越了地理空间的限制，以不同的形态和特征遍布黄河九省区。甘肃、宁夏、青海一带的"花儿"，内蒙古的"漫瀚调"，陕北的"信天游"，山西的"开花调"，

---

① 中共中央办公厅、国务院办公厅：《长城、大运河、长征国家文化公园建设方案》，https://www.gov.cn/zhengce/2019-12/05/content_5458839.htm，访问日期：2023 年 5 月 8 日。

河南的"黄河号子"，山东的"小调"，或悠长高亢，或爽朗欢快，呈现出不同的美学风格，也反映出不同省区民众的文化心理、性格特征和审美取向。建设黄河国家文化公园，就要充分重视非物质文化遗产的地方性，为黄河文化的传承创新增添新的发展动力。

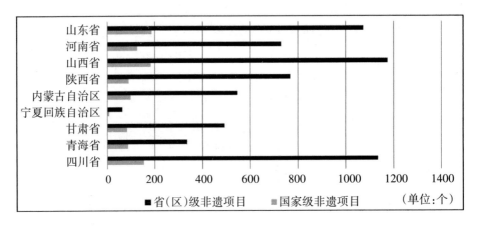

图1　黄河流域九省区国家级、省（自治区）非遗项目数量

数据来源：黄河九省区文化和旅游厅网站，数据统计截至2023年8月。

　　综上所述，建设黄河国家文化公园，无论是广布黄河流域的物质文化景观，还是地域文化与日常生活交融而成的非物质文化景观，从"整体性"和"全球性"出发，在摸清黄河文化遗产存量的基础上系统保护黄河文化遗产；以"流域+地域"的模式，通过标志性文化遗产将黄河九省区联结起来，从文旅融合的视角探索黄河国家文化公园建设的区域共赢模式，在具身感知中探索、倾听黄河文化脉搏，唤醒黄河文化基因的实践方式。

三、多点互动：黄河"几"字弯、"金三角"区域的示范性

　　黄河"几"字弯、"金三角"区域的高质量发展对推进黄河国家文化公园建设具有重要的示范与引领意义。黄河金三角作为"几"字弯区域内的特殊地区，兼有历史地理与现行行政划双重特征，在黄河流域以县域为中心，其"流域+地域"整体发展模式具有典型性。黄河"几"字弯，是指黄河经由甘肃、宁夏、内蒙古、山西、陕西5省区20多个市（盟），

形成的黄河"几"字形交会地区，主要包括延安、榆林、白银、银川、大同、忻州、吕梁、临汾、包头、呼和浩特，阿拉善左旗等20个市县及宁东能源化工基地，辖164个县（区），区域总面积55.7万平方千米，人口4 140.38万人①。习近平总书记明确指出要"推进黄河'几'字弯都市圈协同发展"，将"几"字弯的协同发展上升为重要的国家战略。

（一）晋陕蒙黄河"几"字弯与铸牢中华民族共同体意识

晋陕蒙黄河"几"字弯，一方面是黄河流域集沙漠、湖泊、草原、平原和高原地貌于一体的自然景观区；另一方面作为中华文明的发源地之一，延续着我们国家和民族的精神血脉，汇聚了农耕文化、草原游牧文化、长城历史文化等，是与黄河文化交相融合而形成的文化形态。晋陕蒙黄河"几"字弯区域历史上形成的商道、河道、驼道等交通道路沿线，留存着各民族长期交往互动而形成的文化遗产和旅游资源，有助于促进各民族交往、交流和交融，为铸牢中华民族共同体意识赋予了历史底蕴和文化真实。系统推进黄河文化旅游线路的建设，深入挖掘晋陕蒙黄河"几"字弯区域民俗文化资源与铸牢中华民族共同体意识的内在互嵌性，有利于提升该区域文化空间的内涵与张力。

晋陕蒙黄河"几"字弯区域集中分布着中华优秀传统文化、红色革命文化、社会主义先进文化等文化和旅游资源，其地理范围大体包括山西省忻州市的偏关县、河曲县、保德县，陕西省榆林市的神木市、府谷县，内蒙古自治区的鄂尔多斯市。各民族在这一区域生存发展，文化和旅游资源丰富多样，尤其是黄河两岸数量众多的人文景观和自然景观，形象生动地体现了中华各民族文化交流、族际交往、族群交融的历史记忆，集中展示了各民族在政治、经济、文化、民族交往方面的内容。晋陕蒙黄河"几"字弯区域的族际互动是中华民族多元一体格局形成的历史缩影，既体现了充分尊重"多元"，坚持平等和谐，又凸显了高度认同"一体"，不断同心聚力。晋陕蒙黄河"几"字弯区域在孕育灿烂辉煌的中华文明的同时，也

---

① 邵律、唐天林、万永长：《中国经济增长第四极：黄河几字湾经济区构建的战略意义》，《上海经济》2014年第4期，第20-25页。

推动了多民族互动共融局面的形成①。晋陕蒙黄河"几"字弯区域文化旅游线路的建设将呈现出更深一层的意义和文化特色，是富有内在生命力的新文化。

铸牢中华民族共同体意识需要推动晋陕蒙黄河"几"字弯区域文化和旅游的深入发展，整合民族地区历史文化资源和民俗传统，建构多民族互动交融的中华民族共同体符号。中华民族在漫长的历史发展中，晋陕蒙黄河"几"字弯地区的商道、驼道、盐道与黄河渡口形成了紧密衔接的交通网络，直接推动了区域内各地之间的相互联系。值得提及的是，在走西口移民浪潮影响下发展起来的内蒙古中西部地区，其主导文化就是西口文化，本质上是蒙汉民族文化碰撞、交流与交融的结果②。晋陕蒙黄河"几"字弯地区红色文化旅游资源丰厚、种类繁多，分布范围较广，依托陕甘宁革命老区、红军长征路线、吕梁山革命根据地等红色文化旅游资源，将地区内的文化线路相互衔接起来，就能打造出体现中华民族共同意识、民族团结进步理念的文化旅游线路③。

(二)晋陕豫黄河金三角与文化旅游线路的建设

晋陕豫黄河金三角是指山西省运城市、临汾市，陕西省渭南市和河南省三门峡市，共同构成了晋陕豫三省四市交会的"黄河金三角区域"。2012年，国家发改委批复建立晋陕豫黄河金三角承接产业转移示范区。晋陕豫黄河金三角是华夏文明产生的核心地带，兼顾了黄河文明与黄土文明共同缔造的区域文明，体现出文化的整体性与极强的区域性特征。黄河金三角区域形成了以中原文化为根基，兼具晋陕豫多地文化特色，拥有游牧文化、农耕文化、海岱文化等多元区域文明特色的金三角文化体系。该体系的形成源于其地域上的连续性、核心地区的稳定性、地理

---

① 杨晓东、牛家儒：《黄河几字弯生态文明与文旅融合发展》，《社会科学家》2021年第7期，第64-68页。

② 段友文：《走西口移民运动中的蒙汉民族民俗融合研究》，商务印书馆，2013，第349页。

③ 陈帅：《空间生产视域下中华民族共同体意识教育资源开发研究：以黄河几字弯文化旅游带为例》，《北方民族大学学报》2023年第2期，第69-74页。

位置的重要性以及文化的传播性，它影响着整个中国历史的发展①。值得注意的是，晋陕豫黄河金三角区域位于黄河中游，地缘相近、人缘相亲、文缘相通，有着深厚的历史文化和丰富的旅游资源。更为关键的是，地理位置的相连性及通达性，旅游资源的同源性及差异性，决定了这一地区的文化和旅游资源具有内在耦合性。在多元一体、满天星斗的中华文明里，山西陶寺遗址与夏商周三代文明以及逐渐形成的华夏文明有明显传承关系，是华夏文明众多根脉中的"主"根。陕西半坡文化是黄河中游地区新石器时代的仰韶文化，是北方农耕文化的典型代表。河南庙底沟文化以豫西、晋南和关中东部为核心地区，向周边地区辐射，是当时最强势的文化。

在晋陕豫黄河金三角区域文化旅游一体化发展中，文化旅游线路的建设是重中之重，要在加强合作的同时建立文化旅游发展联盟，形成合力，共同打造黄河文化旅游品牌，推动黄河流域高质量发展。晋陕豫黄河金三角区域内山川地貌多样、民俗文化和红色文化底蕴深厚，在一定程度上，"黄河文化+旅游"的文化创意产业链已经成形。实现该区域文化旅游资源的高质量发展，需要进一步整合区域内文化旅游资源，逐步形成以"黄河文化"为主题的旅游品牌。晋陕豫黄河"金三角"区域可以在"黄河文化"统一主题和理念的指导下，结合各地在湖水、沙漠、山川等自然资源和民俗文化、红色文化等文化资源的优势，有效整合、科学利用文化资源，形成具有各自地域文化传统的旅游品牌，实现区域"黄河文化"普遍性与特殊性的动态平衡。简言之，晋陕豫黄河金三角区域文化旅游线路的建设要实现传统与现代的对接，使得黄河文化在与旅游资源深度融合的基础上实现创新发展和旅游品牌提升②。

晋陕豫黄河金三角区域文化旅游线路的建设，首先是在构建金三角区域文化旅游发展体系的过程中，制订总体发展规划体系，改善自然生态环境，营造和谐稳定的人文氛围。其次是建设晋陕豫黄河金三角区域文化旅

①　段友文：《论山陕豫黄河金三角区域神话传说与民族精神》，《山西大学学报》（哲学社会科学版）2019年第5期，第69—80页。
②　吴锋、宋诗睿：《黄河几字弯区域文化发展协同创新路径研究》，《北京文化创意》2020年第5期，第4—11页。

游发展的基础设施体系①。最后是推动黄河金三角区域实现文化旅游资源一体化发展。以神话传说为例，三省可以共同挖掘黄帝、炎帝、蚩尤等部族神话，尧、舜、禹帝王神话，后稷、后土等农业神神话，实现神话传说资源、文化景观塑造与文化旅游发展的深度融合。还可以建设黄河流域文化、旅游产品展示和交易平台，举办文化创意产品展览展销，特别是利用"互联网+大数据"探索黄河流域文化和旅游产品供给新模式，通过在公共文化领域建立供需对接，实现公共文化供求平衡，建设全方位、多层次、立体化的黄河流域文化和旅游服务交易平台②。

（三）文旅融合视阈下黄河"几"字弯、"金三角"区域的高质量发展

黄河流域生态保护和高质量发展，是保护和传承黄河文化、彰显中华文明、维护民族团结、坚定文化自信的时代需要。推动黄河"几"字弯区域文化旅游线路的建设，促进生态文明建设与经济高质量发展协同共进，既是有力带动全国各族人民团结奋斗，扎实推进共同富裕，进一步铸牢中华民族共同体意识的重要举措，更是通过利用黄河流域文化和旅游资源，深入挖掘和弘扬各民族优秀传统生态文化，推动绿色发展，促进文化深层次认同，形成文化深度交融的精神命运共同体。这样，方可推动各民族像石榴籽一样紧紧抱在一起，团结奋斗，共同繁荣发展。

黄河"几"字弯区域内的中部省区、沿黄省区、周边省份应进一步深化合作，积极主动地融入黄河"几"字弯地区，促进协同发展。"十四五"规划指出，要以县域为基本单元推进城乡融合发展，强化县城综合服务能力和乡镇服务农民功能。黄河"几"字弯、"金三角"区域地貌环境多样，县域类型丰富，各县之间区域差别显著，不仅有工业商业发达的县，也有文化资源深厚的县，利用不同区域之间的差异化优势，优化各种资源配置，实现经济效益与社会效益最大化，以县域为基本单元建构文化与旅游并驾齐驱的发展格局，可以呈现城乡融合的多样发展形式，显示蓬勃的生机活力。以黄河渡口为例，三省可以在县域的基础上，共同利用、开发黄

---

① 邵律、唐天琳、万永长：《中国经济增长第四极：黄河几字湾经济区构建的战略意义》，《上海经济》2014年第4期，第20-25页。

② 张义学：《协同发展"几"字湾》，《西部大开发》（增刊）2020年第1期，第58-63页。

河古渡口的价值。黄河流域古渡口自古以来就是交通要道，它们和黄河相互依存，在发挥河运的交通便利性，以及地域往来和文化交流方面扮演着重要的角色。需要提及的是，碛口地处临县西南部，西与陕西省榆林市吴堡县隔河相望，其特殊的地理位置成就了黄河航运中最大的码头——碛口镇。老牛湾位于山西省忻州市老牛湾镇和内蒙古自治区清水河县老牛湾镇的交界处。以黄河为界，黄河过喇嘛湾奔流而下，在老牛湾与长城拥抱，形成了一道自然景观与人工景观相碰撞的旷世美景。因此，要以县域为基础，推动文化与旅游发展，注重挖掘地方资源，发扬地方特色文化，讲好新时代的"黄河故事"。

黄河"几"字弯、"金三角"区域在推进黄河流域高质量发展的过程中，发挥着重要的示范和引领作用。这是因为黄河"几"字弯、"金三角"地区是中华文明的重要发祥地，拥有广阔多样的地理环境，为黄河流域的经济发展提供了发展空间和地理依托。该区域交通便捷，各地之间交往密切，交流频繁，有利于推动"流域+地域"整体发展模式的形成，共建开放共赢的文旅融合发展环境，共同塑造黄河流域文旅融合新形象。

四、协力共创：黄河国家文化公园建设的效能实现

黄河国家文化公园建设是一项整体性系统工程，是实现全空间联动、全资源整合、全景观打造、全业态创新和全媒体营销的合力共创。以黄河文化为根基，将多地域、多层面、多方位的民俗文化资源加以赋能，可彰显中华文明共同体价值理念，助推黄河国家文化公园的高质量建设。

（一）黄河国家文化公园建设的民俗多效赋能体系

建设黄河国家文化公园，就是要加强民俗文化本位意识，将黄河流域底蕴丰厚、多元共生的民俗文化资源要素进行有机组合，小至黄河民俗符号的微观元素，大到黄河文化产业的宏观布局，全面构建民俗多效赋能体系。如图2所示，主要包括：

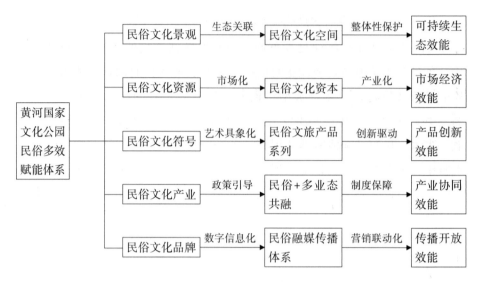

图2 黄河国家文化公园民俗多效赋能体系示例图

1.民俗文化空间可持续发展的生态效能

黄河国家文化公园突出公园化管理模式，公园内的黄河民俗文化景观呈条带散状分布于沿黄河九省区，将其与民众生产生活赖以依附的地理环境、文化空间加以生态关联，重塑黄河文化生态空间并实施整体性保护，是加强黄河文化保护和传承、推动区域民俗文化可持续性发展的重中之重。尤其要重视广大民众在黄河文化传承中的主体性作用，只有充分激发民众的文化记忆和情感认同的反馈机制，才能为实现乡村振兴、城乡互哺、文化振兴提供良好的国家文化公园生态土壤。

2.民俗资源转化为民俗资本的经济效能

黄河国家文化公园范围内的非物质文化遗产资源是发展文旅和文创产业的源泉，也是重要的市场经济资源。将黄河文化IP资源转化为相应的文化资本，不仅可以创造极高的经济价值，还可实现较强的市场产业效能。同时，国家文化公园空间内人口与资源的流动也会对地域周边经济的发展和劳动就业转化、脱贫攻坚成果的巩固产生积极影响，为黄河流域优秀文化资源适应现代化发展，提升黄河国家文化公园的软实力，赋予强劲的经济蓄能。

3.黄河文化旅游产品开发的创新效能

黄河国家文化公园建设一方面要突出对黄河文化的全面保护和传承，另一方面强调在中国式现代化时代背景下对黄河文化的创新和利用。学界多年来按区位特色、主题类型将黄河文化分为上游的河湟文化、河陇文化，中游的河套文化、三秦文化、三晋文化，下游的河洛文化和海岱文化。然而，我们必须清醒地认识到，黄河国家文化公园的建设则是以文化地理和自然地理的套叠标准，聚合全流域文化类型，打造统一向度的黄河文化符号标识体系，最终实现黄河国家文化公园文旅产品多元化、具象化的创新效能。

4.沿黄各省区文化产业发展的协同效能

黄河国家文化公园的整体打造要突出沿黄各省区特色文化和旅游产业融合的驱动效应。为满足人们对美好生活的追求，要从文化产业、旅游产业和地方产业互融共建的角度，推动黄河国家文化公园建设与沿黄各省区特色产业、城镇建设、现代农业、传统工业、全民体育等业态的协同发展效能，以提升当地产业升级带动周边乡村振兴，建立并逐步完善跨省域产业部门间的协同机制和制度保障，发挥黄河国家文化公园建设的标杆引领示范作用。

5.黄河民俗文化品牌化传播的开放效能

数字化时代，资本和技术是现代社会高质量发展的两大引擎。黄河国家文化公园建设要提升现代信息技术水平，充分运用数字化手段建设黄河国家文化公园融媒体传播平台，打造彰显黄河民俗特色的系统化、标准化、联动化的宣传品牌阵容，加强对黄河民俗文化的保护、传承和对外传播。

(二)民俗赋能黄河国家文化公园建设的实现路径

黄河国家文化公园作为一个多要素耦合的文化生态系统，其高质量的发展离不开民俗文化的多效赋能。先要从整合黄河民俗文化资源入手，将其纳入黄河国家文化公园的民俗文化空间予以整体性保护，再从建设战略、时空互动、保护利用等方面创新体制机制，多途径挖掘黄河优秀文化价值，打造中华文化重要标识，形塑中华民族共同体的文化认同。达到这样的目标主要有以下实现路径。

1.开展黄河民俗文化空间的整体性保护

除了建设好沿黄城市文化旅游带的博物馆、纪念馆、美术馆、科技馆、天文馆、图书馆、非遗展示馆、剧场/剧院、艺术中心/文化中心、音乐厅/礼堂、城市公园、广场、文创产业园区等公共文化服务保障外，还要加大对县、乡、村的文化馆、民俗文化村、乡村记忆馆、非遗传承基地、非遗工坊、非遗旅游体验基地、农业遗产地的文化空间保护。以非物质文化遗产为引线，将黄河流域民俗文化景观打造成文化及多产业生态链，形成整体观保护视阈下的跨省区、连城乡、多面向、多层次、开放式的民俗文化景观聚合体。

2.加快黄河民俗旅游资源的资本化转化与开发

根植于黄河农耕文明的民俗文化资源始终与民众生活紧密相连。将至今仍活态化传承于黄河流域的民间文学、音乐舞蹈、戏曲曲艺、传统技艺、民俗活动进行多角度、多样态的产业开发，通过提炼黄河文化景观要素，设计系列文化线路产品；并以黄河文化旅游带、黄河文化城市群、黄河特色文化街区、历史文化名城（名镇、名村）、沿黄传统村落等产业业态分布区域为空间载体，转化黄河文化民俗资本，带动跨区域民俗文化资源的联合利用，进而拓宽黄河流域文旅资源的全市场开发，推动黄河国家文化公园经济效益向经济效能的高质量转化。

3.统筹构建黄河国家文化公园的多元化民俗文化产业体系

通过成立跨省域黄河国家文化公园产业联盟组织，授权黄河民俗文化品牌资源的设计开发和市场营销，将包括旅游景区、特色民宿、餐饮名店、网红打卡地、旅游纪念品店（摊位）等在内的旅游服务供应商、各级旅行社代理商，以及特色商业街区、休闲社区、文化产业园区、高速公路服务区等商业服务组合联盟，制定统一的管理标准和行业服务规范。对不同业态的联盟成员进行分类指导，统筹协调打造一批重点的黄河文化展示项目，如黄河文化创意产业园、民俗文化产业园、文化生态保护区；举办一系列常态化的文化会展节事，如黄河非遗博览会、各类主题文化节、旅游博览及交易会、黄河文化论坛、特色节日等；合作编写黄河文化系列丛书和通俗读物，将黄河上中下游的民间文艺成果，按神话、传说、故事、民谣、民歌、民谚、笑话等类型分卷结集出版发行。

4.开发"以民为本"的黄河文旅民俗特色产品系列

黄河国家文化公园的建设强调全民共享,通过游客及当地居民的文化参与和互动实践,进一步增强黄河文化的辨识度和原真性,扩大黄河文化的传承性和影响力,在保持区域文化特色的同时保护整个文化样态承续的整体连贯性,进而聚合黄河国家文化公园的民间文化价值体系。通过创作系列黄河题材文艺作品,凸显各地域空间内民众的生产生活习俗、民间信仰、道德规范和审美需求;整合串联黄河主题旅游线路,设计统一的黄河国家文化公园旅游LOGO,开发具有地域特色的非遗旅游商品,打造地标性的黄河文化旅游目的地。

5.整合黄河国家文化公园系统化、立体式的融媒体传媒体系

为满足广大民众尤其是年轻一代消费者对多元化、智能化文化产品和服务的需求,须加强对黄河国家文化公园中与民众生活息息相关的民俗文化的宣传和推介。借助杂志、报纸、广播、电视等传统媒体的内容生产力和较强的公信影响力,创作及拍摄系列黄河民俗文化的纪录片、广告片、文化宣传片,依托数字再现工程,将地域内的神话传说、民间歌舞、信仰习俗、戏曲美术等非遗事象与5G、大数据技术、AR及VR人工智能、元宇宙等现代信息技术相结合,建立黄河国家文化公园文化展示、体验和消费的新模式。此外,利用黄河民俗节庆的品牌效应,积极组织黄河民俗文化的国际交流与互访,扩大黄河国家文化公园的国际知名度和影响力,也是借助民俗赋能实现文化开放传播效能的有效路径。

结 语

黄河流域在文明的初生阶段,地理环境与人文历史互相成就,沿着"几"字弯流布四方,将不同区域的文化连贯起来,构成黄河文化深厚宏阔的空间格局,熔铸为中华民族重要的文化符号。黄河流域内的民俗文化是区域民众所创造、享用和传承的生活文化,其时间的连续性与空间的延展性贯穿于黄河文化形成演变的始终,成为黄河文化的时空载体。通过深入、全面、系统地梳理黄河民俗的谱系脉络及其文化内涵,特别在神话传说、民间曲艺、节日庙会、古渡文化等富有黄河特色的民俗事象方面加强

地域组合，从而构建中华民族标志性文化的话语体系和场景表达，可以充分发挥黄河流域的民俗赋能示范窗口效应。同时，作为新时代文化建设的重大工程，黄河国家文化公园建设应站在国家的高度，突出以人为本的文化属性，这既是建设理念与举措方面的重大转折与创新，也是我国推动全民文化自信和激发集体记忆与情感认同的巨大进步。以此为契机，保护、传承与弘扬黄河文化，对黄河文化精神内核进行提炼，以县域为中心，以黄河"几"字弯、"金三角"地区为引领，以乡村振兴战略为依托，构建黄河流域跨省域社会文化共同体。牢牢抓住黄河国家文化公园建设的时代契机，实现中华优秀传统文化与中国式现代化耦合融通、协同共生，必将谱写"民族自强""文化自信"的崭新篇章，为黄河流域高质量发展，奏响最为澎湃昂扬的"交响乐"！

（作者系段友文、郭晋媛。段友文系山西大学文学院教授、博士生导师，主要从事民间文学与区域文化研究。郭晋媛系山西大学历史文化学院讲师）

国家文化公园建设的"文化+"产业融合政策创新研究

引言

  国家文化公园建设是新时代自然文化遗产资源保护和开发的创新举措。2019年7月，中央全面深化改革委员会第九次会议正式审议通过《长城、长征、大运河国家文化公园建设方案》，对重要文化资源保护和开发进行顶层设计。国家文化公园以文化发展作为核心战略，体现党对新时期文化遗产和代表性文化资源发展动力和方向的定位。国家文化公园是理论实践相结合的创新应用、深入探索及前瞻性思考，迫切需要结合实践有针对性地加强基础理论研究，探讨高质量发展的政策创新路径。

  国家文化公园的建设目标之一是打造提升人民生活品质的文旅体验空间，这需要"文化+"产业跨域融合发展，提高跨域融合水平，培育跨域融合品牌，打造文化创意融合带，构建全域统筹、区域协同、有特色的发展格局。国家文化公园建设的关键词是国家、文化和公园，文化是核心要素，旅游是最主要的支持要素和主要功能。公园意味着划定边界，实施有效保护，维持文化生态系统和文化多样性，从单纯的文化遗产保护、旅游开发转变为推动人们共享的文化权益不断扩大，从单一主体的管控保护转变为多元主体参与和开发利用，优化管理体系和空间网络，为文物保护、文化传承及经济发展提供中国方案。文化遗产旅游进入国家文化公园建设的新时期，强调文化体验和文化教育功能，彰显其文化价值，具有更强烈的文化传承使命。文化将成为提升文化遗产旅游竞争力、推动沿线区域经济可持续发展的主导要素。

如何以政策创新发挥文化在引领遗址保护和发展中的关键作用，是国家文化公园建设的核心议题之一。由于国家文化公园沿线各地经济发展水平不一，对文化资源的保护、利用发展程度不同，需要统一的国家文化公园管理机制来统筹，构建中央统筹、省负总责、分级管理、分段负责的管理模式。国家文化公园的可持续发展要遵循文化、旅游产业及产业融合的发展规律，与沿线地区社会经济发展特色有机融合，依赖于有效的体制机制突破和政策体系创新。国家的"垂直管理"模式只有同地方协同管理机制相结合，建立跨产业、多主体、跨区域协同机制，才能形成共商共建的良好局面。

一、产业跨域融合政策创新的内涵阐释

政策创新理论研究始于20世纪60年代，但对基本概念内涵并未形成一致看法。政策创新的内涵宽泛，包括政策模仿、协调、渗透、系统政策理念替代等[①]。政策创新内涵的丰富性源于"创新"的广泛意涵，创新不仅限于技术和产品的发明使用，凡是在经营和管理领域未曾有过的做法，皆可视为创新。创新是企业内部生产链条的各部门、企业外部研发机构、需求等各个构成要素相互作用的结果[②]。政策创新涉及政策信息交流和相关利益行为体的互动合作。政策创新是一个持续的政策过程，是社会系统成员之间经由特定渠道的交流过程，是组织或产业与科技、市场的整合，并借此产生各种利益创造机会的管理过程。

政策创新的关键是制度创新。制度创新是实现组织系统的持续发展和变革，同时能以新理念去思考或变革现实社会中管理模式的创造性思维活动[③]。制度创新的根本出发点是以效能更高的制度去推动效率更高的行

---

① STONE D, "Learning Lessons and Transferring Policy Across Time Space and Disciplines," *Politics*19, no.1(1999):51-59.

② 王曲舒、徐升华：《企业跨行业创新研究的进展》，《江西师范大学学报》（哲学社会科学版），2019年第2期，第114-122页。

③ WOOSHILL J, "Capacities for Institutional Innovation: A Complexity Perspective," *IDS Bulletin*41, no3(2010):47-59.

为①。良好的制度环境本身就是创新的产物，制度创新的关键环节是政府对于产业生产与企业经营所提出的"政策性创新"，主要途径有制度改革、机制完善、政策扶持和产学研合作等方面。政府是制度创新的主体和创新的协调者。

产业跨域融合的政策创新是跨学科的研究领域，也是跨域经济发展的实践。与产业发展政策相比，产业融合政策创新的核心措施不是仅聚焦产业、市场、企业、人才等单个发展要素，而是整合资源、培育创新环境、强化跨部门协同，构建协同推进产业融合创新发展的政策支持体系。理解使用者需求、跨域创新团队的参与、创意想法的快速转化是思考产业跨域合作和创新解决方案的三项重要原则。产业融合政策创新所要解决的主要问题是外在环境与业界联结，协助组成跨领域的创新团队，并厘清市场需求、协助解决团队所面临的各种问题。影响组织产出创新产品的重要外在因素为组织与外在环境关联的紧密程度，能否取得外部资源，例如外溢的知识与制度诱因等②。跨域合作的政策架构包括基础设施、政策法规、运作与治理、创新激励等不同层次。基础设施包括人才、资金、设施等，政策法规指相关规定与奖励措施，运作与治理指中央与地方主管机关，创新激励指开放式创新中介组织，是政府、业界、民众的连接渠道，其主要功能是信息搜集、协调资源、规划方向。

国家文化公园建设是以文化为核心要素，以文化产业、文化旅游融合、文化科技融合为主体的跨域融合发展。文化产业政策本身也重视逐步完善、优化文化和科技融合中不同政策目标在实现过程中的协同性③。完整的创新体系包含机构和机制创新层面，文化产业创新体系构成要素包括生产结构、消费需求、知识基础和设施、政策体系和制度④。通过对国内

① 李明华、李莉：《制度创新：世界遗产法律保护的新思维》，《广西民族大学学报》2015第6期，第149–151页。

② ALVES J, MARQUES J M, SAUR I, et al, "Creativity and Innovation Through Multidisciplinary and Multisectoral Cooperation," *Creativity and Innovation Management* 16, no. 1 (2007): 27–34.

③ 郭淑芬、赵晓丽、郭金花：《文化产业创新政策协同研究：以山西为例》，《经济问题》2017第4期，第76–81页。

④ 陈玉红：《中国文化产业创新政策研究》，北京理工大学出版社，2012，第22页。

外文化旅游产业融合、文化科技产业融合政策创新路径的解读，政策创新的方式集中在创新环境塑造、产业融合创新发展基本要素的支持体系两个层面。产业融合环境是产业融合发展的重要生态要素，直接决定区域产业融合发展的程度，也是产业管理现代化、科学化和民主化的一个具有决定作用的指标体系。

二、国家文化公园文化旅游融合发展的现实挑战——以长城国家文化公园为例

国家文化公园是一项跨省域、跨部门的重大工程，文旅融合发展进入动态升级和联动发展的新阶段。产业融合发展受到相关产业发展趋势的影响，还受深层次产业发展环境和供求关系的影响。国家文化公园建设在产业融合发展过程中面临共性的问题和挑战。大运河文化带文旅融合整体水平有待提高，产业发展的协同性有待提升，各省域融合水平差异大，文旅融合的同质化现象突出①。相比大运河文化带而言，长城区域文化旅游发展的差异性更为突出。长城文旅融合主要存在四个方面的问题：一是只关注长城遗址遗存利用；二是长城区域经济发展相对滞后，城乡融合水平较低；三是长城地区文化和旅游产业规模、空间布局不平衡；四是文旅融合产品体系尚未成型②。

（一）长城文化资源和产业融合发展"文化"环境的差异性

长城文化资源分布范围广、不均衡，沿线省级行政区经济发展水平、文化和旅游产业发展水平差异大，产业融合的基础和环境存在较大差异。国家文物局2016年公布长城资源认定情况，各时代长城分布在15个省（自治区、直辖市）404个县（市、区）。长城占比小于1的省级行政区有青海、天津、山东、吉林、新疆和河南6个省（自治区、直辖市），其余9个省（自治区、直辖市）的长城资源从多到少依次为内蒙古、河北、山

① 王秀伟：《大运河文化带文旅融合水平测度与发展态势分析》，《深圳大学学报》（人文社会科学版）2020第5期，第60–69页。

② 河北新闻网：《长城专家董耀会：长城文旅融合发展要和长城区域丰富多彩的文化相结合》，http://css.hebei.gov.cn/2020–11/17/content_8214498.htm，访问日期：2022年12月1日。

西、甘肃、辽宁、陕西、北京、黑龙江和宁夏（见图1）①。

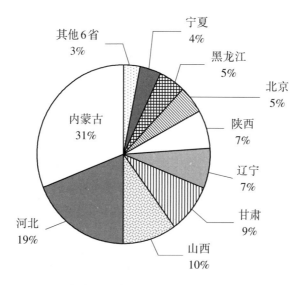

图1　各省（自治区、直辖市）长城资源比例

　　产业发展的"文化"环境是文化资源供给和文化消费需求。产业发展和融合的基础主要在于供给推动和需求拉动。在长城文化旅游供给推动要素层面，文化事业经费投入、文化及相关产业固定资产投资、文化产业法人单位数、旅行社、星级饭店和A级景区数量是主要评价指标。总体而言，长城所分布各省份的文化和旅游投入要素指标连续增长，各地增长不同，其要素是推动文化旅游总体发展的重要保障。但由于宏观经济社会发展的影响，各省份的文化和旅游产业发展基础和环境存在较大差异。人均文化事业经费是供给推动力中的核心资本投入要素，长城资源占比大于1%的9个省（自治区、直辖市）中，2018年人均文化事业经费仅有北京、宁夏、内蒙古、甘肃达到全国平均水平，长城文化资源相对比较丰富的河北，人均文化事业经费投入较少（见图2）。需求拉动对长城文化旅游发展和产业融合发挥作用，其中消费者素养和消费需求的拉动作用尤为明显。经济发展水平、文化产品供给、政府调控行为及教育发展程度共同驱动文

---

① 国家文物局：《中国长城保护报》，http://www.ncha.gov.cn/art/2016/11/30/art_722_135294. html，访问日期：2022年12月1日。

化消费水平的地域差异[①]。中国省域文化消费水平差异比较明显，全国文化消费水平分为5个层次，北京是第一层次，天津为第二层次，甘肃和河北为第三层次，陕西、山西、宁夏、内蒙古等其他长城沿线省份均为文化消费水平相对较低的第四层次，文化消费环境一般，文化产业投入比较弱，缺少文化创造力和发展力，在思想观念层面阻碍文化消费意愿[②]。

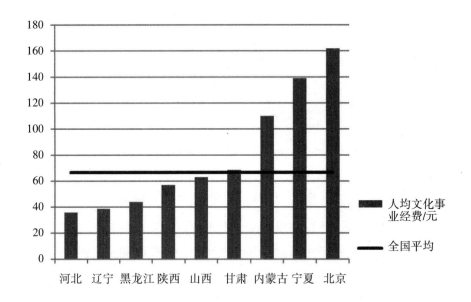

图2　长城资源所在主要省份2018年人均文化事业经费

（二）长城文化旅游中"文化要素"的供求失衡

长期以来长城文化旅游呈现以"爬长城"为主、文化为点缀的旅游形态，文化旅游产品供给形式有旅游景区、餐饮、小镇和演艺等，景区规模及门票收入在长城文化旅游消费结构中占比较大，其他方面供给较小。以长城文化资源丰富的河北省为例，2019年11家长城景区的旅游收入中，门票占比62.4%，餐饮收入占比12.1%，交通收入占比11.13%，住宿收入

①　胡汉辉、王莹、缪超男：《文化与经济发展的组态效应对国家层面创业水平的影响：基于模糊集定性比较分析》，《东南大学学报》（哲学社会科学版）2020第6期，第56-64、152-153页。
②　牛媛媛、甘依霖、李星明等：《中国文化消费水平的地缘分异及影响因素》，《经济地理》2020第3期，第110-118页。

占比5.88%，商品收入占比5.57%，演艺收入占比0.22%[1]。长城文化旅游收入结构中，门票、餐饮、交通和住宿这四项文化要素并不突出的收入总占比达到91.5%，文化要素相对突出的演艺等其他收入长期低迷，比重在1%和7%之间波动，近年来下降明显，降至1%以下。总体而言，长城文化旅游本体旅游资源特色鲜明，长城原貌或修缮基础上的原貌观光产品比重较大，视觉体验为主，欠缺以长城区域的生活方式、传统民俗和历史文化为代表的文化情感体验。

在文化需求层面，随着教育水平的提高，民众文化需求和消费水平的提高，对文化的兴趣逐步增加。后现代消费的风格重视个人成长而不只是物质主义享受，民众渴望获得"生活的体验"，而不是仅"看看地景"。在文化旅游中，无形文化资产的重要性持续增加。北京的文旅融合水平和文化资源利用环境是长城区域最突出的，以网络游记的内容研究游客对北京地区长城国家公园旅游形象感知，其中目的地形象中旅游景区词频达到40%，长城景区游览给游客留下最深刻印象，游客的积极评价主要体现在长城自然风光与长城雄壮景观组合层面，同时游客对长城国家公园的历史文化气息充满向往和认可。总体而言，游客对国家公园的认知度仍停留在风景名胜区的层面，对自然保护地、历史文化遗产及文化体验的认知较为欠缺。游客在长城人文景观商业化、观光方式单一、旅游接待设施不完善导致的景区拥堵和客流量大等方面存在消极评价。

长城文化资源利用存在的问题是文化旅游资源的趋同性，文化创新转化不足，旅游资源配置方式尚缺优化；产业政策方面欠缺融合机制，产业发展路径单一。在政策支持体系层面，长城文化旅游缺乏教育、研发、产业、信息的链接与整合，文化旅游产业链不易延伸。长城国家文化公园的政策目标是文化遗产保护和传承、基础设施提升、经济发展和就业、长城文化和旅游资源的多样化开发、长城文化传播。从长城的体量和文化旅游发展现状而言，应重视统筹协调，以点带面地进行开发，先选择具有突出价值和具备条件的长城重要景点开展建设工作，各个园区还需要在竞争中追求差异化，发掘自身优势，形成共赢的局面。

---

[1] 白翠玲、李开霁、牟丽君等：《河北省长城文化旅游供求研究》，《河北地质大学学报》2020第3期，第123-129页。

三、基于"文化+"产业融合政策创新的国家文化公园建设路径

国家文化公园建设政策创新的实质是调动社会资源，以社会活力推动整体有序的良好发展格局，核心课题是挖掘、用好文化要素，文化旅游与沿线省份文化事业提升、文化资源开发相结合，把文旅资源转化为文旅资产。现有文化公园建设模式和"文化+"发展规划研究都注重整体性和系统性。上海建立卓越全球城市的目标中明确提出建设国际文化大都市，以文化引领和推动城市全面发展。大运河申遗成功后，开始以大运河文化带建设模式实施跨地域空间的文化遗产保护和开发，带动文化、生态、经济和社会四个方面协同发展①。在文化遗产保护的具体项目层面，清华大学提出DIBO的模式，涉及咨询设计、投资、建设和运营四方面的专业领域，实质是针对特定对象的资源整合及有效配置过程。"文化+"产业融合政策的核心是将文化与发展的各要素、各系统相衔接，以文化引领和推动全面发展。具体而言，"文化+"产业融合政策涵盖产业发展政策、协同性、有效性的产业融合链构建、组织制度创新、文化要素融合等方面。

（一）宏观层面以文化创意融合带构建文化旅游生态链

在地缘相近和社会背景类似的情况下，创新过程就是人地关系、人企关系和人际关系的建立与互动。政策创新是产业融合及协同发展不可或缺的软环境因素。政府营造良好的创新氛围，完善社会网络结构，引导以创新为导向的要素聚集和要素联结，优化创新要素的关联模式，可以提升文化创造力的聚集和外溢。国家文化公园呈带状分布，文化创意融合带的发展模式是构建文化旅游生态链，以整合模式实现文化的跨域融合。

1.组织体系的整合性

国家文化公园建设中，文化资源的开发并非单从文化入手，而是从教育、旅游、设计、科技等各个不同但彼此相关的层面同时着手，全面性地展开不同产业与政策的跨界融合。通过对文化资源的利用，创造产业的文化活力与经济效能，构成完整的、彼此密切相关的产业链。文化产业、文

---

① 王健、王明德、孙煜：《大运河国家文化公园建设的理论与实践》，《江南大学学报》（人文社会科学版）2019第9期，第42-52页。

化旅游与技术创新并进，以机制革新、创新人才培养和中介组织为核心架构的政策网络建构利益共同体。

从产业融合角度思考国家文化公园建设要摆脱产业聚集的园区思维，协调统筹产业聚集和融合、文化观光和发展、文旅产业融合的关系。国家文化公园的建设基于以产业园区为主要形式的产业聚集区，但有其独特性，"公"意味着共有、公管、公益、共享，"园"代表划定边界有效保护和管理边界内的文化生态系统和文化多样性。产业集聚是产业发展和产业融合的普遍发展模式。聚合型组织体系内，各种组织有分工和各自功能，但缺乏协同。国家文化公园建设要建立整合型的组织体系，产业及发展要素之间在职能上有分工合作，但不是简单的产业聚集，而是彼此交融、融合渗透和辐射联动，是一体化的有机体，释放巨大的经济和社会价值。文化观光是促进本地文化保存与发展的手段，通过展示传统文化，增加对文化的认同，也为文化复兴提供新契机。文化与旅游彼此之间存在着互惠共生的关系，两者的结合可以强化地方、区域的竞争力。文化可以为旅游创造特性，旅游为文化带来效益和经济发展。文化产业与旅游业互为支撑，内涵式发展的文化产业通过旅游业与市场接轨，外源式发展的旅游业借由文化产业打造核心竞争力。文化创意是动态的开放系统，依托文化持有者和旅游者在旅游目的地持续双向互动建构。文化旅游是文化和旅游要素、文化和旅游产业链结构重组后的文化旅游生态链。

2. 文化创意融合带的政策框架

文化创意融合带以文化要素为主，在社会经济发展、文化发展的大背景下进行的政策设计。文化创意融合带是产业聚集区的提升，是与区域整体发展战略和定位紧密关联的概念，形成从创造、人才培养、利益相关者的合作、营销展示的完整产业链和良性循环。文化创意融合带没有边界，具有地缘位置上的近邻性，以开发、制作和专业化的文化产业园区为核心，在为创造者服务和人才培养层面，设立创意融合中心负责创意产业的规划和开发、支持人力资源培育和技术开发的相关教育机构发展；在产业发展层面，形成投资主体、产业开发和沿线居民等利益攸关者伙伴关系的中介组织和平台网络，负责执行和消费的平台网络（见图3）。政策的最终目标是建立"文化+"产业融合发展从规划、制作、消费到产业化的正向循环系统，进而构建可自生、自主的文化产业生态。文化创意融合带是既有自上而下的线性政策思维的超越，整合创意社会资源的网络化思维，营造文化生态环境、构筑适应文化创意发展、成长的社会环境，建立文化创意产业高质量发展的动态机制。

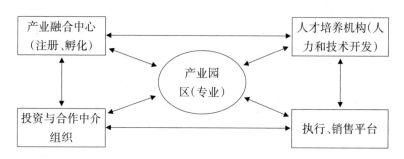

图3　文化创意融合带的架构

文化创意带是文化创意园在空间维度的发展，是从产业型向经济型的转型升级，产业要素的融合渗透，不是封闭的空间布局，是旅游者、文化资源的创意开发者、人才培养的高校和科研机构、投资者、消费者共同参与和拥有的开放空间。在产业维度上，文化创意融合带是生产要素和市场消费要素间的融合互动，具有完整的产业链，促进文化创意要素利用方式的创新。在政策维度上需要综合性的经济政策和激励政策，包括支持单一产业、鼓励产业融合发展和成果转化等方面，促进旅游、文化资源利用和市场联动；对重点领域加大资金投入力度，推进文化旅游产业融合、文化科技跨域融合，加强和规划产业融合带的建设管理，优化产业发展环境，加强产业联动，促进产品对接市场。

（二）中观层面的制度创新

中介组织和平台建设是长城文化要素跨域融合的制度创新。政府在创新中承担的角色，直接影响着产业融合绩效。以政府主导的产学系统容易阻碍创新的发展；产、政、学各自独立运作，又存在弱连结的关系，不利于产业融合。随着技术创新速度变快，产品生命周期大幅缩短，产、政、学的成员开始以合作方式取代过去独立运作模式。产、政、学三者的创新行为通常亦会透过某些中介组织来产生互动①。中介组织扮演着协同教育、产业与政府三者的角色，并且具备能够连接研究与技术商业化活动的基础设施。与政府横向整合不同，中介组织是纵向联结，将政府资源与产业相联结，缓解政府与民间的供需错位，避免政策无法落实或资源分配不公。中介组织不是产业生产和消费的直接参与者，是产业链中利害相关方的中介者。中介组织的主要任务是产业振兴，扶持产业和培育创作者，具体活动范围包括政策与制度研究，市场调查和各项统计，专业人才培养和教育，相关技术开发和管理，支持创作、投资、融资和行销，经营与开拓市场等。中介型组织可以作为创新系统的中间人或是跨界者，参与、促进合作计划，强化产、政、学间之联结②。英国有研究者针对公共部门资助的研究发展中心对于创造周边区域优势是否产生影响进行了研究，研究结果显示，这些公共部门资助的研究发展中心实际对于区域产生了正向的影响，尤其是以大学为基地和以企业为基地的政府资助研究发展中心③。

　　平台是促进产业融合要素共享和交融的基础媒介和渠道。文化产业园区平台建设有服务平台、活动平台、体验平台等不同类型，有实体和虚拟形式的平台，功能相对单一，缺乏互动。文化创意融合带建设需要网络化的服务平台、品牌的活动平台和互动的体验平台。服务平台具有服务技术功能，须将纳入社会化大平台网络，方便企业间交流，促进企业与外界的合作，使产业要素形成良性互动。活动平台的品牌化，大型节庆活动、文化博览和论坛等活动平台，主题明确、内容清晰的创意平台有利于形成专业性品牌，促进产业要素的高度融合。体验平台是搭建消费者和文化产品提供者之间市场性对话的桥梁。文化创意融合带是产业集聚的升级转型，

① ETZKOWITZ H, LEYDESDORFF L,"The Triple Helix—University‐industry‐government Relations: A Laboratory for Knowledge Based Economic Development," *EASST Review* 14, no. 1 (1995): 14–19.

② NAKWA K, ZAWDIE G,"The Role of Innovation Intermediaries in Promoting the Triple Helix System in MNC‐dominated Industries in Thailand: The Case of Hard Disk Drive and Automotive Sectors," *International Journal of Technology Management and Sustainable Development* 11, no. 3(2012): 265–283.

③ HEWITT‐DUNDAS N, ROPER S,"Creating Advantage in Peripheral Regions: The Role of Publicly Funded R&D Centres," *Research Policy* 40, no. 6(2011): 832–841.

开发多元化创意体验平台，消费者能够参与文化创意融合区内文化资源创意开发，促进文化创意的产业化和市场价值的增值。

（三）微观层面的文化要素融合开发

文化旅游生态链融合的动力是消费者需求和文旅消费产品的供给，文化资源的提取现状决定产业融合的领域和范围。文化资源是人类劳动创造的物质成果及其转化，兼有有形和无形的存在形式，包括文化历史和现实资源，前者以非物质文化遗产为主，后者包括公共和非公共的文化资源，如文化设施、文化产品等。

1. 物质文化遗产、地方文化与旅游的功能融合

文物价值不等于旅游价值。国家文化公园建设应突出地域文化特色和资源优势，形成差异性的区域特色和文化品牌。文化旅游生态链的功能融合主要包括物质遗产及文化与旅游业的功能融合、沿线区域人们的生活方式和民俗文化与旅游业的功能融合。以文化遗产为主干的多元文化资源和文化在地化二者相互支撑。长城、长征、大运河的文化旅游引入的配套设施和资金支持，为物质遗产的保护提供了保障；同时文化旅游为该地域的民众带来经济效益，也间接提升该地域民众的文化自觉，这是文化遗产保护和可持续发展的根基。

物质文化遗产文化旅游的主干是遗产本身所具有的旅游观光、文化、民族精神价值。国家文化公园沿线区域文化传承人的传统生活方式和民俗事项是事实上的文化旅游资源。文化旅游载体中，长城、长征、大运河主干资源是最主要的，还包括已开放的文保单位，历史文化城、镇、村，非物质文化遗产，博物馆，文化馆，近现代重要史迹及代表性建筑，革命文物等。地方政府要思考文化资源如何驱动旅游吸引力，检视旅游开发过程与文化资源两者之间的关系，评估和反思吸引游客、居民或投资者的成功或失败影响因素，尤其在产业发展及软硬基础设施建设中，政府要发挥主导作用（见表1）。高级文化是由文化遗产衍生的文化。民俗文化是指民间长久流传的地区性、由日常习俗所形成的文化、规范或特殊活动，通过口耳相授而传递，稳定性高。大众文化是从现实生活中，基于百姓智慧情感所创造的文化模式，与民众日常生活息息相关，提供

共同的经验和价值观。流行文化是指当前盛行、广为大众接受的文化产品或活动。

表1　长城文化旅游生态链的文化资源利用

旅游形式	文化体验特色	消费形式	资源利用方式	政府作用
作为文化遗址和文化资源的旅游	高级文化、民俗文化	产品	被赋予的资源管理和治理模式	公共部门主导
治线区域的文化旅游和创意旅游	高级文化、流行、大众文化	产品与过程体验与转化	被创造的文化资源市场和品牌化管理	政府鼓励和激励

地方文化是生活在文化遗产区域群体的历史、文化和生活，而衍生出具有生命力的表现模式。地方文化的特殊性及稀有性是发展旅游产业的主要文化资源，也是带动产业经济和凝聚居民共识的主要资产。地方居民整合原有的地方产业和传统特色，再赋予文化意义和价值，转型为独特的、有文化内涵、吸引人的旅游产业，为地方经济和生活品质注入生机。在后现代环境下文化资源的开发和利用是以消费者所需求的差异消费、知识消费为主，往往以"地方营销"作为主要策略。观光旅游消费是典型差异消费，独特风格是差异消费的客体。适度展现地方特质的差异性，才能发展地方产业独特的优势及开展文化创意旅游。地方文化资源开发建设中，政府发挥鼓励和激励角色，公共部门发挥聚合作用，鼓励伙伴关系的参与，鼓励私人部门将其文化资源提供给公众使用，或使地方文化更具有吸引力，促进新文化旅游发展，实现地方文化持有人和旅游者的叠加传播效应。

2. 文化要素的市场融合

国家文化公园沿线区域文旅融合水平整体偏低是从资源到市场相互分离的结果。产业融合重视产业链的延长。文旅资源转化为文旅资产，就要依据市场需求和地区文化特色丰富文化融合产品，发展"参与式体验文化旅行"模式，形成文化创意旅行的产品体系，实现产业链条的延伸。创意旅游主题设计代表地方特色，赋予旅游景区、目的地独特性[1]。以"文

---

① 赵海荣、于静、周世菊：《创意旅游与集群型古村落再生：模式与路径研究》，《经济问题》2020年第9期，第125-129页。

化+"体验旅游实现文化要素的市场聚集，避免市场同质化。国家文化公园建设可基于区域经济文化特点进行设计，采用多种形式。民俗类的文化旅游体系包括节庆表演、民俗文化体验馆等；生活类文化旅游体系包括以种植、养殖、花草文化体验等形式的农业与旅游融合、生态养生、徒步健身、饮食文化体验；专项类文化旅游体系包括长城民族精神的文旅产品、体育类的文旅产品等。

在文化生态链中，文化行政的新思维是建立新型文化创意社区，整合"人、文、地、景、产"要素。"人"是满足社区居民需求和生活福祉，包括有能力组织社区的领军人、有特殊技艺的人等。"文"是社区共同历史文化的传承和延续，艺术文体活动开展、各种文化设施和活动，包括传统工艺，古街，有特色的美术馆、博物馆，传统文化和习俗活动等。"地"是地理环境和自然资源的保持和特色发扬，包括特色的景观、温泉、植物等生态环境。"产"是长城沿线的经济活动，包括农林牧渔产业、手工业、饮食文化、休闲观光等。"景"是社区公共空间的营造、独特景观的创造，包括森林、古迹、庭院建筑等自然和人文景观。"文化+"的跨域融合发展就是以地方本身作为思考的主体，基于地方特色、条件、人才和地方经济发展。

结语

国家文化公园是具有中国特色的政策创新，目的是保护、发展和传播文化遗产和资源，文化公园建设将是一个持续进行政策创新的动态过程。国家文化公园的政策创新思维和路径包括以整合思维的文化创意融合带构建国家文化公园生态链，创立纵向联结政府、市场、建设主体的协调机构和制度，以功能和市场融合充分开发和利用文化资源。国家文化公园建设还需要建立独立于文化旅游、文化产业、文物的数据统计系统，建立新型创意社区。

（作者付瑞红系燕山大学文法学院副教授，燕山大学中国长城文化研究与传播中心研究员，研究方向为文化软实力和文化产业）

论国家文化公园：逻辑、源流、意蕴

引言

国家文化公园概念的提出是中国遗产话语在国际化交往和本土化实践过程中的创新性成果，也是中国在遗产保护领域对国际社会作出的重要贡献①。19世纪后期，为对抗"现代主义"对传统文化的破坏②，欧洲国家开始将遗产保护对象由艺术品扩展到建筑物，旨为寻找在工业发展和新城市建设中所失去的"民族身份"，延续文化血脉。两次世界大战后，人们警醒于无数的历史和艺术纪念物、教堂、建筑、古老城镇及艺术珍品被摧毁的残酷事实，为重塑民族精神、寻求国家身份认同，各国对自身的国家遗产和民族遗产倍加珍视，遗产保护空间范围也从单体建筑向集群式遗产、大遗址、文化街区、历史城镇、文化线路逐步扩大。近年，随着欧洲文化线路（Cultural Route）③和美国遗产廊道（Heritage Corridor）④保护理念的引入，我国跨区域、跨文化、跨古今的大型线性遗产研究关注度快速提升，且线性文化遗产的多元化功能亦愈发强势地得以表现。如国家"一带

---

① 国际三大英文文献数据库（Springer Link、ScienceDirect、EBSCO）和 Google 学术搜索引擎均无国家文化公园（National Culture Park）词条。

② 指第二次工业革命以后，由于对古迹价值和历史环境保护缺乏认识，西欧国家众多古建筑在"现代主义建筑思潮"影响下遭到毁灭性拆除这一历史事实。

③ 李伟、俞孔坚：《世界遗产保护的新动向——文化线路》，《城市问题》2005年第4期，第7-12页。

④ 王志芳、孙鹏：《遗产廊道——一种较新的遗产保护方法》，《中国园林》2001年第5期，第85-88页。

一路"倡议的文化基底正是丝绸之路和海上丝路这两条线性文化遗产，该倡议已成为习近平新时代中国大国外交思想的精神指向；又如京杭大运河与丝绸之路于2014年同时入选《世界遗产名录》，其对不同地域的文化联结、民族情感的追忆与焕发、区域经济的平衡发展、国民身份认同与国际友好交往均体现出强大的正向功用。

在民族复兴、文化强国、旅游发展的复调背景下，2017年1月，中共中央办公厅和国务院办公厅发布《关于实施中华优秀传统文化传承发展工程的意见》，其中明确提出"规划建设一批国家文化公园，成为中华文化重要标识"；同年5月，《国家"十三五"时期文化发展改革规划纲要》再次提及上述内容。经过两年多的研究甄选，2019年7月，中央全面深化改革委员会第九次会议审议通过了《长城、大运河、长征国家文化公园建设方案》，从此，国家文化公园建设正式展开。2020年10月，党的十九届五中全会后，黄河加入国家文化公园建设行列①。文化旅游领域学者对国家这一战略行动及时研究跟进，从国家文化公园建设和管理角度提出诸多有益观点②③④⑤。但目前研究成果尚未涉及国家文化公园的若干深层问题：为什么要提出国家文化公园概念，其逻辑根源是什么？不同逻辑力量如何相互作用、协同演进？国家文化公园的理论源流是什么，它们各自对国家文化公园有何理论贡献？国家文化公园有着怎样的价值意蕴、伦理意蕴和时空意蕴，意蕴之间如何关联？国家文化公园的本质属性是什么，它与相关概念（如国家公园）如何区别？未来国家文化公园是否会建立更广泛的概念体系，其下是否会有若干分类？这些问题是国家文化公园建设、管理、

---

① 2020年10月，党的十九届五中全会通过了《中共中央关于制定国民经济和社会发展第十四个五年规划和二〇三五年远景目标的建议》，第33条明确提出：建设长城、大运河、长征、黄河等国家文化公园。

② 邹统钎：《国家文化公园管理模式的国际经验借鉴》，《中国旅游报》2019年11月5日第3版。

③ 邹统钎：《国家文化公园建设与管理初探》，《中国旅游报》2019年12月3日第3版。

④ 吴丽云：《国家文化公园建设要突出"四个统一"》，《中国旅游报》2019年10月23日第3版。

⑤ 吴丽云：《长城国家文化公园建设应强化五项内容》，《中国旅游报》2020年1月13日第A01版。

效能发挥的基础，只有明晰才能理解国家文化公园的定名初衷，并为当下建设和后期管理提供学理依据，国家文化公园（体制）也才能真正成为中国向世界输出的大型文化遗产保护与管理新模式。

一、逻辑

国家文化公园由国家、文化和公园3个词语组成。国家代表着顶层设计，展示宏观格局（政治根源）；文化体现了本质属性，强化情感关联（文化根源）；公园则是权属表达和空间限定，拥有复合功能（组织管理根源）。在概念解构的基础上，可从以上3方面探究国家文化公园的逻辑根源。

全球化超越国家和民族界限，产生区域性或世界性的超国家主义意识，消解了国家的功能和权威[①]，构成了国家政治治理的合法性危机，欧盟国家表现得尤为明显。现代主权国家需要利用国家资源使公民对国家产生依赖感、认同感和归属感[②]，这里所言及的国家资源是指历史文化资源和自然资源（今多表现为旅游资源），而非政治强制力。在这一政治逻辑影响下，通过文化建设推动国家资源向"国家象征"转化，国家文化公园正是我国政府依托深厚的历史积淀、磅礴的文化载体和不屈的民族精神构建的新的中国国家象征，对内作为国家认同的重要媒介，对外成为中国印象的重要代表者，通过外交途径塑造中国积极正面的国家形象[③]。面对全球化发展，国家文化公园体现两层立意：其一，民族化和本土化，服务于中华民族复兴和中国梦的实现；其二，国际化和普世化，探索建立大型文化遗产保护利用模式，促进世界异文化之间的交往和文化多样性的保有与存续。

两层立意殊途同归于文化认同，即引发对国家文化公园的文化逻辑根

[①] 郭丽双、付畅一：《消解与重塑：超国家主义、文化共同体、民族身份认同对国家身份认同的挑战》，《国外社会科学》2016年第4期，第37-45页。

[②] 殷冬水：《国家认同建构的文化逻辑——基于国家象征视角的政治学分析》，《学习与探索》2016年第8期，第74-81页。

[③] 李飞：《论旅游外交：层次、属性和功能》，《旅游学刊》2019年第3期，第113-124页。

源的思考。文化认同的前提与基础是文化自觉,文化自觉是人们对民族文化基因的认识①,文化基因又需要文化符号为载体以使其表现和传递,或内化于人的内心之中需要唤醒和觉悟。依此逻辑逆推,人们对文化符号的认可度越高,文化符号的感召力越强,最终形成的文化认同程度就越高,圈层就越广,国家和民族的凝聚力就越强。为使抽象逻辑具象化,辅以图示(图1)。

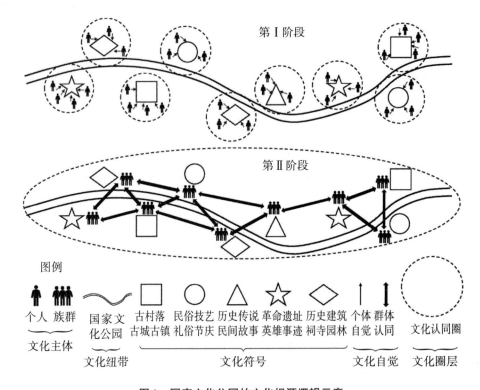

图1　国家文化公园的文化根源逻辑示意

在国家文化公园提出以前(第Ⅰ阶段),不论长城、大运河,还是长征故道和黄河,在其沿线分布着众多名称各异的文化遗产和不同民族、不同习俗,甚至不同族群信仰的人。个体的人作为文化主体,其内在的文化基因与当地被文化符号所包裹的文化基因通常具有高度一致性,这是由文

---

① 姚文帅:《文化基因:国家认同价值生成的逻辑》,《学术界》2016年第9期,第184-190页。

化的地缘性所决定的，因为文化符号作为地缘文化的显性表征，通常是当地人世代的文化杰作。从这一点来说，当地人文化自觉过程就是通过外在的物化符号唤醒自身对本地文化的认同感。当越来越多的当地人认同自身文化并发现他们所具有的文化一致性后，便会产生地域认同或族群认同，从而形成地域性的文化认同圈。从历史发展来看，这些分散的文化认同圈大多时候不会主动地相互融合，甚至还可能产生对立和冲突。

国家文化公园的提出和建设（第Ⅱ阶段）为不同的地域性文化认同圈提供了一个统一而宏大的文化符号，它具有强大的文化感召力和包容性，将沿线众多文化子系统中的文化符号（即文化遗产，包括物质文化遗产和非物质文化遗产）有机地联结起来，使地域性文化符号在不改变其文化特色（文化基因）的前提下被纳入国家文化公园这一文化遗产体系之中。在这一过程中，相邻或相近族群之间会最先产生文化关联，形成文化谅解（如果先前有分歧）和认同。随着线性空间内文化交流日益广泛，当地族群与远方族群之间也会产生文化关联，又分为间接关联和直接关联。间接关联是由空间视角下的中间族群作为文化桥梁促成的；而直接关联则是因国家文化公园的建设打造出全民族一致认同的文化符号（系统），成为联结各地方、各族群人民文化血脉的纽带，从而最终形成全民族的文化认同。

在这样的文化逻辑下，国家文化公园的建设和发展一方面需要国家层面统一协调与谋划（承接政治逻辑），另一方面也需要更加清晰的权属表达和空间限定，"公园"二字应获得深入解读（导出组织管理逻辑）。公园的演化有两条线索：一者，其字面上对应于中国古代的私家园林，公园一词最早出现在《魏书·任城王传》，其中有云"（元澄）又明黜陟赏罚之法，裒减公园之地，以给无业贫口"[1]。二者，从功能来看，公园缘起于欧洲近代园林艺术的进步、景观民主化浪潮[2]和欧美现代城市建设的合流之中。当前，人们普遍将公园理解为：城市公共绿地的一种类型，由政府

---

[1] 魏收：《魏书》卷一九，中华书局，1997，第473页。

[2] 高科：《荒野观念的转变与美国国家公园的起源》，《美国研究》2019年第3期，第8、142-160页。

或公共团体建设经营，供公众游憩、观赏、娱乐等的园林①。显然，中西方对公园的传统界定都不符合国家文化公园的空间范畴和功能期待，那么我们又将如何看待国家文化"公园"呢？

在此无法避开国家公园概念（后文详论）。荒野是美国文化的基本元素②，在美国文化中占有重要地位。19世纪后期美国开始关注荒野保护，其中一项措施便是建立国家公园（National Park）③。基于荒野的自然属性，美国国家公园成为民族主义者塑造国家认同、彰显与欧洲不同的独特精神价值的重要媒介。在空间上，美国国家公园覆盖广阔的荒野地带；属性方面，它强调公益性和全民所有；功能方面，它在保护原生荒野的同时，重点开展环境教育和观光旅游活动。如今，世界上很多国家和地区都借鉴美国的国家公园管理模式对本土的自然环境和生物多样性进行保护与利用（我国在进行10个国家公园试点建设的同时，于2017年提出建立中国国家公园体制）。国家文化公园在大尺度空间观方面与国家公园是一致的，两者都大大突破了传统公园所指的私家园林和城市绿地的空间局限。然而，国家文化公园又与国家公园不同，它寻求公园内部的文化关联性和主题一致性，从目前第一批3个国家文化公园试点来看，具有明显的线性空间特征，且都是我国优秀的线性文化遗产。"公园空间"被认为是神圣、宏大、宁静的空间，是被国家"编排和设定"的空间④，土地属国家所有，只有国家政府才能对跨行政区的大尺度空间进行有效规划与管理。此外，文化所具有的大众属性和公园所具有的全民属性相叠加，强化了国家文化公园的公益性，它与营利性景区、公园相区别，是人们可自由进入的民族优秀文化的弘扬之地、国家主流价值观的呈现之所和全民休闲审美的公共空间，这也体现了国家文化公园所具有的复合功能。

① 于友先：《中国大百科全书》（第二版第七卷），中国大百科全书出版社，2009，第540页。
② NASH R, *Wilderness and American Mind the*（the 4thEdition），（New Haven：Yale University Press, 2001），p.1.
③ 美国国家公园有广义和狭义之分：狭义单指国家公园；广义是指国家公园体系，除国家公园外，还包括国家战场公园、国家纪念地、国家历史公园、国家保护区、国家河流、国家军事公园等20多个类别。此处所指为狭义的国家公园。
④ 向微：《法国国家公园建构的起源》，《旅游科学》2017年第3期，第85~94页。

由图2可知，政治、文化和组织管理3股逻辑根源协同演进，在塑造国家象征、促进全民族文化认同、建设多功能/公益性/大尺度线性空间的目标指向下，共同构成了国家文化公园提出的逻辑成因，最终使其概念得以确立。

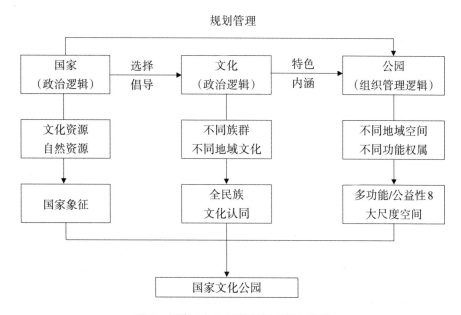

图2 国家文化公园的逻辑根源与演进

二、源流

国家文化公园是根植于我国政治、文化、社会现实环境的大型遗产保护与利用的创新思想，发端于3条理论源流（欧洲的文化线路、美国的遗产廊道和中国的线性文化遗产），并在建设实践中逐步完善，向普世性的文化遗产保护与管理模式转化。从国家颁布的《长城、大运河、长征国家文化公园建设方案》来看，既体现出理论源流的形制和脉理（如选择3个具有典型"线性"特征的国家文化公园作为建设试点，强调"呈现中华文化的独特创造"，同时没有忽略"人居环境、自然条件"，并提出"整体布局"和"跨区域统筹协调"的要求），又体现了对现有理论的创新和更为宏大的愿景（如重点建设4类主体功能区、系统推进5大基础工程①，将国家文化公园打造成为中华文化的重要标志）。为更深入地理解国家文化公园的概念由来、特征属性、现实功能及未来愿景，需对其3条理论源流进行分析与比较。

在文化线路的理论发展过程中，有3个关键性历史节点：一是1987年欧洲委员会正式宣布实施"欧洲文化线路计划"（Cultural Routes of the Council of Europe Programme）；二是1998年在国际古迹遗址理事会（International Council on Monuments and Sites，ICOMOS）框架下成立文化线路国际科学委员会（International Scientific Committee on Cultural Routes，CIIC），专门负责文化线路类遗产的研究和管理，这标志着文化线路作为新型遗产得到国际文化遗产界的认同；三是，2010年欧洲委员会通过了《文化线路扩大部分协定》（The Enlarged Partial Agreement on Cultural Routes），使文化线路参与者更加多元化，内容更加丰富。

在初始阶段（1987—1998），文化线路伴随着意识形态分歧和欧洲一体化发展②表现出明显的政治和文化诉求。欧洲委员会提议恢复一条在欧洲统一进程中具有高度象征意义的文化线路——圣地亚哥·德·孔波斯特拉之路（Routes of Santiago de Compostela），希望通过这条承载着集体记忆、跨越边界和语言障碍的文化线路为欧洲不同国家、不同民族寻求文化认同③，以此推动政治经济一体化发展。这一阶段从组织形式到管理体制虽不成熟，但是圣地亚哥·德·孔波斯特拉朝圣线路作为世界上第一条入选《世界遗产名录》的文化线路遗产吸引了大量游客，获得了欧洲天主教信众的情感依附，为之后欧洲文化线路的理论发展和实践奠定了基础④。在

---

① 《长城、大运河、长征国家文化公园建设方案》明确指出：重点建设管控保护、主题展示、文旅融合、传统利用4类主体功能区……系统推进保护传承、研究发掘、环境配套、文旅融合、数字再现等重点基础工程建设。

② 指1989—1992年的东欧剧变；1991年12月，苏联解体，同月欧洲共同体通过《欧洲联盟条约》。

③ COUNCIL OF EUROPE, "The Santiago de Compostela Declaration," https://rm. coe. int/16806f57d6 1987-10-23。

④ 张春彦、张一、林志宏：《欧洲文化线路发展概述》，《中国文化遗产》2016年第5期，第88-94页。

发展阶段（1998—2010），文化线路的概念内涵、功能标准得到不断丰富。CIIC伊比扎会议（1999）第一次明确提出，任何文化线路都有其依赖的自然地理环境和（物质与非物质）构成要素①；国际古迹遗址理事会受世界遗产委员会委托修订《实施〈保护世界文化与自然遗产公约〉操作指南》（2005）（Operational Guidelines for the Implementation of the World Heritage Convention），简称《操作指南》，对文化线路的定义、标准进行了明确规定，并将文化线路列为4种分类遗产之一②；而后，《文化线路宪章》（2008）阐述了文化线路的理论内涵和作为遗产类型进行保护的意义与价值③。这一阶段除强调欧洲共同价值观和区域共识以外，还认为文化线路应当是文化旅游和文化可持续发展的引领者，线路主题要有利于旅行社开发旅游产品，此时文化线路带有明显的经济功能。进入成熟阶段（2010—2020）后，文化线路被视为具有文化和教育特征的遗产与旅游联合框架④，为欧洲以外的国家（如地中海周围国家）开启了合作的可能性。但仍然侧重于对欧洲统一具有象征意义的主题、历史和文化的挖掘，通过主题化的旅游线路和文化项目，保护多种类型遗产的同时发展旅游经济。文化线路的理论研究在这一时期也进入高潮，集中于分类研究（如铁路、运河、朝圣线路等）和旅游相关研究（如经济促进、生态保护、可持续发展）。

　　遗产廊道与文化线路不同的是，它根植于美国广袤的自然环境中，是美国荒野保护、绿道运动、国家公园功能扩展、地方性文化自觉等多重因素作用的产物。遗产廊道没有关于国家或国际层面的"统一""认同"等政治诉求，也没有"国家象征"的意味，而更多地表现为"拥有特殊文化资源集合的线性景观，通常带有明显的经济中心、蓬勃发展的旅游、老建

---

① 王丽萍：《文化线路：理论演进、内容体系与研究意义》，《人文地理》2011年第5期，第43-48页。

② UNESCO, "Operational Guidelines for the Implementation of the World Heritage Convention 2005," http://whc.unesco.org/en/news/108.

③ 王吉美、李飞：《国内外线性遗产文献综述》，《东南文化》2016年第1期，第31-38页。

④ "Committee of Ministers of the Council of Europe. Enlarged Partial Agreement on Cultural Routes 2010," https://www.coe.int/en/web/culture-and-heritage/cultural-routes.

筑的适应性再利用、娱乐及环境改善"等特征①由于美国历史较短、文化积淀相对浅，难以形成大空间跨度的线路型文化遗产（除66号公路外），而单体遗产和具有历史意义的纪念物此时就显得尤为珍贵，所以，政府愿意划出大量的自然空间用于串联和保护这些拥有一定文化内涵的遗产和文物。

　　遗产廊道是国家遗产区域（National Heritage Areas）中的子类，从属于美国国家公园体系②。相对于狭义的国家公园而言，遗产廊道强调对廊道历史文化价值的整体认识，利用遗产实现经济复兴，并解决景观雷同、社区认同感消失和经济衰退等问题③。这表明遗产廊道的核心目标是帮助沿线地区经济发展，实现目标的途径是遗产保护，该做法的溢出效应是美化自然环境、丰富人文景观和形成社区认同。从1984年美国国会指定第一条国家遗产廊道（伊利诺伊和密歇根运河国家遗产廊道）以来，30多年中遗产廊道的保护和关注对象在悄然发生改变，从对景物和实体空间的保护，逐渐转移到关注人的生存和发展，尤其对地方少数族群和民族文化给予了更多的关注，同时特别强调遗产教育和遗产旅游对于地方发展的重要意义。嘎勒·吉奇文化遗产廊道（Gullah Geechee Cultural Heritage Corridor）成为国家遗产区域的时间较短，它跨越北卡罗来纳、南卡罗来纳、佐治亚和佛罗里达4个州的沿海地带，有较为明确的边界，并由地方非政府组织进行管理。管理者通过与学校、图书馆、文化遗址、博物馆和社区团体合作，开发教育和展示项目（如举办有关嘎勒·吉奇历史和文化的演出），免费向游客开放。此外，还建立旅游网站为潜在游客提供遗产廊道沿线所有遗产点和民族传统节日的旅游信息。由此可见，遗产廊道不仅完全继承了其"家族体系"的"公园"属性，扮演着旅游目的地的角色，而且通过对沿线文化元素的保护使得本身原不属于"遗产"的线性空间越来

---

① FLINK C A, SEARNS R M, *Greenways*（Washington：Island Press, 1993），p.167.

② 截至2020年4月，美国共有55处国家遗产区域，分布于34个州，其中，以遗产廊道（heritage corridor）命名的有6处，另外有两处以运河（canal）和线路（route）命名。数据来源于美国国家公园官网www.nps.gov/subjects/heritageareas。

③ EUGSTER J, "Evolution of the heritage areas movement,"*The George Wright Forum*20, no.2（2003）：50–59.

越具有文化气息①。这种情况也反映在学术研究层面,遗产廊道研究已经从早期的景观生态学拓展开来,成为文化遗产和旅游研究的重要内容,当然,这与遗产廊道理论的世界性传播关系密切。

近年来,在我国的线性文化遗产研究中,遗产廊道和文化线路是重要的理论借鉴。一方面,研究者引入西方概念与理论进行分析解读,尝试与本土化实践相结合,另一方面,也将众多线性文化遗产本土概念进行拓展性研究和理论挖掘,共同成就了如今线性文化遗产研究的火热局面。其主要原因有二:第一,我国线性文化遗产众多,它们形成于各个时代、囊括各种类型,而且各具特色,代表了中国灿烂的文明,是我国文化遗产中的精华,对其研究具有重要的历史文化价值和作为旅游吸引物的当代现实功能;第二,随着我国经济发展和国际影响力提升,在文化和精神层面寻求与世界大国地位相匹配的系统化文化符号已成为中华民族复兴过程中的特殊诉求,文物和单体遗产已不足以承担如此宏伟的历史使命,因此,拥有庞大体量和多时空维度的大型线性文化遗产自然成为中国社会关注的焦点。

除源于欧美的文化线路和遗产廊道两概念以外,我国线性文化遗产还多以线路遗产、廊道遗产、文化走廊、文化廊道等出现在研究中,还有相当一部分研究直接以线性文化遗产的本名出现,如丝绸之路、(京杭)大运河、长城、茶马古道、长江三峡、滇越铁路、藏彝走廊、剑门蜀道、徽杭古道、唐蕃古道、川盐古道、百越古道、川黔驿道、浮梁茶道、岭南走廊、长征线路、北京城中轴线等,其中,长城、大运河和长征线路已成为国家文化公园建设试点,其他或可作为未来备选。线性文化遗产主要研究内容有4个方面:第一,线路走向与空间结构研究,这是线性文化遗产研究的基础性工作,是从历史地理学视角为线性文化遗产进行时空界定的过程,很多历史学者、民族学者和文化学者在这方面作出了贡献。第二,功能与价值研究,交通线路、军事.工程、水利工程与重大历史事件在中华五千年文明发展过程中对中国经济、社会、文化的发展起到了至关重要的

---

① "家族体系"指的是国家公园系统。"本身不属于'遗产'"是指遗产廊道本身不是遗产,而是人为划定的线性空间区域,其功能之一是沿线遗产保护。从遗产属性方面看,遗产廊道与文化线路、线性文化遗产是有本质区别的。

作用①。第三，民族交往与文化传播研究，线性文化遗产的跨区域分布特征使之成为民族交往的通道和文化交流的纽带，随着人在线性空间的移动和交往实现文化扩散与交流。第四，遗产保护与旅游研究，对线性文化遗产本身以及沿线各种类型遗产进行统一保护与联合开发，通过发展旅游业促进文化遗产的传承和当地经济发展。这些国内成果为国家文化公园提供了最直接的研究参考，推动了国家文化公园的概念创新，为其建设发展做了充分的理论准备和路径探索。

综上，文化线路、遗产廊道、线性文化遗产作为国家文化公园的3条理论源流，它们各自生发的政治、经济、文化、社会和环境不同，所以三者对国家文化公园的概念形成及理论体系构建的贡献点也各有侧重（图3）。我国有着与欧洲同等厚重的文化积淀和多样的民族文化，同时有着略大于美国的统一辽阔疆域，欧美关于大尺度空间下的遗产保护利用理论、管理运行模式，与我国本土化的理论探索和实践相结合，共同构成国家文化公园的重要理论基础。诚然，尽管目前4个国家文化公园均是线性文化遗产，但是国家文化公园的概念似乎更加广泛，那么概念辨识层面，未来一定不限于线性文化遗产。因此，国家文化公园理论源流将在实践中被逐步丰富，并在未来研究中得到更为精准的解读。

三、意蕴

立足中华文化之根基、借鉴西方管理之经验，恰好体现了国家文化公园蕴含的中国智慧和世界情怀。国家文化公园将本土化与世界性相融通，将传统文化与现代文明相联结，将单体遗产和地方性文化纳入拥有统一主题的国家遗产体系之中，其中蕴含着丰富的价值意蕴、伦理意蕴和空间意蕴，对此解读有利于深刻理解国家文化公园的价值和内涵。

---

① 俞孔坚、奚雪松、李迪华等：《中国国家线性文化遗产网络构建》，《人文地理》2009年第3期，第11–16、116页。

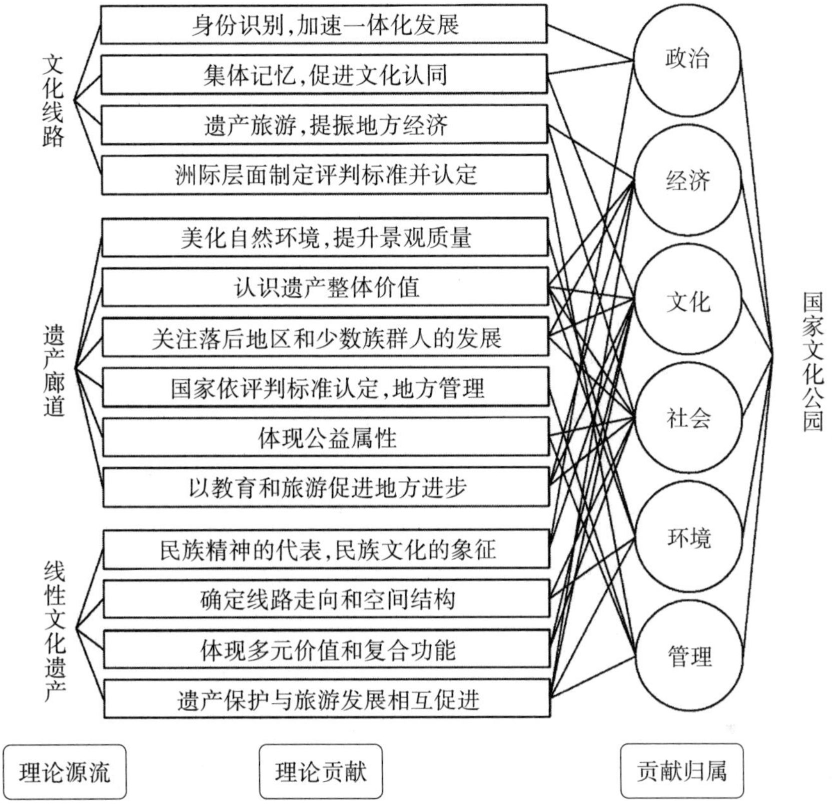

图3　国家文化公园的理论源流与归属

国家文化公园是党的新一代领导集体"共同体思想"在文化和旅游领域的创新和实践。从国际层面来说，"全人类有着共同的价值共识，应谋求世界各国发展的最大公约数，构建全人类的命运共同体"①。推演至国内层面可如此表达：中国人民有着共同的价值共识，应谋求全国各族人民发展的共同利益，构建中华民族命运共同体。"共同体"是马克思主义的一个重要研究范畴，具有多重意蕴，它既是一种"生活共同体"，又是一种"价值共同体"，更是一种"命运共同体"②。国家文化公园在"生活共

①　习近平：《携手构建合作共赢新伙伴同心打造人类命运共同体》，《人民日报》2015年9月29日第2版。
②　李宏：《人类命运共同体的价值意蕴与世界意义》，《理论导刊》2020年第2期，第107-112页。

同体"（地域性文化圈）基础上，依靠线性文化遗产的文化联通性，凝聚不同地域或不同族群的价值共识，形成"价值共同体"，再通过遗产教育和遗产旅游实现价值引领和价值共享，在遗产命运、民族命运与国家命运之间建立密切关联。由此可见，国家文化公园的提出使得线性文化遗产从原先意象式的松散集合转向功能性的有机整体，即从"抽象的共同体"走向"真正的共同体"①，并彰显出社会主义核心价值观的两种品格——体现人文精神的时代特征和赢得社会中大多数人的认同②。这仅是从"社会—文化"角度而言，此外，国家文化公园还从"人—自然—文化"角度诠释了"生命共同体"思想。"生命共同体"以人与自然的关系为逻辑起点，内在蕴含人与自然相互依赖、相互作用且相互影响的辩证关系③，"两山论"④完好表达了这组辩证关系，现已成为各地旅游发展和生态保护的指导思想。自然环境作为国家文化公园的强大"背景板"和重要的遗产组成部分不可忽略。从国家文化公园的"人—自然—文化"机理来说，长城、大运河、长征线路、黄河这些宝贵的线性文化遗产既是中国人民勤劳智慧和不屈精神的文化象征，同时也是人面对严酷的自然环境（或地形复杂或漫长跨度或极端气候）不断改造、不断与之调和的产物。所以，"人与自然是生命共同体，人类必须尊重自然、顺应自然、保护自然"⑤，国家文化公园正是人与自然相生相伴、和谐共处的大型遗产公共空间。

为了更清晰地说明国家文化公园人与自然的关系，这里引入生态伦理思想。在这方面国家文化公园与国家公园具有一致性，两者都可被视为

---

① 马克思在《评一个普鲁士人的〈普鲁士国王和社会改革〉一文》中第一次提出了"真正的共同体"，并将其视为人的本质。

② 陈新汉：《社会主义核心价值体系价值论研究》，《上海人民出版社》，2008，第2页。

③ 罗红杰：《习近平"生命共同体"理念的生成机理、精神实质及价值意蕴》，《中州学刊》2019年第11期，第1-6页。

④ "两山论"起源于2005年8月15日习近平同志在浙江余村的讲话："绿水青山就是金山银山"；2015年5月正式被写进中共中央、国务院《关于加快推进生态文明建设的意见》；2017年10月同时写入"党的十九大报告"和新党章。

⑤ 习近平：《决胜全面建成小康社会夺取新时代中国特色社会主义伟大胜利——在中国共产党第十九次全国代表大会上的报告》，《人民出版社》，2017，第50页。

"人与自然签订的契约"①。这个"契约"是在协调人类游憩利用与自然保护之间的平衡②，既保证了人拥有走近自然、观赏自然、亲近自然的权力，也保证了自然环境受到良好管理而免遭不当人类活动的破坏。除生态伦理外，国家文化公园与国家公园不同的是，国家文化公园还蕴含着个人与自身、个人与他人/群体、个人与社会多重伦理关系。第一层个体伦理——个人与自身（追求道德与正义）。作为伦理主体的人可能是当地人也有可能是旅游者（即人类学研究中的"我者"和"他者"）。当地人在国家文化公园宏观文化格局中，通过不断搜寻自身的文化记忆，提升文化自觉，经过群体认同和整体融入过程实现对国家文化公园所代表的整条线性文化遗产体系的认同感和归属感，并在优秀文化的浸润中修身立德。旅游者或因对国家文化公园所蕴含文化的热爱，或因对当地自然环境的向往，或因对民风民俗的探究心理而产生旅游活动，旅游活动将"赋予其精神世界的启发和慰藉，体验到个体的生命力并促进德性的激发和培养"③。第二层人（群）际伦理——个人与他人/群体（追求平等与仁爱）。首先，继续上面"我者"和"他者"的讨论。作为国家文化公园地缘意义上的主人，当地人会怀着文化自豪感（并非强势文化的优越感）礼貌而友善地面对旅游者的到访，受到热情礼遇的旅游者也须尊重当地人的文化和生活方式，做善行旅游者和负责任的旅游者，双方平等交往。其次，人（群）际伦理还体现在国家文化公园框架下不同地域、不同文化圈层之间的关系。国家文化公园容纳众多子文化或在空间上分为若干区段（如大运河江苏段可分为楚汉文化、淮扬文化、金陵文化和吴文化4个风格不同的区段），这些子文化或空间区段不是孤立绝缘的，它们都从属于一个庞大的遗产体系，有着共同的文化形象和统一的名称（京杭大运河），所以，国家文化公园是子文化或不同地域之间平等交流、共生共存的基础与纽带。第三层社会伦

---

① 斯科特·福瑞斯克斯、孙越：《原始荒野的双重神秘性：非情境性语言对荒野法案的误读》，《南京林业大学学报》（人文社会科学版）2010年第4期，第54-62页。

② 冯艳滨、杨桂华：《国家公园空间体系的生态伦理观》，《旅游学刊》2017年第4期，第4-5页。

③ 肖群忠、姚楠：《论行旅活动的伦理意蕴》，《伦理学研究》2018年第3期，第106-111页。

理——个人与社会（追求责任与秩序）。现代社会伦理构建应该在个性自由与社会规范之间寻求辩证统一①。对于国家文化公园来说，既保护地方文化的多样性、尊重当地居民生存与发展权利，地方和个人也应在文化认同和价值共识的基础上与国家文化公园形成"命运共同体"。通过个体责任的履行达到和谐的社会秩序。良好的社会秩序又会保障个人和地方利益的实现，进而形成良性循环局面。国家文化公园的全民属性和公益性充分体现了对于优秀文化的制度安排，是现代社会为文化遗产保护与旅游活动营造的良好秩序，个人和地方文化在这一社会秩序下也将得到更多的关注和公平发展机会。

　　上面所提到的"社会"是涉及人、文化和制度等相关范畴并可能无限延展的空间，与中国传统文化思想中的"天下"有着相似的表征意义，与其说"天下"是"社会"更具开放性和包容性的变体，不如将其视为中国传统文化中朴素的空间哲学。中国传统的"天下观"包含着古代中国人对地理空间和权力空间的世界想象②，也影响着现代国家治理在各个领域的制度决策。国家文化公园作为遗产保护模式和文化展示方式的创新，向人们传递了它的宏大空间意象③。它串联起众多的行政区、民族聚居区、地方文化系统以及各种类型的自然资源，可谓一幅"生动呈现中华文化独特创造、价值理念和鲜明特色"的大型实景画卷。相较于传统旅游目的地和文化遗产地（风景名胜区、世界文化遗产、古城古镇等）的地方性格局而言，国家文化公园正在为我们营造一种"天下"意境，让国民意识到中华文化在形式上"多元一体""和而不同"，在气度上"汲古慧今""兼收并蓄"。随着国家文化公园未来走向制度化、标准化，这些不同时期、不同文化内涵、不同线路走向和空间结构的线性文化遗产会越来越多地被纳入

---

① 黄云明：《习近平人类命运共同体理念的哲学底蕴和伦理意蕴》，《社会科学家》2018年第5期，第9-17页。

② 周洁：《"一带一路"历史文化观再思考——兼谈丝路文化遗产的价值发现与开发传承》，《中华文化论坛》2017年第11期，第44-50、191页。

③ 三大国家文化公园建设范围：长城国家文化公园涉及15个省区市，大运河国家文化公园涉及8个省市，长征国家文化公园涉及15个省区市。数据来源：新华社《中央有关部门负责人就〈长城、大运河、长征国家文化公园建设方案〉答记者问》，http://www.gov.cn/zhengce/2019-12/05/content_5458886.htm。

国家文化公园系统（如前文列举），从而形成中国国家文化公园网络化空间格局。在国际舞台上，中国国家文化公园一方面传递"中国印象"，传播中国文化，向世人展示中华民族软实力，吸引国外潜在旅游者；另一方面为其他国家先行探索并适时输出一种全新的大型遗产发展模式，普惠于世，在中华国力与日俱增的时代履行"达则兼济天下"的大国使命。从而真正让国家文化公园所蕴含的"天下观"空间意蕴与"命运共同体"价值意蕴、"正义-平等-秩序"伦理意蕴，实现"三位一体"式发展（图4）。

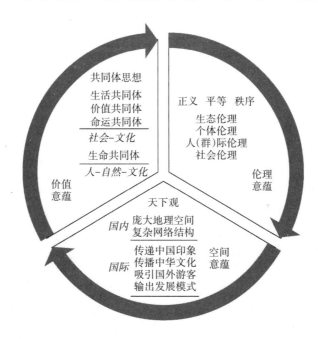

图4　国家文化公园的价值/伦理/空间意蕴

结语

民族复兴、文化强国、旅游发展是国家文化公园提出的3个重要的时代背景，它们从"国家""文化"和"公园"3个词语脉络进行概念建构，其逻辑根源分别表现于政治、文化和组织管理方面。在塑造国家象征、促进全民族文化认同、建设多功能/公益性/大尺度线性空间的目标指向下，3股逻辑力量协同演进，最终使国家文化公园概念得以正式确立。国家文化公园概念的理论源流主要有3条，其各自的理论贡献又分别有所侧重。欧洲文化线路理论重点强调了身份识别和文化认同对于政治统一的意义，跨越不同民族国家的大型线路遗产是不同地域间的联系纽带，对其认定和管理由欧洲联合权力机构负责与协调。美国遗产廊道从属于国家公园体系，重视景观质量和环境保护，同时对遗产区域内的人和文化要素给予关注，拥有完整的评价体系，是美国政府重要的公益事业。线性文化遗产是我国本土化概念，多年的研究成果直接推动了国家文化公园概念创新，为其建设发展做了充分的理论储备。在国家文化公园创新概念中还内化着多重意蕴——体现"共同体思想"的价值意蕴、体现"正义-平等-秩序"的伦理意蕴和体现"天下观"的空间意蕴，三者相生相融，"三位一体"地诠释了国家文化公园的价值和内涵。在阐述国家文化公园逻辑、源流和意蕴的过程中，还有几个问题悬而未明，在此略作讨论，一并为研究展望。

第一，属性问题。名称和理论源流都透露出国家文化公园具有多重属性。比如，缘于国家顶层设计和全民所有的公共物品属性，依托大型线性遗产文化基底打造的文化属性，基于国家形象展示和文化软实力提升的政治属性，以精神传承和文化保护为目的的遗产属性，以环境为背景倡导人与自然和谐的自然属性，以大众休闲和旅游活动为形式的游憩属性等。这些是国家文化公园从不同角度体现出的属性，可被归入政治、经济、文化、自然等总属之中。那么它的本质属性是什么？这个问题之所以关键，是因为它将决定国家文化公园的建设导向和未来的功能发挥。本文认为，国家文化公园本质属性是大众性。"国家""文化"和"公园"所引发的3股逻辑均体现了大众性，并最终交汇、归结为大众性。理由有三：其一，国家是站在全体人民的立场上为国家文化公园定名并倡导其建设的，这是"以人民为中心"执政理念的体现；其二，文化是属于大众的，无论是地方性的文化，还是全民族文化，都属于人民大众，文化共识和价值共识的主体也是人民大众；其三，公园是公共空间，属于全民所有，具有全民属性。因此，只有从大众性出发理解、建设和管理国家文化公园，才符合国家文化公园的初衷，才能使其功能得到最大化的发挥。

第二，与国家公园的关系问题。从国家文化公园提出开始，这个问题就一直存在，而且还将继续存在下去，因为两者关系随着人们认识的进步、管理科学化水平的提高和人、自然、社会之间主要矛盾的变化而不断调整。总的来说,两者的关系是既有联系,又有区别(文中多处提到),在此对两者差异做几点说明。首先,两者起源不同。国家公园概念缘起于美国对"荒野"的保护;国家文化公园概念是中国首先提出的(截至目前国际英文文献中没有此项词条记录,如 National Culture Park 或 National Cultural Park),缘起于中华民族文化自觉和建设文化强国的愿景。其次,两者基因与目标不同。国家公园无论后来如何发展、如何被别国借鉴,始终坚持"自然"的基因,保护自然生态是国家公园的首要目标,我国国家公园体制也是借鉴他国经验并在这一理念下运行的;国家文化公园依托的载体是大型文化遗产,目标是通过遗产教育和文化旅游实现文化认同和文化传承,其拥有强大的"文化"基因。再次,两者并非包含关系。国家文化公园和国家公园是两套独立运行的管理系统(或体制),目前都处于试点建设和理论探索阶段。后者由于国际经验较完备且国内实践略早,所以其初始形态与未来走向相对明确。而对于前者来说,我国是发起者和引领者,虽有相关理论经验,但如何在大时空跨度的文化遗产基础上进行富有"公园"形制和意义的建设,还需要更多的理论论证和实践摸索。

第三,未来如何?这是一个展望式话题,具有预测性质。基于前文对国家文化公园概念成因的分析,以及对其价值和功能的阐述,我们希望国家文化公园在科学论证和深度文化挖掘的前提下,尽早尽好地建成并发挥其应有功能。就其发展走向来说,存在几方面的可能性:第一,未来国家文化公园的本底选择应会突破线性文化遗产,那些对中华文明和民族精神有重大价值的文化遗产(如大遗址类,包括现有的国家遗址公园)均可能被纳入国家文化公园体系。第二,在建设过程中,虽然各地依据不同文化特色和历史事件打造不同主题的景观和相关文化产品,但具有共识性的标识系统会将大尺度空间的形象统一起来,形成国家文化公园整体 IP,使相对同质化的资源从竞争走向联合。第三,通过理论探索与实践逐渐形成我国国家文化公园体制,制定科学、公平、严格的遴选标准和认定程序,建立监督机制,提高服务和管理水平,在国际化交流与推广过程中不断完善。此外,国家文化公园还要避免某些历史问题再现,比如将其作为政绩工程一味求大求全,因准入过宽导致名称泛滥,借金字招牌大搞商业开发,多头管理造成无序竞争与资源浪费等。这又涉及国家文化公园的另一组话题，即象征、制度、建构——基于文化象征性的国家文化公园概念扩展问题、基于科学制度的国家文化公园管理和游憩利用问题、基于体系建构的国家文化公园空间组织和功能发挥问题。望业内同仁多多投入国家文化公园的研究中，共促其发展壮大，谨以此文抛砖引玉。

（作者系李飞、邹统钎。李飞，博士，副教授，主要研究方向为文化遗产保护、遗产旅游。邹统钎，博士，教授，博士生导师，主要研究方向为遗产保护与旅游发展、国家文化公园管理）

国家文化公园的理论探索与实践思考

引言

习近平总书记指出，长城、长江、黄河等都是中华民族的重要象征，是中华民族精神的重要标志。2019年7月24日，中央全面深化改革委员会第九次会议审议通过了《长城、大运河、长征国家文化公园建设方案》，会议指出，建设长城、大运河、长征国家文化公园，对坚定文化自信，彰显中华优秀传统文化的持久影响力、革命文化的强大感召力具有重要意义；要结合国土空间规划，坚持保护第一、传承优先，对各类文物本体及环境实施严格保护和管控，合理保存传统文化生态，适度发展文化旅游、特色生态产业。党的十九届五中全会审议通过了《中共中央关于制定国民经济和社会发展第十四个五年规划和二〇三五年远景目标的建议》，文件明确提出，建设长城、大运河、长征、黄河等国家文化公园。

国家文化公园的概念源于2017年《关于实施中华优秀传统文化传承发展工程的意见》，明确提出要"规划建设一批国家文化公园，成为中华文化重要标识"。国家文化公园与国家公园存在差异且属于新生概念①，但在各国建设国家公园的实践中，文化型国家公园已渐次出现。作为国家深入推进的重大文化工程，国家文化公园是承载国家或国际意义文化资源的重要载体，是传播传承文化、展现文化自信的重要媒介，是筑牢自然或文化

---

① 新生概念：之前没有，首次出现的概念（陈霞、罗晨希、张立波、罗铁坚：《一种分析学科演化的模型及方法》，《工程研究——跨学科视野中的工程》2018年第2期，第168-179页。

生态的重要屏障。基于此，本文首先解读、辨析国家文化公园的概念，聚焦于回答"中国应该塑造什么样的国家文化公园"；其次，梳理和审视垂直型、自治型、综合型国家公园体系中文化型国家公园的建设理念和实践探索；最后，从主体、内容、客体和渠道视角，对我国国家文化公园建设和运营的相关决策提供一些建议。

一、国家文化公园概念阐释

（一）国家文化公园概念的抽象化阐释

在大众认知中，建立国家公园的目的或使命是保护自然景观或生态环境，但事实上，美国国家公园肇基伊始就包含着"文化动机"[1]。审视美国历史，自由主义是北美殖民地独立和新国家建立的基本依据，若没有相对一致的个人主义观念，由殖民地组成的美利坚合众国便失去了立国之本[2]。崇尚自由、个人主义和基层自治是美国的主流观念，其具象化的荒野及其拓荒行动直接塑造了美国人的国家认同感和民族性格，立足荒野建立黄石等国家公园的动机，绝大部分源于文化和审美的自觉。因此，国家公园在美国兼具自然生态保护和国家文化符号保护双重意义。

严国泰[3]认为，中国国家公园可基于联合国教科文组织发布的世界遗产类型进行归类，归集为自然型、文化型和文化景观型国家公园。该分类不仅有利于中国国家公园管理与世界国家公园管理接轨，而且有利于与我国相关职能部门颁布的多种专类公园对接。具体而言，国家森林公园、国家地质公园、国家湿地公园、国家级自然保护区和自然遗产地可归集为自然型国家公园；各类遗址地、纪念园、文物保护单位和文化遗产地可归集为文化型国家公园；人与自然共同创设的风景名胜区、水利名胜区和旅游景区、世界文化与自然双遗产、文化景观世界遗产可归集为文化景观型国家公园。与之对应的顶层设计归口为：自然型国家公园所属的各专类公园

---

① 王薪宇：《我们为什么要建国家文化公园》，http://www.lvjie.com.cn，访问日期：2019年12月13日。

② 杨春龙：《自由主义与美国国家认同》，《江海学刊》2018年第6期，第190–197页。

③ 严国泰、沈豪：《中国国家公园系列规划体系研究》，《中国园林》2015年第2期，第15–18页。

的规划运营遵循自然型国家公园规划规范的指引；文化型国家公园所属的各专类公园规划运营遵循文化型国家公园规划规范的指引；文化景观型国家公园所属的各专类公园规划运营遵循文化景观型国家公园规划规范的指引。将上述三类国家公园规划规范进行归类，是以各类公园都能得到规划规范的指导、以国家公园规划规范更具有针对性并有利于国家公园资源保护与总体发展及管理为宗旨的。

基于国家质量监督检验检疫总局 2003 年 2 月发布的《旅游资源分类国家标准》，结合严国泰的观点，本文认为：国家文化公园是依托"遗址遗迹"和"建筑与设施"等人文旅游资源，具有代表性、延展性、非日常性主题，由国家主导生产的主客共享的国际化公共产品。需要指出的是，作为主客共享的国际化公共产品，我国首倡的"国家文化公园"是讲清楚中国的历史传统、文化积淀、基本国情和发展道路，是讲清楚中国人民的精神追求和国家发展目标的精神空间，也是将中国人民的命运和世界人民的命运联系起来，让中国特色社会主义核心价值观更具有认同感的精神空间。

(二)国家文化公园概念的具象化阐释

华夏大地上丰富灿烂的文化遗产给我国的综合、可持续发展增添活力，激发强大的精神力量，这其中，遗产保护利用和经济发展不仅密不可分，而且推动了经济发展[1]，两者相互依存，相得益彰。国家文化公园建设不是简单的遗产统筹保护、主题公园的重复再现，而是要从世界维度、历史尺度和国家高度来阐释华夏文明的独特性，使华夏大地上代表中华文明源远流长的文化符号、炎黄子孙团结凝聚的精神纽带、中华民族生生不息的民族象征的有形或无形事象[2]的保护传承和开发利用达到动态平衡，使中国文明在未来世界文明的整合和发展过程中发挥其独特作用。因此，要基于全球视野、中国高度、时代眼光，从中国整体发展的角度，以对未

---

[1] 王心源、刘洁、骆磊等：《"一带一路"沿线文化遗产保护与利用的观察与认知》，《中国科学院院刊》2016年第5期，第550-558页。

[2] 吴必虎、余青：《中国民族文化旅游开发研究综述》，《民族研究》2000年第4期，第85-94、110页。

来负责的态度阐释和解读国家文化公园，旨在为国家文化公园建设的制度设计与机制推进提供理论依据和战略思想。基于上述认知，本文以长城为例，尝试性地阐释和解读中国应该塑造什么样的国家文化公园，使国家文化公园的概念更具象化。

1.长城国家文化公园建设的首要问题是什么

长城文化遗产资源呈线性分布，跨越了15个省（自治区、直辖市）、404个县域，总长度达2万多千米，这其中，近1/3的长城资源分布于内蒙古，其次是河北、山西、甘肃、辽宁、陕西、北京等地，占比分别为18.89%、9.74%、8.79%、6.86%、6.66%、5.38%。随着国家文化公园建设的全面启动，作为文化资源富集带、生态屏障保护带、游憩空间生产带的长城，将成为沿线人民的小康线、幸福线。这其中，在立足于尊重文化遗产价值，突出普遍价值及真实性、完整性的前提下，如何以文化遗产保护、生态环境保护和可持续发展为原则，彰显长城沿线的文化资源特色，将现有文物景区、遗产公园等植入国家元素、文化元素，使主题展示区与生态环境整治、区域发展、城市建设和居民生活改善有机结合起来，统筹考虑人类命运共同体视阈下国家文化公园建设与治理，成为长城国家文化公园建设必须思考和解决的首要问题。

2.代表性、延展性、非日常性主题

主题作为文化公园的灵魂，要对一定地域的历史、文化背景或生活方式具有代表性；要具有较强的可提炼性、可塑性和丰富的内涵，便于二次创作和升华，以生产出新的文化创意；主题要蕴含独一无二的内容（即核心价值观），具有排他性和明显的非日常性[1]，即具有时空距离、文化差异或超出传统范畴，以契合现代旅游"本地生活的异地化"或"他者生活的体验化"需求[2]。

长城是古代中国在不同时期为抵御塞北游牧部落联盟侵袭而修筑的规模浩大的军事工程的统称。1575年，西班牙使节拉达来华，曾赞誉道：

---

[1] 王克岭、李婷、张灿等：《从"目的""途径"到"结果"：演旅融合研究的再审视》，《文化产业研究》2018年第2期，第130-140页。

[2] 王克岭、董俊敏：《旅游需求新趋势的理论探索及其对旅游业转型升级的启示》，《思想战线》2020年第2期，第132-143页。

"中国北边是一道雄伟的边城，这是世界上著名的建筑工程之一。"长城是全世界体积最大的古代建筑，因以中国保有最多，故中国被称为长城之国。长城因此与天安门、兵马俑一同被世人视为中国象征和文化标志。时至今日，绵延万里的长城，虽失去了其原本的军事价值，但它仍不仅是一座荟萃了中国古代劳动人民智慧和汗水的宏伟建筑，还是中国人民献给世界的一个伟大奇迹，向世界讲述着古代中国的政治、经济、建筑等多方面的发展历程和成就，有极高的科学价值、历史价值和文化价值。即便聚焦于长城本身，其所蕴含的材料、结构和构造方法等建筑信息亦是其遗产价值的重要组成部分，反映了长城的科学价值和历史价值，而其整体形象和细部做法体现了长城的艺术或文化价值[1][2]。

（1）科学价值：作为地标性建筑中特别突出的代表和中华文明象征的历史文化遗产，长城的修建、运维和保护无不凝聚着前人对事物本质规律的认识和利用。此外，长城是沿线各地重要的生态涵养区，发挥着水土涵养、气候调节、动物栖息、植物繁衍等自然生态功能。现存的长城遗址不仅是中华文化珍贵的第一手资料，反映了当时社会条件下生产力发展水平、科学技术水平和人们的创造能力，具有极大的科学研究价值，而且因其所具有的自然生态维护功能，使其长期担负着荫佑沿线民众的使命。

（2）历史价值：长城是一项杰出的历史文化遗产，长城的修建史是农耕文明与游牧文明共同发展的历史，在中华文明史和世界文明史中占有重要的地位。作为完整的军事防御体系，长城遗址及其周边遗存（包括物质和非物质遗产）是当时自然、社会、政治、经济、军事、文化的历史见证，因此具有独特的重大历史价值。

（3）文化价值：长城蕴含着团结统一、众志成城的爱国精神，坚韧不屈、自强不息的民族精神，守望和平、开放包容的时代精神，历经岁月锤炼，已深深融入中华民族的血脉之中，成为实现中华民族伟大复兴的强大精神力量。同时，因其在中华文化的传承与发展中具有不可替代的作用，

---

[1] 沈旸、相睿、常军富：《明代夯土长城的建造技术特征及其保护——以大同镇段为例》，《建筑学报》2018年第2期，第14–21页。

[2] 1987年，中国万里长城（The Great Wall）与英国哈德良（Hadrian's Wall）同时被列入《世界遗产名录》。

长城具有重要的文化生态功能，一旦消散将造成中华文化生态系统的失衡。

　　3. 由国家主导生产的公共产品

　　基于极高的科学价值、历史价值和文化价值，国家以"国家文化公园"模式建设长城、大运河、长征、黄河文化公园，其初衷是要让文化遗产的保护传承走近公众，实现文化遗产"共享"与"活化"。"遗产活化"的概念是中国台湾学者首先提出的①，遗产（包括物质遗产、非物质遗产）具有丰富的文化内涵。但是，大多数景区并未将文化遗产的"原真性"和"场所精神"有效地外显化，而仅仅是以"静态"展示供公众参观，这种方式显然已经不能满足游憩体验的需求。因此，基于类型、价值维度，对长城沿线文化资源分类（静态型、动态型、重塑型）、分级（静态型——国保、省保、市保、不详；动态型——国家、省、市、县）进行排查，由国家主导生产主客共享的公共产品（长城精神空间）就显得必要且紧迫。

　　就精神空间而言，精神、价值理念是空间生产的核心，也是物质遗产得以存在的支撑②。长城凝聚了中华民族的奋斗精神和爱国情怀，是中华民族的代表性符号和中华文明的重要象征，具有超越古今的持久影响力。要坚持国家站位，突出国家标准③，从政治、经济、社会视角来挖掘和阐发其精神和情怀。（1）政治层面：安全与和平。（2）经济层面：产业合作。（3）社会层面：民族团结、吃苦耐劳。因此，建设长城国家文化公园的价值可从关键意义、战略诉求和空间生产等维度来考量。关键意义：古老、悲壮、伟大、壮丽、坚固、自强。战略诉求：维护世界和平，构建人类命运共同体。空间生产转变：以前是自然景区、文物景区、风景名胜区各自为政，是进行空间中的生产；现在要突出代表性和广泛性，将空间中的生产转变为空间生产。

① 喻学才：《遗产活化：保护与利用的双赢之路》，《建筑与文化》2010年第6期，第16-20页。
② 朴松爱、樊友猛：《文化空间理论与大遗址旅游资源保护开发——以曲阜片区大遗址为例》，《旅游学刊》2012年第4期，第39-47页。
③ 黄坤明：《弘扬民族精神坚定文化自信高质量推进国家文化公园建设》，《人民日报》2020年11月26日第4版。

二、文化型国家公园的实践案例

国际上，国家公园体系发育日臻成熟，这其中，以美国为代表的美洲自上而下垂直型国家公园体系，以德国为代表的欧洲地方自治型国家公园体系，以日、韩为代表的亚洲综合管理型国家公园体系，在管理体制、财政体制、文化遗产保护机制方面进行了有益的探索。在这些国家公园体系中，文化型国家公园是其重要组成部分，且和其他类型的国家公园在统一管控下有相同的管理体制、财政体制，可为我国国家文化公园的建设及运营提供一定的借鉴。

（一）垂直型国家公园体系的典范——梅萨维德国家公园

1. 概况

1906年建立的梅萨维德国家公园，也称梅萨维德印第安遗址（以下简称"梅萨维德"），坐落于美国西部的科罗拉多高原，是美国基于考古价值而开辟的第一座文化型国家公园。公园海拔2600米，占地201平方千米，园内保存了美洲最古老的文明之一——古普韦布洛印第安人建于6～12世纪的4000多处的建筑遗址，该遗址的核心景点包括绝壁宫殿（沿崖壁而建，布局紧凑的200多个房间）、云杉树屋（以云杉构成，长203米，宽84米，三层楼，合计114间住房和8间祭祀室）和悬崖宫殿，1979年作为文化遗产被列入《世界遗产名录》。

2. 管理体制

根据美国国会的相关法案，国家公园负有保护、教育、研究和公共休闲使命。为了更好地管理国家公园，美国相继颁布了《黄石公园法》《组织法》《历史纪念地保护法》《野生动植物保护法》《特许经营法》《公园志愿者法》等。

美国国家公园实行独立于各州管辖的垂直管理体制，设立联邦机构、地区分局、公园三级垂直领导机构，与各州、市无直接隶属关系。美国国家公园管理局是管理国家公园的联邦机构，下设7个地区分局，包括阿拉斯加区域、山间区域、中西部区域、首都区域、东北区域、西太平洋区域和东南区域，分片管理分布于全美各地的62座国家公园。与其他联邦土地管理机构不同，国家公园管理局在野生动物或类似事务的管控上不受州法律的规制。

3. 财政体制

国家公园运营资金有三大来源：国会财政拨款、国家公园收入、捐赠资金。（1）国会财政拨款。财政拨款在运营资金中的占比超过90%，通常2/3用于工资开支，剩余的用于建设和运维，拨款在保障梅萨维德获得稳定资金来源的同时，使其保持了公益性机构的本色。（2）国家公园收入。包括门票收入和商业活动收入。门票价格低廉（旺季15美元，淡季10美元），门票收入在梅萨维德预算中的占比较低；商业活动收入主要是指在公园内开展的商业性活动，如摄影、电影拍摄、录音及特许经营活动等收取的费用。80%的公园收入留给梅萨维德自主支配，其余20%上缴用于支持整个国家公园系统的运行。（3）捐赠资金。包括来自私人、非政府组织和公司等的捐赠，捐赠主体中非政府组织数量较多，其中知名度较高的有国家公园基金会和塞拉俱乐部，它们以出售图书等方式筹措资金。

4. 遗产保护机制

梅萨维德被纳入国家公园体系，归联邦政府所有和运维，不仅提供最高级别的保护，而且确保高水准的解说和公共通道畅通。梅萨维德有总体管理计划（1979年），承载能力和访客影响受到严格监控，并制定了限制影响的政策。梅萨维德的工作人员定期为公众就解释性材料、考古资源研究和保护提供咨询，并为26个文化上隶属且传统上联系的美国原住民部落及其代表提供建设计划的相关建议。例如，管理损害或可能损害文化资源的入侵植物，并确保文化遗存附近的任何开发项目均不会对该遗存的价值、真实性和完整性造成负面影响①。

（二）地方自治型国家公园体系的典范——哈茨国家公园

1. 概况

位于下萨克森州和萨克森-安哈尔特毗邻区域的哈茨国家公园，是德国最大的文化型国家公园之一。哈茨公园是2006年由两个较老的公园（霍

---

① FLOYD M. L., WILLIAM H. R., HANNA D. D., "Fire History and Vegetation Pattern in Mesa Verde National Park, Colorado, USA," *Ecological Applications* 10, no.6 (2000): 1666–1680.

赫兹公园和哈茨公园）合并而成，占地近250平方千米。作为哈茨公园的主峰，布洛肯峰是一座极具人文特色的山峰，这里有布洛肯峰小火车，有女巫的传说，有哈茨山猫，有歌德的咏叹和足迹，有Oberharz Wasseregal。Oberharz Wasseregal是一套由人工池塘、小通道、隧道及地下排水渠组成的复杂且关联性强的水动力采矿系统，借助水力开展采选矿作业，其开发使用历史长达800余年。因其是全世界最著名的在工业化前期已形成的矿山水利工程系统和体现西方矿冶技术发展史的重要遗址，于1992年入选世界文化遗产名录。基于上述丰富的人文及自然资源，哈茨公园向公众推荐7个远足项目，旨在提供差异化视觉景观游憩体验，包括全景视图、森林视图、封闭视图、聚焦视图、环形视图和水视图。

2. 管理体制——国家指导，地方自治

哈茨公园在州环境部的指导下，由下萨克森州国家公园管理办公室负责管理，其体制属于典型的地方自治型，具体表现如下：联邦政府仅对国家公园的建设提出指导性框架意见，由各州通过具体法律法规予以规制和保护，即哈茨公园的管理事务，包括国家公园的认定、法律法规和管理政策的制定、公园规划等，由地方相关职能部门负责。这种地方自治型管理体制在充分考虑地区发展差异的基础上，因地制宜地开展管理与运营，但可能存在管理失效或低效的风险①。

3. 财政体制——政府为主，营收为辅

包括哈茨公园在内的德国各类型国家公园的资金来源渠道包括州政府财政拨款、社会公众捐助、公园有形无形资源开发利用所带来的收入，其中，州政府财政拨款为主要来源。各类型国家公园的运营开支被纳入州公共财政中予以统一安排与管理，用于国家公园的设施建设和其他保护事务的开支。

4. 遗产保护机制——回归大众，保护原真

德国是世界上对遗产保护所作法律规定最严格的国家之一，在法规建设方面先后出台了《风景保护法》《森林法》《环境赔偿责任法》等。其在

---

① HELLENBROICH T, *The Designation of National Parks in German Nature Conservation Law*,（BerLin：Springer Group, 2005），pp.133-153.

世界遗产保护的立法思路上坚持自然保护目标，强调保护工作不是独立的而是多方联系和制约的体系，涉及制度、管理、资金等环节，如行政管理体系、资金保障体系、监督体系、公众参与体系等都是以法律法规的形式明确下来，这为遗产保护工作的有序开展夯实了制度基础。哈茨公园保有大量历史文物及遗迹，受益于德国严格的遗产保护法律法规体系，公园历史文物及遗迹的原真性得到良好的保护。此外，德国公众参与体系中的系统培训（诸如志愿护林员活动等）既可以为那些愿意贡献自身时间和精力的人们提升服务技能和经验，又可以实现国家公园在教育公众、保护自然方面的使命。因此，德国整个自然文化遗产保护工作具有较强的融合政府和民间力量的体制机制①。

(三)综合型国家公园体系的典范——日光国立公园

1.概况

肇基于1934年12月的日光国立公园是日本著名的宗教和文化型国立公园，位于枥木县、群马县和福岛县，占地1148.18平方千米，主要景点包括鬼怒沼泽、男体山、奥日光湿原、汤原温泉、中禅寺湖/华严瀑布、濑户合峡、日光社寺、鬼怒川、那须山等。

2.管理体制

日本于1931年、1950年、1972年渐次颁布了《国立公园法》《自然公园法》《自然环境保护法》。在完备的法规体系规制下，确立了由国立公园、国定公园及都道府县立自然公园构成的公园体系。同时，组织机构的发展主线明确、清晰：1927年，日本民间率先成立国立公园协会；1929年，内务省成立国立公园委员会，推动自下而上的管理；1948年，厚生省设立了国立公园部，1964年转设为国立公园局，是一次从兼管到专职的转换；1971年，国立公园管理权由厚生省转移至环境省，实现了由分散管理到综合管理的过渡。

3.财政体制——政府主导，淡化与激活并举

包括文化型国立公园在内的日本国家公园体系实行统一的财政体制，

---

① BREMER S, GRAEFF P., "Volunteer Management in German National Parks-From Random Action Toward a Volunteer Program," *Human Ecology*35, no.4(2007):489-496.

其运营资金主要来源于国家拨款和地方政府筹款，禁止公园管理部门制定经济创收计划，国家公园中除部分世界文化遗产和历史文化古迹等景点实行收费制以外，其余皆不收门票，充足的资金投入和对逐利性动机的约束推动了日本国立公园经济功能的淡化。同时，公园内部的停车、特定景点的进入、专门的导游服务、餐饮、住宿等均须付费，有效地带动了周边的餐饮、住宿、购物、导游等行业发展，旅游收入较为可观。仅以2016年为例，访日外国游客在日本的消费总额达3万亿日元，折合人民币为1787.73亿元①。

4.遗产保护机制——遗产活化，全民参与

日本对文化遗产的保护肇始于1868年，是亚洲最早建立国立公园的国家，其在保护理念、活化保护和全民共识方面卓有建树：（1）提出了无形文化遗产理念。1950年颁布的《文化遗产保护法》中采用二分法将文化遗产分为有形文化遗产和无形文化遗产，强调文化遗产保护不仅要保护其建筑和自然形态，而且要保护遗产的非物质成分。（2）重视非物质文化遗产的活化保护。强调非遗保护中"人"的因素，制定了规范的登录制度、特殊传承人保护机制、非遗传承的社区载体保护机制（例如，造乡运动、造街运动等），旨在重视对当地文化环境及自然环境的整体性保护。（3）培养全社会对文化遗产保护的共识。日本文化遗产领域的综合施策使其文化遗产保护传承和活化利用步入了一个良性循环②。

三、促进我国国家文化公园建设的建议

国家文化公园是以保护、传承和弘扬具有国家或国际意义的文化资源、精神或价值观为目的，兼具爱国教育、科研实践、娱乐游憩和国际交流等文化服务功能，经国家有关部门认定、建立、扶持和监督管理的特定区域。作为国家文化建设的专项举措，建设国家文化公园对于保护传承和弘扬利用我国重要文化资源、精神和价值观具有重大战略意义。

基于现代服务是一种线上线下融合，集供给主体、内容、消费客体和

---

① 2016年12月30日人民币汇率中间价为100日元兑人民币5.9591元。

② JIMURA T, "The Impact of World Heritage Site Designation on Local Communities - A Case Study of Ogimachi, Shirakawa-mura, Japan," *Tourism Management* 32, no.2（2011）: 288-296.

推介渠道共融互通而构建的人货场一体化产业生态的认知，立足对美、德、日在文化型国家公园建设及运营方面的做法与实践的总结，就我国国家文化公园建设和运营提出如下启示与建议。

（一）发挥好国家主体的主导作用和社会主体的独特价值

主体是指国家文化公园建设和运营的实施者，通常可以划分为国家主体与社会主体两大类型。在百年未有之大变局的今天，建设象征国家精神、传播中华优秀文化和强大革命文化的国家文化公园必须坚持国家站位、突出国家标准。同时，还需要激发社会主体的参与热情，显示他们的独特价值。具体而言，须做好以下三方面工作：（1）让当地民众作为文化代言人，鼓励、引导他们将语言、服饰、餐饮、歌舞、祭祀、非遗等文化资源付诸生活化或生产化利用，并能将其传给下一代；（2）让环保等社会组织（包括研究、教育机构等）积极参与到保护自然资源和文化资源的行动中，发挥其在宣传、技术、学习、人员及立法等领域的支持作用，有效降低环境和文化退化态势；（3）让其他社会组织（包括市场渠道机构、社会渠道机构、旅游企业、媒体等）基于市场机制的作用在资金缺口、可持续引流等方面自觉发挥基础性作用。

（二）重视文化资源价值及功能等内容的分类研究与规划

内容不仅要关注国家文化公园所蕴含的文化精神、价值观能否被清晰地表达出来，而且要关注客体的理解与感受。因此，在国家文化公园建设中必须高度重视文化资源价值及功能的分类研究与规划，具体而言，须做好以下三方面工作：（1）立足静态型文化资源（价值分级——国保、省保、市保、不详）、动态型文化资源（价值分级——国家、省、市、县）、重塑型文化资源对国家文化公园的文化资源，进行基于GIS的空间特征分析及功能定位，对国家文化公园文化资源保护传承与开发利用工作分类施策，绝不能用一个模式包打天下。（2）对于科学保护主导型文化资源，重点梳理其保护理念及模式。其中，在保护理念强调历史价值核心地位的同时，兼顾艺术或审美价值。（3）对于开发利用主导型文化资源，重点聚焦文化资源的保护与利用经验，包括三类文化资源保护和利用的得失和反思。一是静态型文化资源。基于对静态型文化资源保护和利用平衡绩效的评估，提炼静态型文化资源保护开发经验。二是动态型文化资源。选取开发利用绩效好、受众认可度高的文旅产品，审视其产品创意、生产、传播及消费的产业链模式，提炼适宜于舞台化的动态型文化资源艺术呈现经验。三是重塑型文化资源。梳理重塑型文化资源开发利用的主要做法，提炼其迁移经验。例如，体验化场景设计、建筑形制模拟、特色演出创意等。

（三）聚焦对本地居民、国内游客、国际游客等客体的主导需求研究

客体是指国家文化公园服务的对象，包括本地居民、国内游客与国际游客等。与本地居民、国内游客不同，国际游客来自世界各地，拥有复杂多样的文化背景、价值观念、思维方式和心理特征。因此，在关乎国家文化公园"空间生产"和"空间中的生产"的相关决策中，要重视并研究游客对现状公园的总体满意度及其结构状况，发现共性的问题及不足，分析产生问题的原因，进而甄别游客的主导需求。在统筹国家文化公园拟打造的文化主题与消费主导需求的基础上，提炼国家文化公园"应该供给什么"的体系化内容，为旅游核心产品（包括在地产品、在场产品和在线产品）及其要素的供给提供来自需求侧的信息支撑。

（四）统筹大众传媒的主渠道作用和新兴媒体及公共外交的独特功能，开展常态化宣传和推介活动

渠道是指国家文化公园宣传推介的途径，是内容与客体相互链接的桥梁。在国家文化公园宣传推介方面，既要发挥大众传媒的主渠道作用，又要发挥新兴媒体和公共外交的独特功能，开展常态化宣传和推介活动，不断增强国家文化公园的影响力和感召力。具体而言，须做好以下三方面工作：（1）充分利用杂志、报纸、广播、电视等传统媒体，发挥它们强大的内容生产力和较强的影响力、公信力优势；（2）积极运用网络电视、网络广播、数字电影、数字报纸、手机网络等新兴媒体平台，发挥其低成本、广覆盖的优势；（3）通过公共外交途径，利用外交活动及有组织的国际活动、援助/护航/慈善等公共产品供给、社会各行业和专业的国际合作等多种途径，润物细无声地传播国家文化公园衍生出的具象化文化产品，特别是以空间生产、文化扩散为主的在线产品（如影视文学作品等），提升国

家文化公园所蕴含主流价值观对外传播的效能。

概言之，在我国处于近代以来最好的发展时期，世界处于百年未有之大变局，两者同步交织、相互激荡的时代背景下，国家应统筹擘画，分类施策，通过建设并运营好国家文化公园，促进国家公园快速发展，显著放大国家文化遗产功能，推动旅游结构调整与升级，树立民族精神并坚定文化自信，最终实现多重效益。

（作者王克岭系云南大学工商管理与旅游管理学院副院长、教授，博士生导师，研究方向为文旅产业管理）

文化公园：一种工具理性的实践与实验

2019年，经过两年的酝酿，我国《长城、大运河、长征国家文化公园建设方案》出台，后在"十四五"规划中将黄河国家文化公园建设也列入其中，形成了"四大"国家文化公园布局。2020年，党的十九届五中全会通过了《中共中央关于制定国民经济和社会发展第十四个五年规划和二〇三五年远景目标的建议》，提出传承弘扬中华优秀传统文化，强化重要文化和自然遗产、非物质文化遗产系统性保护，建设长城、大运河、长征、黄河等国家文化公园的目标。

黄河、长城、大运河、长征对于中华民族而言，是文明的起源、历史的见证、文化的瑰宝和红色的线路。"四大"国家公园的建设，是在特定历史语境中的"传统的发明"。具体而言，通过一系列实践和实验活动，灌输一些具有重大历史意义的连续性价值于公共活动或文化遗产中，使得"传统"得以在特定的语境中延续性地发挥作用[1]。显然，建设国家文化公园具有明显的"工具理性"特征，即通过制定和组织特定实践活动的方式以发挥特殊效益，借此注入特定的价值，实现既定目标。

一、"公园"作为遗产实践的模式

我国提出"国家文化公园"概念为国内首创，目前尚无统一定义。学术界有一种代表性观点认为，"国家文化公园是国家公园的一个分支"[2]。

---

[1] E.霍布斯鲍姆、T.兰格：《传统的发明》，顾杭等译，译林出版社，2004，第1-2页。

[2] 博雅方略研究院：《建设国家文化公园彰显中华文化自信》，《中国旅游报》2020年1月3日第16版。

笔者认为，定义是否统一并不重要，重要的是，核心价值与特色模式。"国家文化公园"与"国家公园"的差别应该是：前者以"文化"为核心价值，后者以"自然"为核心价值。以"国家公园"为例，世界上第一个国家公园是美国的黄石公园，1872年3月1日正式命名。经过近150年历史的摸索和发展，形成模式向世界推广。美国国家公园的导入性价值为"荒野"（Wilderness）。相对地，"国家文化公园"中的"文化"也需要有具体的导入性价值。

既然采用了"公园"的概念，就需要对其做一个辨析。世界上最早的公园可以追溯到古巴比伦的"空中花园"。传说巴比伦王尼布甲尼撒（Nebuchadnezzar）为取悦他思乡的妻子而模仿其家乡景观修建了"空中花园"（希腊语 Paradeisos，直译"梯形高台"，Paradeisos 后来演化为英文 Paradise "天堂"）。在英文中人们常称之为"Hanging Gardens"（悬在空中的花园）。巴比伦"空中花园"被誉为世界七大奇迹之一。

早期的花园不是"公"园，而是"私家园林"。欧洲的情况虽有差异，本质上却一致。具体地说，现在的公园原先大多是皇家和贵族的"私人财产"。法国延续并扩大了这种皇家传统，诺曼园林（Norman Parcs）是供封建领主、贵族们打猎的地产（Hunting Estates）。从此，野外财产（Wild Property）的概念得到了强调。后来英国也出现了这种狩猎公园（Hunting Park），公园的主人把公园建在过去属于撒克逊（Saxon）国王的森林里。1789年，以法国大革命为标志产生了近代民族国家，那些原先的"私家财产"也逐渐"国有化"。

"国家公园"（National Park）借用了历史上从"私园"到"公园"的变化，从欧洲到北美的变迁，创立了独特的"公园"形制，即一种特殊的自然遗产保护模式。众所周知，美国的历史短，300多年的历史难以沉淀丰厚的文化遗产。美国有多元文化，虽然印第安人作为原住民的历史和文化久远，但美国从来没有将印第安文化作为美国的主体和主流文化。几百年的移民文化难以与世界上的文明古国的"文化"相比。

"自然遗产"于是成为美国遗产的"主打项目"，国家公园便是代表。贯穿在国家公园中的主线是所谓的"荒野"（Wilderness）。就 Wilderness 构词考释，"Will"（意志、决心），带有一种我行我素、坚决的意思。这个词用于自然界和其他生命形式，包含着自然和形态以及不受控制的动物等①。美国1964年《荒野法》（*Wilderness Act*）把荒野定义为："指地球及其生命群落未受人为影响、人类到此只为参观而不居留的区域。"②

美国是一个"拓荒"型国家，"荒野是美国文化的一项基本构成，利用物质荒野的原材料，美国人建立了一种文明。美国曾试图用荒野的观念赋予他们的文明一种身份和意义"③。"荒野"的价值还在于：为子孙后代保留原始的，未被人工化的处女地，让后代有机会接触自然的"原生形貌"。由于美国文化多元，对"荒野"也存在不同理解，大致有五种含义：（1）神圣避居地；（2）物种保护地；（3）印第安人的荒野观；（4）清教徒的荒野观；（5）创建没有印第安人踪影的荒野④。

美国人能够将"荒野"视为一种社会思想和历史财富，与美国在历史发展过程中的情形相契合，特别是相关的自然保护运动和思想。在19世纪末，三种相互关联的运动——保育主义（Conservationism）、城市环保主义以及保存主义（Preservationism）殊途同归⑤。当美国的经济发展、工业污染、美国人富裕起来的同时，开始面对许多难题，特别是工业化和城市化。他们在"荒野"中找到了一种出路和慰藉，很多富裕的美国人甚至产生了"荒野崇拜"，并在全美范围内推行"荒野生活"的体验，并将这些价值观灌输给孩子⑥。

这种价值趋向也成为美国文明和文化，特别是遗产价值的基本定位。但"荒野"价值并非一蹴而就，而是经历了一个复杂的变化过程。美国在

---

① 罗德里克·弗雷泽·纳什：《荒野与美国思想》，侯文蕙等译，中国环境科学出版社，2012年，第1—2页。

② 王辉等：《荒野思想与美国国家公园的荒野管理——以约瑟米蒂荒野为例》，《资源科学》2016年第11期，第2192—2200页。

③ 罗德里克·弗雷泽·纳什：《荒野与美国思想》，侯文蕙等译，中国环境科学出版社，2012年，第1页。

④ 托马斯·韦洛克：《创建荒野：印第安人的移徙与美国国家公园》，史红帅译，《中国历史地理论丛》2009年第4期，第150—151页。

⑤ 托马斯·韦洛克：《创建荒野：印第安人的移徙与美国国家公园》，第146—154页。

⑥ 托马斯·韦洛克：《创建荒野：印第安人的移徙与美国国家公园》，第148页。

拓荒初期，拓荒者们常使用"征服""镇压"的方式对待与大自然友好相融的印第安部族。美国早期的国家公园创建、立法以及管理，"无一例外地忽视了印第安人的权利和利益"①，管理上也经过几个不同阶段的方式。②

19世纪欧洲浪漫主义思潮对荒野的赞美，成为一种时代的价值。一些美国人也开始赞美荒野，感叹荒野自然的壮美。而当欧洲人正在为他们逐渐失去的荒野感到痛苦和惋惜时，在大洋彼岸的美国人却欣喜地发现，原来荒野还可以成为新大陆得天独厚的财富③。于是"保留荒野"也就逐渐成为一种价值践行。

就自然遗产的类型而言，现在广布于世界的"国家公园"原生于"美式自然遗产保护"模式，黄石公园作为榜样，不仅是一种管理上的模式，还可通过"公园"这种具体概念和认识形态反映人们对自然的态度④。后来，联合国教科文组织关于世界自然遗产的理念，一定程度上就是国家公园这一理念的国际化拓展⑤。美国的国家公园为世界提供了一种自然遗产的呈现和保护方式。

较之美国的"国家公园"，中国的"国家文化公园"需要首先确立具体化的价值理念。美国历史短，文化遗产相对贫乏，国家公园遂以"荒野"作为突出自然遗产的核心价值。我国历史悠久，文化遗产丰厚，能够彰显国家公园的"文化"特性，但须努力探索一种符合文化公园的"中国范式"。这不仅是一个概念，而是可以像国家公园一样推广的模式。也就是说，"国家文化公园"从理念、形制、技艺上，都需要有一个继承传统上的创新。

笔者认为，理念上，突出"天人合一"；形制上，中国传统的园林形

---

① ROBERT B. KEITER, *To Conserve Unimpaired: the Evolution of the National Park Idea* (Washington, D. C: Island Press, 2013), p.121.

② 彭兆荣等：《联合国相关国家的遗产体系》，北京大学出版社，2018，第117-189页。

③ 叶海涛：《论国家公园的"荒野"精神理据》，《江海学刊》2017年第6期，第19-25页。

④ 彭兆荣：《重建中国乡土景观》，中国社会科学出版社，2018年，第282-297页。

⑤ BATISSE, M., BOLLA, G, "The Invention of 'World Heritage,'" *Association of Former UNESCO Staff Members*(2005): 17.

制可以为范；技艺上，可借用山水相融的中式技法。我国有悠久、完整、辉煌的园林传统，特别是苏州园林为公认的世界遗产。文化公园建设可以此为模型，结合长城等四个公园的特殊理念和地方元素，进行模式创新。再者，由于长城等四个文化公园的情形各异，选择导入性元素也应有所考虑，不可雷同。

二、线路遗产的空间格局

"线路遗产"（Heritage Route）的核心为"线路文化"，主要表现为以某一种"线路"为媒介，形成了历史上的文化交流带。文化的核心在于交流、采借、学习和互惠，人类通过各种"线路"进行文化交流，强调的正是"文化线路"①。"文化线路"具有"跨域性"和"全球性"。可以说，今天的"全球化"正是文化线路交流的产物。所以"线路性"的跨文化交流也为人类学家所特别关注，人类学家克利福德（James Clifford）在其著作《线路：20世纪晚期的旅行与移动》（*Routes*：*Travel and Translation in the Late Twentieth Century*）中，以历史上的线路为纽带，讨论近代人类通过线路所建立、建构的社会关系和社会秩序。线路使得各种社会实践成为空间的置换（Practice of Displacement），并成为文化意义的主要构建方式②。而线路遗产正是通过"线路"将不同的空间重新组合成为新格局的过程。

"文化线路"自古迄今，永不停歇。在后殖民语境中，西方理论的时空结构已经面临瓦解，行动（包括移动、置换、旅行等）理论的"去中心"特征和新的空间定位（混合性空间）已经成为元理论批评的核心。跨域文化（Translocal Culture）③由此更加凸显其价值。今天，当边界（Borders）获得一种似是而非的中心地位，发生于边际（Margin or Edge）或线

---

① 阿尔弗雷德·C.哈登：《艺术的进化——图案的生命史解析》，阿嘎佐诗译，广西师范大学出版社，2010，第54—56页。

② CLIFFORD, J., *Routes*：*Travel and Translation in the Late Twentieth Century*（Harvard University Press,1997），p.2.

③ CLIFFORD, J., *Routes*：*Travel and Translation in the Late Twentieth Century*（Harvard University Press,1997），p.41.

路（Lines）上的交流出现了新的方式，它不同于既往所指涉的线性轨道（从文化A到文化B），亦不同于混合（Syncretism）所暗含的两个文化系统的叠加，而是起始于一种历史性接触，产生全新的文化空间的交流带。

从遗产研究的角度，"线路遗产"是联合国文化遗产分类中的一个种类。中国是世界上线路遗产资源最为丰富的国家之一，2014年我国获得线路遗产名录①，并成为同时拥有现存世界上最长人工运河与世界最长遗产线路的国家。"丝绸之路"起始于中国，是一条连接亚洲、非洲和欧洲的古代商贸线路，分为陆地丝绸之路和海上丝绸之路。作为东方与西方在经济、政治、文化交流的主要通道。德国地理学家李希霍芬（Ferdinand Freiherr von Richthofen）在19世纪70年代最早将这条通道命名为"丝绸之路"。

文化是交流和互动的。随着人们对世界遗产范畴的拓宽，人们认识到：历史的关联性和事物的连续性是体现文化遗产"整体性""真实性"两个原则不可或缺的类型。于是，像线性遗产（Linear Heritage，呈线性的走廊、古道、运河等遗产）等新的遗产类型——特别是那些大型的、跨境跨地区的文化遗产进入了世界遗产体系的"视野"。在1993年的世界遗产委员会第17次大会上，西班牙圣地亚哥-德孔波斯特拉朝圣之路（The Route of Santiago de Compostela）被列入世界遗产名录。

1994年召开有关"文化线路""世界运河遗产"（World Heritage Canals）和"真实性评选标准"（Authenticity）的专家会，线路遗产的评选标准大致形成。这一遗产类型的主题也直接成为全球研究的计划和内容②。从此展开了庞大的全球战略，并延续至今。专家会总结了近年来有关文化线路作为文化遗产的思路和实践，提出了将线路作为一个世界文化遗产类型的提议，并草拟了线路遗产（Heritage Route）的定义：线路遗产由一些有形的要素组成，其文化重要性来自跨国和跨地区的交换和多维度对话，

---

① 2014年6月22日，第38届世界遗产大会于卡塔尔首都多哈举行，此次大会上中国大运河，中国与哈萨克斯坦、吉尔吉斯斯坦联合申报的丝绸之路作为"线路遗产"同时被列入《世界遗产名录》。

② UNESCO, "Expert Meeting on the 'Global Strategy' and thematic studies for a representative World Heritage List," June 1994, http://whc.unesco.org/en/globalstrategy/.

表明沿线不同时空中的互动①。

2005 年版的公约操作指南在"文化景观"的概念旁附注了附件三"特殊类型遗产提名的指南"（Annex 3：Guidelines on the inscription of specific types of properties on the World Heritage List），提出了四种特殊的可列入世界遗产名录的遗产类型：

（1）文化景观（Cultural Landscapes）；

（2）历史城镇及城镇中心（Historic Towns and Town Centres）；

（3）运河遗产（Heritage Canals）；

（4）线路遗产（Heritage Routes）。

至此，线路遗产这一文化遗产类型基本定型。线路遗产可以说是世界系统模式（World-system Models）的延续。

线路遗产是在以往"点状"遗产的基础上推进的"线性"遗产，并驱动"带状"的协作与发展。典型的例子就是我国实行"一带一路"倡议。所谓"一带一路"即"丝绸之路经济带"和"21 世纪海上丝绸之路"。具体而言就是围绕着丝绸之路这一线路遗产所布局、推行的外向型国家倡议。"一带一路"与"线路遗产"存在着历史的逻辑关系②。而长城、大运河、长征、黄河这"四大"主题国家文化公园都包含着"线路遗产"元素，如何做好"线路"的文章也成为考察文化公园是否成功的重要方面。

三、红色线路遗产的"国家反哺"

"线路遗产"作为文化遗产已经从"点面的""静态的""历史的""有形的""经典的"扩大到点线面结合、静态与动态结合、古代与近代结合、有形与无形结合、经典与日常结合的类型范围。线路遗产的核心在于互惠交流，人类通过各种方式的"线路"进行文化交流。文化遗产作为交流的产物，形成了文化遗产的多样性，包括不同的类型，特别对于那些民间的、民俗的、民族的非文字传承或技艺，其传承方式与不同地理、区域、

---

① UNESCO, "Report on the Expert Meeting on Routes as a Part of our Cultural Heritage," Madrid, Spain, November 1994, http://whc.unesco.org/archive/routes94.htm#annex3.

② 彭兆荣：《线路遗产简谱与"一带一路"战略》，《人文杂志》2015 年第 8 期，第 51-56 页。

民族、族群之间的交流存在关联，而且这种交流、采借、流传通过不同的地理、地域、地缘连续性地流传，又成为其相邻地区、民族的传承源，形成了"你中有我、我中有你"的文化簇（Cultural Domplex）。

中国线路遗产的资源极为丰富，线路文化的表现极为丰沛，而且文化理由和逻辑也非常独特。大致上说，有以下诸点：（1）万物之"理"取之于"道"。"线路"之要在于"道路"。《说文》："路，道也。"①本义为道路上的出发、抵达和返回。亦可比喻追求。（2）"理（道理）"为哲学的渊薮，并与"德（道德）"同化，而以"道"为名的哲学，寰宇之内唯中国的道家。（3）中国自古有"天道—人道"之说，以"天道"命"人道"一直为政治地理学上的依据。认知性的"一点四方"，围绕着"中心"（中土、中原、中央，甚至中国，皆由此意在衍出），《禹贡》也由此成了帝国政治的空间结构，这一切的政治意图都由"道路"通达"天下"。（4）历史上的行政区划，"道""路"也都成为特殊的指代化入区域政治的形制之中，以"道（伦理教化）"治理"道（行政单位）"；也由此转化为权威指喻，如"当道"。（5）历史上的各类古道丰富多样，除"丝绸之路"（包括陆路、海路）外，还有诸如"宗教传播"、"民族走廊"②（西北走廊、南岭走廊、藏彝走廊）、茶马古道、茶叶万里路、华人华侨移民线路等。

特别值得强调的是，在众多线路遗产中，中国共产党的历史无疑也有一份需要特别珍视和珍惜的"线路遗产"——红色线路遗产，长征就是一个典型的例证。我国在国家文化公园的建设方案中，将长征这一"红色线路遗产"列入其中是一个重要的创举，也隐含着这样一种特殊的价值：国家形式的"反哺性"；笔者称之为"国家反哺"。意指在中国共产党艰苦岁月里，曾经得到了广大民众，特别是苏区人民的帮助、哺育、滋养。今天，国家强大了，羽翼丰满了，用特别的方式对做出特别贡献的苏区人民，以及长征沿线的人民以特殊的回报。

"反哺"原是用于表示动物，特别是鸟类的反哺行为——雏鸟长大后，

---

① 许慎：《说文解字》，中华书局，1963年，第48页。

② "民族走廊"的概念是我国著名人类学家费孝通先生于20世纪80年代提出并逐渐完善。参见秦永章：《费孝通与西北民族走廊》，《青海民族研究》2011年第3期，第1—6页。

衔食喂母鸟，比喻子女长大后奉养父母。我国《初学记·鸟赋》有："雏既壮而能飞兮，乃衔食而反哺。"后来，反哺延伸至人类在演化过程中由自然生态所哺育，人类需要学会反哺自然生态，并成为生态保育主义的一种重要的价值观。我国自古以来就是一个"礼仪之邦"，"礼"包含着传统社会伦理中的孝悌原理，家庭历史性形成了反哺关系，费孝通称之为"反馈模式""反哺模式"①，即父母抚养孩子，孩子长大后赡养父母，古来如此。这是中国传统"文化"的重要价值。"家"如此，"国"亦如此。

我国以长征为主题所建设的国家公园是一个涉及面宽的工程。长征以中国工农红军一方面军（中央红军）长征线路为主，兼顾红二、红四方面军和红二十五军长征线路。涉及福建、江西、河南、湖北、湖南、广东、广西、重庆、四川、贵州、云南、陕西、甘肃、青海、宁夏15个省区市。红军长征历时两年，线路总长达到3万多公里，留下了极为丰富的历史和文化遗存。长征在中国现代史上具有里程碑意义，是中国共产党和中国革命事业从挫折走向胜利的伟大转折，是中国革命历程中的"红色线路"。

中华人民共和国成立以后，长征线路上许多重要的、代表性的遗址都已经建设了大量纪念性工程，包括纪念馆、博物馆、展览馆、红色教育基地、红色旅游目的地等。但绝大多数的场馆都是突出事件、事物和英雄人物的丰功伟绩，"国家反哺"的意义和意思并不突出。笔者认为，国家文化公园应该有所突出：即以中华传统伦理，特别从"家庭反哺"延续到中国共产党通过文化公园的建设上升到"国家反哺"的层面，以强调中华民族"家国—国家"特殊的文化形制。

笔者认为，以长征为主题建设"国家文化公园"至少有以下几个重要的价值：（1）"不忘初心"。中国共产党能够获得人民拥戴，能够取得革命成功，能够有今天的崛起，离不开这百年历史中的艰苦奋斗。这百年历史通过"文化公园"的形式获得突显、挖掘和保护，让子孙后代铭记这一份国家特殊的红色遗产。（2）"吃水不忘挖井人"。在中国共产党经历的艰难岁月中，与红色苏区和长征沿线人民的牺牲、贡献分不开。而当年的苏

---

① 费孝通：《家庭结构变动中的老年赡养问题——再论中国家庭结构的变动》，载《费孝通选集》，天津人民出版社，1988，第467–486页。

区，现在仍然有不少地方属于相对贫困地区，需要进行特殊的扶持，以体现"国家反哺"。（3）长征也是一种"中式线路遗产"，以线路遗产的方式回馈于国内，把趋向国际的"一带一路"与国家导向的以"红色线路"为主题的国内"一带一路"建设相结合，驳斥西方某些国家、少数别有用心的人对"一带一路新殖民化"的谬论。（4）以国家公园形式进行缅怀性纪念，无论是爱国主义教育、红色旅游，还是研学体验都是不可多得的场所和景点。（5）以国家文化公园的方式驱动红色苏区的"带状性"发展，在原来已形成的"点状"纪念馆等形式基础上，以国家文化公园的方式使之形成"点—线—面"的整体布局，使"长征线路"受到经济上特殊的惠及。（6）突出国家文化公园中传统"礼仪""礼乐"的仪式性程序、符号、场景，并与特定的地方、民族、族群的文化特色相结合，使文化公园具有"国家性"。

四、运河作为文化公园特点

从宽泛的角度看，我国所推行的四类国家文化公园都包含着"线路文化"的因素和因子。运河亦不范例。运河作为遗产的特殊类型在1994年9月世界遗产委员会在加拿大召开的"运河遗产"专家会议（the Expert Meeting on Heritage Canals）上诞生。会议详细讨论了运河的概念和参与世界遗产提名的可能性、可行性和具体操作建议。

我国是一个以河流文明标榜于世的农耕类型，属于季风型农业。河流和雨水是最重要的水资源，而控制雨水、水利、水运便形成了密切的关系。运河成为中国历史重要的文化遗产。古代的运河航运曾有一个专属性称谓——"漕运"，即用于河流运输的主干线属于"官道"[1]。其曾经用于运送贡物，主要是粮食。在明代，大运河是京城和江南之间唯一的交通运输线[2]，亦曰"漕粮"。但在现实生活中，运河远远超出了"漕运"的功能，比如灌溉两岸的农田。大运河事实上形成了以水流为纽带的社会关系网。

---

① 黄仁宇：《明代的漕运》，九州出版社，2019年，第18页。
② 黄仁宇：《明代的漕运》，第14页。

运河不是一般的文化遗产，而是工程技术的产物，同时交织着文化的多样性。换言之，运河是工程技术，也是文化景观。以江苏为例，目前拥有世界文化遗产区 7 个、遗产点 22 个、遗产河段 325 千米、214 处全国重点文物保护单位和 131 项国家级非物质文化遗产，涉及漕运、水工、盐业、工商、园林、水乡人居等各具特色文化形态①。现在的问题是，多数人对运河作为文化遗产的形制并不熟悉，因此需要了解联合国运河遗产的基本特点，诸如：

其一，运河遗产的定义。

联合国对运河遗产的定义：运河，是人工水道。从历史或技术的角度来看，它或许具备突出的普遍价值，是一个这类文化财产范畴内本质的、或独特的代表。运河可能是一个纪念性工程，一个线性文化景观的确定性特征，或许是一个复杂文化景观的不可或缺的构件。

其二，运河遗产的内涵。

运河作为遗产的一个辨识性特征是其在不同语境中的情形，即不同时期使用运河的方式，以及对运河进行的相关技术性改造和改变。这些改造和改变及其程度本身，可能构成一个遗产元素。毕竟运河遗产是人类所创造的工程，它是一个历史连续性的过程，在各个历史时期都可能注入和加入运河一些不同时代的特点和特征。因此，运河遗产是叠加性的。

其三，运河遗产的技术性指标。

运河的意义可以从技术、经济、社会和景观等不同层面来检视。运河有很多用途：灌溉、航行、防御、水能、泄洪、土地排汲水。具体包括：（1）运河水道内、里和防水；（2）河道内、里设计结构与其他地域建筑和技术相比而言的结构性特点；（3）建筑方法精熟化过程；（4）技术传播等。

其四，运河遗产的经济效益。

运河在经济方面的贡献呈现出多种方式，如对经济发展，人、物的运输等。运河曾是首个人造的有效运输大宗货物的线路。运河的灌溉对经济

---

① 王健等：《大运河国家文化公园建设的理论与实践》，《江南大学学报》2019 年第 5 期，第 42-52 页。

发展持续发挥关键作用。以下因素非常重要：（1）建设国家（Nation Building）；（2）农业发展（Agricultural Development）；（3）工业发展（Industrial Development）；（4）财富生产（Generation of Wealth）；（5）用于其他领域和工业的工程技术之发展（Development of Engineering Skills Applied to Other Areas and Industries）；（6）旅游（Tourism）。

其五，运河遗产的社会因素。

运河的建造曾经持续拥有的社会效果包括：（1）对社会和文化具有财富再分配的影响作用；（2）人群和文化群间的互动；（3）大规模的工程曾经并持续影响着自然景观。相关的工业活动、居住模式的变化，对景观的形式和模式引起可视的变化。总体上说，运河遗产是一个整体的遗产，它涉及历史、社会和文化等多方面价值，需要按照相关的"运河遗产"的原则和细则来实施保护。

我国的大运河作为联合国文化遗产的运河类遗产，当下又将作为国家文化公园的试点，以下三个方面都要兼顾：首先是以大运河为主题的国家文化公园需要与联合国运河遗产相协同；其次是要突出大运河的本色，包括中式技术传统和历史变迁；再次是在大运河海两岸形成文化多样性景观，做到"连通、交流、融合、发展"等①。

五、突出文化及生态保护理念

在我国制定国家文化公园之前已经先行制定并实施了国家级"文化生态保护实验区"。那么，"国家文化公园"与"国家文化生态保护实验区"有何差别，需要厘清，否则二者会有"重叠"之嫌。

所谓"文化生态保护实验区"是指在特定的区域范围内，对历史文化积淀丰厚、存续状态良好、具有重要价值和鲜明特色的文化形态——尤以非物质文化遗产为主要对象的整体性保护。设立文化生态保护区的目标，是将民族民间文化遗产进行原地性保存，使之成为"活文化"。我国从2007年6月至2014年10月开始实施"文化生态保护实验区"，截至2020年

---

① 龚良：《大运河：从文化景观遗产到国家文化公园》，《群众》2019年第24期，第17—18页。

共批准了 23 个。

既然是"文化生态"，就要与"生态"相结合。"生态"首先有一个区域和空间指喻。在这方面，文化生态保护实验区有一个"硬伤"：即以行政区划确定一个具有区域范畴和边界的"文化保护区"。比如，2014 年批准的武陵山区（鄂西南）土家族苗族文化生态保护实验区，总面积为 29 863 平方千米。而保护区内的"主打项目"非物质文化遗产（Intangible Cultural Heritage）所强调的恰恰是"非确定空间性"。再比如侗族大歌是跨省区的，而文化生态保护实验区则以省区为单位。也就是说，非物质文化遗产无论是性质还是现实功效，都是变动和播散的。于是，在确定性范围边界（保护区）和播散性移动边界（非物质文化遗产）之间形成了矛盾关系——即区域边界是限制的，而非物质文化遗产的边界是非限制的。

以我国第一个文化生态保护实验区"闽南文化生态保护实验区"（2007 年 6 月）为例，实验区包括福建的泉州、漳州、厦门三地，即一个行政区划的空间概念。泉、漳、厦是台湾同胞的主要祖籍地，也是闽南文化的发祥地和保存地。保护区内的非物质文化遗产多数具有明确的传播性和超区域的"文化空间"关系，如妈祖、南音等，前者是产生于闽南地区而向全世界扩散的一种海洋性、特殊的文化类型；后者原是多种文化形态、因素，包括中原的宫廷艳乐、西域丝绸之路的器乐、晋江流域的地方特色相结合的产物，并通过海上丝绸之路向全球闽南籍华人社会播散。如何在文化生态保护实验区处理好"文化空间"与"地缘空间"的关系，一直是重要的问题。

另外，作为国家第一个"文化生态保护实验区"，需要借鉴文化生态学（Cultural Ecology）的相关原理，探索中国文化遗产保护的独特道路。其中有两个核心概念：

一是文化生态（Cultural Ecology）保护区。

优势：福建独特的山海自然环境造就了独特的闽南文化，包含了海洋文化和农耕文明，以及山海协作的各种传统形态。

劣势：与其他沿海地区相比，自然和文化互动的特色不明显。

二是生态文化区（Eco-cultural Region）。

优势：福建闽南人独特的宗族、家族、地缘群体观念和地方丰富的文化组织有利于发展出具有闽南特色的、文化气氛浓郁、文化组织繁荣、文化活动丰富的生态文化区。

劣势：产业化和政府指导的道路均难以操作，需要引入一些非政府组织的运作模式。

事实上，"文化生态"在囊括上勉为其难，因为闽南文化的文化多样性包括：中国—海外，中央—边陲，现在—过去，海洋文明—农耕文明，工业—商业—农业，以及"闽台"政治和文化的对抗、交流、互动、重叠和对话。另外，在历史、地方、族群、遗产的表述中，"乡土知识"与"民间智慧"别具一格：它不仅可以与中原传统的农业文明相对接，又具有"山海经"的自然生态模式，有着海洋文明中"守旧和开放"的特质，形成了中国最早与外界交流与交通的区域传统与文化。简言之，闽南文化生态保护实验区从"文化项目保护"到"文化生态保护"的理念转换仍然未能很好解决，"闽南文化生态保护实验区"缺乏大手笔的政府行为，也缺乏将其提升为全国乃至全世界的样板典型和经验。

那么，国家文化公园如何避免与文化生态保护实验区的雷同，需要我们进行仔细分析。二者的相同之处在于：都是大范围的，有明确国家战略布局的政府行为；都以文化遗产，特别是非物质文化遗产为引线；都包含线路遗产类型或元素；都具有区域性、地方性的因素和因子。不同之处在于：文化生态保护实验区是以省区为单位（申报），而文化公园虽然也是以省为单位，但"文化遗产"却是跨省区的，无论长城、长征、运河还是黄河；前者以项目，特别是非物质文化遗产为引线，后者以公园类文化景观为点线；前者更重视文化遗产的生态关联，后者则侧重于民众的生计及大众旅游；前者是在"遗产运动"下的布局，后者则更突出文化复振的政治意图，特别是通过国家文化公园的建设复兴中华民族传统礼仪，具有创新性价值。

六、建议增加文化公园中的农业遗产

遗产主要指过去留下的"财产"，但人们今天所使用的"遗产"概念却是新的，是世界遗产事业的产物①。笔者认为，在国家文化公园建设的名录中需要增加农业文化遗产。原因是，以遗产之类型相对应，中国最大宗的、最典型的遗产是农业遗产。中国是一个以农耕文明标榜于世的"社稷"国家。联合国世界粮食计划署代表就曾经称我国的农业为"世界一大奇迹""中国第二长城"②。2002年，联合国粮农组织启动了"全球重要农业文化遗产"（Globally Important Agricultural Heritage Systems）项目，始在世界遗产系统中加入"农业文化遗产"（Agricultural Heritage Systems）的概念。按照联合国粮农组织的定义，全球重要农业文化遗产是"农村与其所处环境长期协同进化和动态适应下所形成的独特的土地利用系统和农业景观，这种系统与景观具有丰富的生物多样性，而且可以满足当地社会经济与文化发展的需要，有利于促进区域可持续发展"③。

　　全球重要农业文化遗产与世界遗产类型中的文化景观十分相似，二者都强调对生物多样性的保护，自然与人类生活的协同进化以及人类对自然环境的适应④。中国是最早参与全球农业文化遗产项目的国家，也是最早入选全球农业文化遗产试点的国家⑤。从现行联合国的农业文化遗产分类来看，大致包括农业景观、农业遗址、农业工具、农业习俗、农业历史文献、名贵物产等内容⑥。这样的分类与我国的农业文化遗产及各类农书所识者并不契合。重要的是，我国农业文化遗产中包含着"天文—地文—人文"为一体的认知性，对应着"天时地利人和"（"利""和"皆从

① 彭兆荣：《遗产：反思与阐释》，云南教育出版社，2008，第2页。

② 赵佩霞、于湛瑶：《中国重要农业文化遗产中梯田类遗产的保护研究》，《古今农业》2018年第3期，第92-101页。

③ 闵庆文：《关于"全球重要农业文化遗产"的中文名称及其他》，《古今农业》2007年第3期，第116-120页。

④ 闵庆文、孙业红：《农业文化的概念、特点与保护要求》，《资源科学》2009年第6期，第914-918页。

⑤ 童玉娥等：《中日农业文化遗产保护利用比较与思考》，《世界农业》2017年第5期，第13-18、215页。

⑥ 高国金：《民国农业文化遗产调查与保护研究》，《山东农业大学学报》（社会科学版）2016年第4期，第7-11、138页。

"禾"），追求着富裕之道、幸福之理（"富""福"皆从"田"）①。也可以这么说，迄今为止，联合国教科文组织的文化遗产类、世界粮农组织农业文化遗产类、我国的"遗产运动"都未将最具"中国特色"的农业遗产的核心价值体现出来。

这提醒我们，我国的农业文化遗产在传承中必须注意三个方面：（1）当代农业文化遗产分类须与我国的农业体系相协作，在此，联合国粮农组织所设定的农业遗产与我国传统的农业文化遗产并不完全吻合，即便是其中所强调的"农业景观"，亦难以囊括我国传统农业中的"五生"（生态、生命、生养、生计和生业）的整体景观。（2）既然我们有自己传统的农业文化遗产体制与形制，就不必削足适履，而要秉持自主原则，不仅要在联合国"遗产名录"中反映中国农业文化遗产之"名录"需求，更要体现中国农业文化遗产独特景观的责任。因此，"并作"乃为其要——即在操作上与世界农业文化遗产体系相配合，同时，更加注重我国自己农业文化遗产发掘、保护与传承的体系与方式。（3）对遗产主体性的充分尊重和利益分享。农业文化遗产的主体包括自然与农民。

与其他遗产类型相一致，农业文化遗产属于一种特殊的记忆形式，也是一种特定的记忆选择。就是说，当某一个地方、某一种类型的农业活态遗产、农业遗址等被确认和确定为遗产时，就意味着它被当作一个特殊物被刻意地"贮存记忆"。农业遗产不是一般记忆，不是"选择性的历史记忆"②，而是"五生"记忆。从根本上说，中国的"社稷历史"就是农业遗产，它除了帮助人们追忆往昔的光荣和荣耀，强化历史的自豪感外，更是生计方式。总体上说，我国传统的农业文化遗产是根据自然的"节气"所形成的农耕范式，24节气故为中式"非遗"。同时，小农经济的持续性、"自给自足"构成中国"三农"的生境实况。对于中华文明而言，土地和粮食永远是第一位，是命根。

笔者建议，在国家文化公园设置上增加农业文化遗产，意义包含以下

---

① 彭兆荣：《脱贫攻坚：中国的致富之路与造福之理》，《学术界》2020年第9期，第66-72页。

② HARRISON D., HITCHCOCK M.(ed.), *The Politics of World Heritage*(Toronto: Channel View Publications, 2005), p.6.

几个特点：（1）配合"乡村振兴"的国家战略；（2）提升农业文化遗产在中华文明中的重要性；（3）将城乡关系置于文化战略的平衡发展的整体布局中；（4）"后脱贫"时代的配置性工程；（5）突显中华民族"天时地利人和"的核心价值。

结语

我国当下的"国家文化公园"实践具有一种实验性，具有明显和明确的工具理性特征。任何一个民族、国家，在其经济发展到一定阶段的时候，特别是解决温饱以后，"文化复振"都是延续性"工程"。放眼世界，几无例外。中华民族的"伟大崛起"必然和必须包含中华文明的"伟大复兴"。这是我们建立"国家文化公园"的历史语境。

作为我国重要的文化遗产，笔者认为"文化公园"并不仅仅是在上述四个重要文化遗产范围和范畴内修建一些"公园"，而是包含着一系列相关的重要价值：一是"文化复振"战略的具体性实践；二是在国际、国内文化遗产的基础上的"本土化"实验；三是"一带一路"的内向化作业；四是以长征为红色线路的"反哺"；五是以四个遗产为基础的"点—线—面"整体布局。此外，笔者建议，增加农业文化遗产的公园建设。"乡村公园"可望，"家园遗产"可待。

（作者彭兆荣系四川美术学院"中国艺术遗产研究中心"首席专家，厦门大学人类学系教授，博士研究生导师）

线性是脉　社稷是魂

——论国家文化公园之"中国范式"

　　线性遗产[①]（Linear Heritage）是联合国教科文组织文化遗产中的一个概念，强调遗产在历史上具有重大价值、重大意义和重大事件的相互关联性与跨区域性。线路遗产（Route Heritage）则是联合国文化遗产的一种分类名称。二者存在着交互关系。中国是世界上线性遗产资源最为丰富的国家之一。然而，迟至2014年，我国才列入线路遗产名录[②]，并同时成为拥有现存世界上最长人工运河与世界最长遗产线路的国家。

　　我国当下所推动建设的"国家文化公园"（黄河、长江、长城、长征、大运河）皆属于线性遗产范畴。作为中华文明的文化遗产，必须与特定的文明体系、独特的文化价值相结合。具体而言，如何将我国的线性遗产、农耕文明与国家文化公园相融合，是判定国家文化公园这一"中国范式"的实验和实践能否成功的重要依据。

---

① 线性遗产由一些独特且空间上不连续的地区组成。这些区域可能靠得比较近，也可能分散得很开。这些区域之间有某些共同之处：属于同一历史文化群体，具有某一地理地带之共性，属于同样的地质、地形样式，或者同样的生物地理群系或生态系统类型，且各部分串联成为的这个整体具有卓越的普遍价值，不要求每一个部分都具备这种卓越的普遍价值。参见：UNESCO, "Operational Guidelines for the Implementation of the World Heritage Convention," http://whc.unesco.org/archive/opguide05-en.pdf.

② 2014年6月22日，第38届世界遗产大会于卡塔尔首都多哈举行，此次大会上中国"大运河"和中国与哈萨克斯坦、吉尔吉斯斯坦联合申报的"丝绸之路：长安—天山廊道的路网"，作为"线路遗产"同时被列入世界遗产名录。

一、"线路遗产"与全球战略

自1972年联合国教科文组织通过《保护世界文化和自然遗产公约》以来，几十年的实践过程，使人们对遗产的认识和认定越来越宽广。同时，对原来确立的文化遗产类型进行了拓展①。人们认识到：历史的关联性和事物的连续性是体现文化遗产"整体性""原真性"两个原则不可或缺的类型。于是，线性遗产（呈线性的走廊、古道、运河等）这一新的遗产类型便应运而生。在1993年联合国教科文组织世界遗产委员会第17届大会上，西班牙圣地亚哥——德孔波斯特拉朝圣之路（The Route of Santiago de Compostela）以"线路遗产"首次列入世界遗产名录②。

此后，线路遗产作为一种重要的文化遗产类型也被确立并逐渐加以完善③。联合国将线路遗产定义为：线路遗产由一些有形的要素组成，其文化重要性来自跨国和跨地区的交换与多维度对话，表明沿线不同时空中的互动④。线路遗产强调人类在历史延续中的文化联系和互动。1982年联合国教科文组织关于文化政策的国际会议就声明，"在文化间的互惠影响中，所有的文化构成了公共继承遗产的一部分"⑤。它也就此成为世界遗产全球战略的重要组成部分。

线路遗产原本涉及超越某一空间、区域和国家的历史交流。1987—1993年国际古迹遗址理事会（ICOMOS）等组织、主持的全球研究计划，

---

① 《保护世界文化和自然遗产公约》中的"文化遗产"分类仅有三种：文物、建筑群和遗址。参见：文化部外联：《联合国教科文组织保护世界文化公约选编》，法律出版社，2006，第36页。

② "Report of The Rapporteur on the Seventeenth Session of the World Heritage Committee," Session Cartagena, Colombia, 6–11 December1993, http://whc.unesco.org/archive/.

③ 彭兆荣：《线路遗产简谱与"一带一路"倡议》，《人文杂志》2015年第8期，第51-56页。

④ "Report on the Expert Meeting on Routes as a Part of our Cultural Heritage," Madrid, Spain, November 1994, http://whc.unesco.org/archive/routes94.htm#annex3.

⑤ 1982年联合国教科文组织在墨西哥城召开"世界文化政策大会"，会议明确把人文—文化发展纳入全球经济、政治和社会的一体化进程。参见："Recommendations adopted by the World Conference on Cultural Policies," Mexico City, 26 July-6 August 1982, http://whc.unesco.org/archive/1982/clt-82-conf015-inf4e.pdf.

揭示了既往世界遗产名录中的裂痕和失衡情形，特别是欧洲的古镇、宗教历史建筑、基督教等单一性历史（相对于更为多元、复杂的历史）、精英建筑（相对于乡土传统建筑）、物质形态遗产（相对于"活态文化"）过度的情况。为了统筹兼顾不同国家、地区、民族和不同类型的遗产，特别是交流与交通方面的历史情形，1994年世界遗产委员会召集了"全球战略"主题研究的专家会议①，从此展开了庞大的全球战略。同时，这也是一个源自国家的理念②国际化的重要过程。2005年2月《实施〈保护世界文化和自然遗产公约〉的操作指南》再次改版，以表达对世界遗产新的理解，新版操作指南融合了自然和文化评选标准，突出了自然和文化遗产作为一个连续性整体目标：将自然和文化遗产一起传给未来。

"线路遗产"的核心在于"文化线路"，它突出地表现为文化遗产已经从"点面的""静态的""历史的""有形的""经典的"扩大到点线面结合、静态与动态结合、古代与近代结合、有形与无形结合、神圣与世俗结合、经典与民间结合的类型范围。文化的核心在于互惠交流。人类通过各种"线路"进行文化交流，强调的正是"线路文化"③。我国的非物质文化遗产中有许多类型，特别是那些民间的、民俗的、民族的非文字传承或技艺，其传承方式与不同地理、区域、民族、族群之间的交流存在关联。这种交流、采借、互动，通过不同的地理、地域、地缘的连续性传承，一方面既结合本地区、本民族的生态环境和文化取舍，在原来的基础上产生

---

① "Expert Meeting on the 'Global Strategy' and thematic studies for a representative World Heritage List," UNESCO Headquarters, 20–22 June1994, http://whc.unesco.org/archive/global94.htm#debut.

② 将文化和自然遗产保护联系起来的想法源于美国。1965年，美国白宫的一次会议上，呼吁创立"世界遗产信托基金"，以刺激国际协作为今天的全体世界公民及其子孙后代保存世界上顶级的自然、风景区和历史遗址。1968年，世界自然保护联盟（IUCN）的成员也提出了类似的提议，该提议于1972年提交给在斯德哥尔摩举行的联合国人类环境大会。后来，成员国同意通过一个单独的公约草案文本，即1972年的《保护世界文化和自然遗产公约》，该公约通过保护文化和自然两种遗产，警醒人们自己是与自然互动的，保持二者间的平衡是根本的要求。参见："WHC Brief History," http://whc.unesco.org/pg.cfm? cid=169.

③ 哈登：《艺术的进化：图案的生命史解析》，阿嘎佐诗译，王建民审校，广西师范大学出版社，2010，第54-56页。

变形，甚至出现新的表现形式；另一方面成为其相邻地区、民族的传承源，即被交流和采借的对象形式。文化遗产就这样在"线路上"历史性地形成。

　　任何文化线路都有其原始语境、过程理由和逻辑依据。中华民族多元一体格局，从"自在"到"自觉"，经历了几千年的漫长过程①，积淀和积累了大量的线路遗产，比如"丝绸之路"（包括陆路与海上）为世界所瞩目。大致上说，我国线路遗产中的"线性"糅入了中华民族独一无二的特性与价值，包括：（1）"理"之于"道"，"线路"之要在于"道路"。《说文解字》云："路，道也。"②本义为道路上的出发、抵达和返回，亦可比喻追求。（2）"理"为哲理之渊薮。"理"与"德（道德）"同化，而以"道"为名的哲学，寰宇之内惟中国的道家。"道教"视"道"为化生万物之本原。（3）"天道—人道"之合。中国自古有"天道—人道"之谓，《左传·昭公十八年》曰："天道远，人道迩，非所及也。"③以"天道"命"人道"历来为政治地理学上的依据。（4）认知性"一点四方"。围绕着"中心"（中土、中原、中央、中心甚至中国，皆由此意而衍出）朝贡线路也成了帝国政治的线路空间结构，中国第一部地理专著《禹贡》阐述了此番道理。（5）治理与管理特色。历史上的行政区划中，"道""路"也都成为特殊的区域管理性指代，体现在特定的政治形制之中，以"道（伦理教化）"治理"道（行政单位）"。（6）类型多样。历史上的线路遗产类型非常丰富：单是"丝绸之路"就有陆路、海上、南方等，此外还有诸如"民族走廊"（西北走廊、南岭走廊、藏彝走廊）④、茶马古道、茶叶万里路、华人华侨移民、红色线路等等。（7）混杂性"线性"。近代以降，我国传统意义上的线性遗产与西方文明的交流、冲突、抵触、合作、融合等而产生的混合性景观，包括殖民主义扩张所留下的线路遗产。（8）线路与交流圈。文化与物流通过特殊和特定的传播渠道与方式，尤其是水路与流

① 费孝通：《中华民族多元一体格局》，中央民族大学出版社，1999，第3页。
② 许慎：《说文解字》，中华书局，1963，第48页。
③ 杨伯峻：《春秋左传注》，中华书局，1981，第1395页。
④ "民族走廊"的概念由我国著名人类学家费孝通先生于20世纪80年代提出并逐渐完善。参见：秦永章：《费孝通与西北民族走廊》，《青海民族研究》2011年第3期，第1-6页。

域性传播，形成了独特的交流圈、文化圈。比如，东亚的稻作文化圈、礼俗文化圈、饮食文化圈等。

线路遗产的本质特征在于"文化线路"。因此，线路遗产与文明类型、文化交流形成了互动关系。在许多情况下，文化的"无形"凭附物质流通之"有形"——"文化"附着于"物流"。正因为如此，历史上的线路遗产大多以特定的"物"为标识而命名之①。"物"的交流与交换除了利益和利润的商品交易原理外，文化的互惠至为重要。这也是"物"作为"财产"，即可物化、可交换、可增值的存续理由；符合人类学"礼物"研究之原理。这种互通有无、互惠互利的经济法则自古存续，大量的世界民族志材料为此提供了"普世原则"，如在新石器文明遗迹中的一些现象仍可在现代社会的某些生活习俗中反映出来②。而人类社会普遍存在的礼物"整体馈赠"制度，即"氏族、个人以及群体相互间的交换关系，是我们可想象和观察到的古老经济和法律制度的原型，这才是产生交换关系的基础"③。换言之，经济与文化"联袂出演"从来就是历史表演的主角，线路遗产其实就是历史上文化交流、货物交换的出演实景。

概而言之，"线性遗产"指历史上因特定的文化线路所形成的特殊文化遗产，是自然与人文在地理上留下的特殊遗续。国家文化公园是建立在线性遗产上的"国家工程"，必须突出这一重要的纽带关系。历史上的文化交流与交通，无论是人、事、物皆呈现于点—线—面的整体互惠之中。

二、农耕文明与嘉禾之诉

中华文明总体上属于农耕文明。"社稷"作为古代"国家"的指称正是突出了"土地（社）粮食（稷）"这一本质特征。在农耕文明中，"禾"

---

① 除了"丝绸之路"外，还有诸如"丝瓷之路""香料之路""陶瓷之路""香瓷之路"等不同的称说。参见：王连茂、丁毓玲：《福建海上丝绸之路研究的思考》，载陈达生、王连茂主编《海上丝绸之路研究：海上丝绸之路与伊斯兰文化》，福建教育出版社，1997，第206页。

② MARCEL MAUSS, *The Gift: The Form and Reason for Exchangein Archaic Societies*, trans. W. D Halls（London and New York：Routledge, 1990），p.72.

③ MARCEL MAUSS, *The Gift: The Form and Reason for Exchangein Archaic Societies*, trans. W. D Halls（London and New York：Routledge, 1990），p.70.

为代表。古代"禾"有泛指和特指之分，泛指为谷类的总称，特指为稻子。故"禾"与"谷"常连缀，属于"稷"的范畴。特别强调的是，稻禾起源于我国，附载了大量中华文化的因子，"和"（中和、祥和、和平、和谐等）与之有涉。《说文解字》曰："禾，嘉谷也。二月始生，八月而熟，得时之中，故谓之禾。"①这一特殊的文明因子与文化因素积淀在历史的线性遗产中，表现出的"华夏智慧"不仅延续至今，而且惠及全球。

从古至今，无论历史上的帝王或政治领袖在统治和管理国家的理念与方略上有何不同，差别有多大，但有一点是共同的：都继承以农为本的圭旨，都要亲自祈谷，或躬耕，或亲临稻田（藉田）②。我国许多地方还保存着古代天子祈谷（于上苍）或躬耕（帝籍传统土地）的建筑，如北京明、清宫殿建筑中的左祖（祖庙）、右社（社稷坛），天坛的祈年殿，地坛的方泽坛，以及先农坛的观耕台等，皆表明国家"社稷"之本③。换言之，中华文明表现出一个鲜明的本质特征——在"农本"基础上的"重农""先农""固农""惜农"的历史脉络，以及"以农为正（政）"所反映出的国家本位。因此，形成了独一无二的以农耕文明为主线的线性遗产。

中国幅员辽阔，南北的地理地貌差异甚大，农业也呈现出复杂性与多样性。大致的情形是：北方"旱地"，南方"湿地"，农作物也就不同。比如，人们常说的"北方麦作、南方稻作"。稻和粟，一个被称为大米，一个被称为小米；一个产自南方，一个产自北方（当然不能绝对言之，北方也有水稻种植的考古证据和历史记述，即使在今天，北方有些地方仍然种植水稻）。汉字中的"禾"，更多指的是植株。谷，则是稻所结之实。谷脱壳之后，称为"米"。只是由于稻米的颗粒较粟米大，所以称稻米为大米，称粟米为小米④。

水稻的主要产区在南方，特别是长江流域。南方多沼泽的地形为人们提供了水源充足的天然稻田。因此，在中国北方，比如"中原"所指的范

---

① 许慎：《说文解字》，第144页。
② 彭兆荣：《乡土社会的人类学视野》，中国社会科学出版社，2021，第211–227页。
③ 庞乾林、林海、王志刚、王磊：《稻文化的再思考（4）：稻与粮政——改革开放前》，《中国稻米》2014年第2期，第40页。
④ 曾雄生：《中国稻史研究》，中国农业出版社，2018，第3页。

围，即"一点四方"之"中"，主要作物为旱作物，水利对于它们不像对种植水稻那样重要①。至于"北方麦作"的物种非源自中华本土，小麦、大麦为外来作物。专家考证，我国古代谷物从"禾"旁，唯"麦"从"来"旁，说明其为外来②。大约4000年前，小麦从西亚传入了中国，并在中原腹地推广，因为小麦产量是粟的数倍，小麦逐渐替代粟成为整个中国北方地区主要的粮食作物③。也就是说，"麦作"的起源不在中国。

值得骄傲的是，水稻作为"稻作"文明起源于中国，这是世界公认的④。1992年，中美两国的农业科学家在江西调研，"美方于1996年及1998年已发表两次报告，证实长江中游是世界栽培稻及稻作农业的摇篮，江西万年仙人洞等遗址的居民距今一万六千年前已以采集的野生稻为主要粮食，至晚距今九千年前被动定居的稻作农业业已开始"⑤。对于中美联合调查的材料，学者们在使用时有不同的说法。相关资料显示，稻的栽培历史可追溯到公元前16000—公元前12000年前的中国湖南。1993年，中美联合考古队在道县玉蟾岩发现了世界最早的古栽培稻，距今12320±1200～14810±230年⑥。无论具体的地点在哪里，"长江中下游"可以统纳。这也说明稻作文明首先在长江流域传播，稻作文明从一开始就具备了线性遗产的特性与特征。

与水稻起源相映衬的是，中国第一部关于水稻的专书《禾谱》是由江西泰和人完成的。《禾谱》共五卷，也是迄今所见中国最早的水稻品种志。作者是北宋时期的泰和人曾安止。《禾谱》第一部分对水稻的"总名""复名""散名"做了分析，清晰地指出古今水稻名实之间的联系与差别。特别是作者能对古今水稻的异名进行辨析，比较古今水稻品种之间生物学特性

---

① 许倬云：《汉代农业：中国早期农业经济的形成》，程农、张鸣译，邓正来校，江苏人民出版社，2012，第3页。

② 李根蟠：《中国古代农业》，商务印书馆，2005，第28页。

③ 庞乾林、胡培松、林海、王志刚：《稻文化的再思考1：无粮不稳之稻与社稷》，《中国稻米》2013年第3期，第24页。

④ 许智宏：《为什么要研究转基因》，《人与生物圈》2018年第6期，第7页。

⑤ 何炳棣：《黄土与中国农业的起源》，中华书局，2017，第1页。

⑥ 游修龄：《中韩出土古稻引发的稻作起源及籼粳分化问题》，《农业考古》2002年第1期，第101页。

的差异。在记载水稻品种时，此书也并非简单地记录名称，而是对水稻的生育期、外形、原产地等均有记载，现存《禾谱》载有籼粳稻21个（其中早稻13个、晚稻8个），糯稻25个（其中早糯11个、晚糯14个）共46个，加上被删削的，共有56个。《禾谱》所记稻品，以泰和地区（"泰和"古有"嘉禾"之称）为主，又并非一地所专有。现存《禾谱》中有8个品种分别见于南宋8种方志。《禾谱》所记稻品，还反映宋代水稻品种资源发展的历史。

似乎是历史的巧合与契合，中国第一个革命根据地——井冈山革命根据地就建立在同一地区，长征的起始地也在同一区域，中国共产党的红色线路遗产——长征也从那里开始。2008年10月14日，习近平同志在江西调研时还专程到江西泰和县禾市镇熊瓦村考察，并下田与收割稻谷的农民一起打稻谷，与老表们拉家常，详细了解村民的生产生活情况。2009年9月24日，李克强同志到泰和县禾市镇丰垅村粮食高产示范田调研，与当地农民谈论水稻栽培、水稻品种的情况。

概而言之，中华文明总体上属于农耕文明，"农正"是国家头等事务，亦为"政治"之渊薮。作为中华文明的"文化基因"，尤以稻作文化而昭彰天下，惠及寰宇。稻作文明所形成的线性遗产不仅反映在长江中下游的许多重要遗址（如良渚遗址）中，也与北方（如红山文化遗址）遥相呼应，更在东亚形成了历史的交流圈，呈现出良性的互惠与互动。

三、社稷国家与文化公园

2019年，《长城、大运河、长征国家文化公园建设方案》出台，后陆续增加了黄河、长江等国家文化公园。对于中华民族而言，黄河、长江、长城、长征、运河等都是特殊的"线性"遗产，包括文明的起源、历史的见证、文化的瑰宝、朝贡的货物、红色的线路等。正因如此，在做这一工程设计时，需要通过一系列实践和实验活动，注入一些具有重要历史意义的连续性价值于公共活动或文化遗产中，使得"传统"得以在特定的语境中延续性地发挥作用①。建设国家文化公园具有明显的"工具理性"特征，

---

① 埃里克·霍布斯鲍姆、特伦斯·兰杰编《传统的发明》，顾杭、庞冠群译，译林出版社，2004，第1-2页。

即通过制定政策、组织实践活动的方式以发挥特殊效益，借此注入特定的价值，实现既定目标[①]。

"国家文化公园"概念为国内首创。对于这一概念，目前尚无统一定义，学术界有一种代表性观点认为"国家文化公园是国家公园的一个分支"[②]。笔者认为并不尽然。定义是否统一并不重要，重要的是，核心价值的贯彻与特色模式的创新。"国家文化公园"与"国家公园"（National Park）的差别很明显。首先，前者以"文化"为核心价值，后者以"自然"为核心价值。以"国家公园"为例，世界上第一个国家公园是美国的黄石公园，1872年3月1日正式命名。其核心思想和主导价值是"荒野"（Wilderness）。经过150年历史的摸索和发展，形成模式向世界推广。其次，前者是"点状性"的，后者则是"线状性"的。

相比较而言，"国家文化公园"中的"文化"同样需要核心思想和导入价值。由于国家文化公园并无先例和模型可以移植，需要我们根据中华民族独特的历史文化价值进行创造性的"发明"。"国家公园"是一个借用概念，无论是历史的范本还是主导价值，都是移植的产物。所以，"国家文化公园"更需要建立具有"中国范式"的理论和理念，前提是，将中华文明的传统价值和核心理念铸就其中。笔者的总结为：线性遗产是脉，农耕社稷是魂。二者形成一个"十字架"构造。

不言而喻，线路遗产中的"线路文化"以移动、变迁、变通、交通、采借、互动、涵化[③]、变异等复杂多样的因素融合而成。在后殖民理论中，行动（包括移动、置换、旅行等）理论的去中心特征和新的空间定位（混合性空间）已经成了批评的核心。跨域文化（Translocal Culture）[④]由此更加凸显其价值。今天，当边界（Borders）获得一种似是而非的中心地位，

[①] 彭兆荣：《文化公园：一种工具理性的实践与实验》，《民族艺术》2021年第3期，第107-116页。

[②] 博雅方略研究院：《建设国家文化公园彰显中华文化自信》，《中国旅游报》2020年1月3日第16版。

[③] "涵化"是文化人类学的一个概念，指涉文化交流与变迁的关系与状态。作为文化变迁的一种主要形式，"文化涵化"是指异质的文化接触引起原有文化模式的变化。

[④] JAMES CLIFFORD, *Routes: Travel and Translation in the Late Twentieth Century* (Cambridge: Harvard University Press, 1997), p.41.

发生于边际（Margin or Edge）或线路上（Lines）的交流出现了新的方式，它不同于既往所指涉的线性轨道（从文化A到文化B），亦不同于混合（Syncretism）所暗含的两个文化系统的叠加，而是起始于一种历史性接触，产生全新的文化空间的交流带。国家文化公园也需要将历史的"线性"与现实的"语境"相结合。

简言之，线路遗产在理论上与"跨域文化"具有共通性，其中包含着各种不同文化的交流、借助与传播。线路遗产的核心在于互惠交流，人类通过各种方式的"线路"进行文化与物质交流。文化遗产作为交流的产物，形成了文化遗产的多样性，包括不同的类型，特别是那些民间的、民俗的、民族的非文字传承，或技艺，其传承方式与不同地理、区域、民族、族群之间的交流存在关联，而且这种交流、采借、流传通过不同的地理、地域、地缘连续性地流传，又成为其相邻地区、民族的传承源，形成了"你中有我、我中有你"的文化簇（Cultural Complex）[①]。

遗产主要指过去留下的"财产"，但人们今天所使用的"遗产"概念却是新的，是世界遗产事业的产物[②]。笔者以为，只要在中国，即使不在国家文化公园建设的规划中专设农耕文明型文化公园，也务必要嵌入这一历史性主导价值；否则会有舍本求末之嫌。原因是，与遗产类型相对应，中国最大宗的、最有代表性的遗产，不是单纯的黄河、长江、长城、长征、大运河等名录，而是与农业遗产相结合、相契合、相融合的线性典范遗产。就像埃及文明，如果不是尼罗河与农业的源生、原生、缘生关系，便难以成就"古埃及文明（尼罗河文明）"。同理，我国是一个以农耕文明标榜世界的"社稷"国家。联合国世界粮食计划署代表就曾经称我国的农业为"世界一大奇迹""中国第二长城"[③]。2002年，联合国粮农组织启动了"全球重要农业文化遗产"（Globally Important Agricultural Heritage

---

① "文化簇"，亦称"文化丛"，是文化人类学的一个概念，指在特定的时空中产生和发展起来的一组功能上相互联结、整合的"文化特质集合体单位"。参见：陈国强：《简明文化人类学词典》，浙江人民出版社，1990，第75页。

② 彭兆荣：《遗产：反思与阐释》，云南教育出版社，2008，第2页。

③ 赵佩霞、于湛瑶：《中国重要农业文化遗产中梯田类遗产的保护研究》，《古今农业》2018年第3期，第92–101页。

Systems）项目，始在世界遗产系统中加入了"农业文化遗产"（Agricultural Heritage Systems）的概念。

中国是最早参与全球农业文化遗产项目的国家，也是最早入选全球农业遗产试点的国家①，其中的道理不言自明。从现行的联合国的农业遗产分类来看，大致包括了农业景观、农业遗址、农业工具、农业习俗、农业历史文献、名贵物产等内容②。这样的分类与我国的农业遗产及各类农书所识者并不契合。重要的是，我国农业遗产中包含着"天文—地文—人文"为一体的认知性思维，对应着"天时地利人和"（"利"与"和"皆从"禾"）的知识形制，追求着富裕之道、幸福之理（"富""福""理"皆从"田"）的现实目标③，形成了传统的社稷国家治理形制，这一农业遗产的"中式道理"足可张扬天下。所以，国家文化公园也要将这些中式农耕文明的特性、特色、特点呈现出来。

这提示我们，国家文化公园须以文化线性遗产为主轴，并衬托农耕文明的脉络。具体需注意三点：（1）在国家文化公园的线性文化遗产中注入并突出农耕文明的"文化底色"，尤其注重和体现我国传统农业中的"五生"（生态、生命、生养、生计和生业）的整体关系。（2）既然国家文化公园要配合我国传统的农业遗产体制与形制，就要秉持自主原则；不仅要在联合国"遗产事业"的全球战略中体现"中国范式"，更要呈现中华民族农耕文化的独特景观价值。（3）对作为国家文化公园这一糅合了复合性文化遗产的新生事物，需要强调对遗产主体性的充分尊重和利益分享，特别是那些线性文化遗产沿线与周边民众的利益。因为，他们是那些文化遗产的创造者、牺牲者、守护者和传承者。

与其他遗产类型相一致，作为与遗产相契合的一种形制，国家文化公园属于一种特殊的记忆形式，也是一种特定的记忆选择。这意味着它被当

---

① 童玉娥、熊哲、洪志杰、郭丽楠：《中日农业文化遗产保护利用比较与思考》，《世界农业》2017年第5期，第13-18页。
② 高国金：《民国农业文化遗产调查与保护研究》，《山东农业大学学报》（社会科学版）2016年第4期，第7-11页。
③ 彭兆荣：《脱贫攻坚：中国的致富之路与造福之理》，《学术界》2020年第9期，第66-72页。

作一个特殊物来刻意地"贮存记忆"。农业遗产不是一般记忆，不是"选择性的历史记忆"[①]。国家文化公园之所以在今天被选择和提出，除了有特殊的历史语境外，还有根据独特的历史记忆和遗产存续资源所进行的符合历史脉络的"创新"。中国是一个"社稷国家"，它除了帮助人们追忆往昔的光荣和荣耀，强化历史的自豪感外，更是生计需求。对于中华文明而言，土地和粮食永远是第一位的，是命根。过去如此，现在如此，未来还将如此。国家文化公园如果不突出"社稷""乡土"，或有悖常理之嫌。

概而言之，中华文化，悠悠历史，泱泱大国，浩浩山河。文化公园与社稷国家无论在名义上，还是内涵上都一脉相承。"农本"既是"正事（农正）"，亦为"政务"；既是历史的文化遗产，又是祖先为我们留下的财富。我们没有理由不把她传承好。

结语

如果说我国的"一带一路"是配合丝绸之路的线路遗产而设计的"外向型"国家倡议，那么，"国家文化公园"在某种意义上说，是结合我国丰富的线性遗产资源，利用中华民族特色性的文明与文化而设计的"内向型"国家工程。所不同的是，国家文化公园凭借的是数千年农耕传统所延续和演化的线性遗产。虽然现在的五大国家文化公园在内涵与特色方面呈现许多差异，但都与农耕文明类型，与社稷国家历史存在脉络上的缀合与关联，我们需要在国家文化公园这一创新性重大项目中融之、贯之、嵌之、契之。

（作者彭兆荣系四川美术学院"中国艺术遗产研究中心"首席专家，厦门大学人类学系教授，博士研究生导师）

---

① DAVID HARRISON, MICHAEL HITCHCOCK, *The Politics of World Heritage: Negotiating Tourism and Conservation*（Clevedon：Channel View Publications,2005）, p.6.

国家文化公园建设的三个维度

    2021年3月，建设长城、大运河、长征、黄河等国家文化公园作为国家实施中华优秀传统文化传承发展的文化工程，被纳入《中华人民共和国国民经济和社会发展第十四个五年规划和2035年远景目标纲要》。从文化治理的视角来看，国家文化公园建设是国家借助公园这一空间形态，发挥文化的隐性治理功能，推动优秀传统文化在当下的传承、发展和创新。英国文化理论家托尼·本尼特认为，治理是一种审美地塑造主体的技术，文化与权力相结合产生的公共文化机构充当了文化艺术领域的公民管理机构。国家文化公园正是以国家重要文化标识进行象征价值建构、以文化为核心进行多向统筹、以公共空间形式进行在地化实施的文化治理机构。国家文化公园这一文化治理机构的建设可具象化为在特定公共文化空间中实现有效文化治理的过程。国家性、协同性与在地化三重维度客观上契合了文化治理的内在要求，并且为从宏观到微观、从中央到地方推进国家文化公园建设，提供了价值建构、全局统筹和落地实施的逻辑遵循。

一、国家性：国家文化公园建设的建构维度

（一）国家性是国家文化公园的第一属性和本质特征

    国家性是指国家主权的彰显、国家角色的在场、国家特征的展现以及国家认同的激发。一方面，国家文化公园是由国家提出并实施建设的重大系统工程，国家文化公园建设依赖国家顶层设计与统筹规划；另一方面，国家文化公园设计、规划、建设、运营的根本目的是彰显国家精神，保护

传统文脉，塑造民族品格，最终使国家文化公园成为中华优秀传统文化的重要标识和国家文化创造的象征。国家性是不同国家文化公园之间最根本的通约性。各国家文化公园虽主题不同，但都积淀着底蕴深厚的传统文化和奋发向上的革命文化，在不同时期熔铸了催人奋进的国家精神，塑造了坚忍不拔的民族品格，从而成为中华民族共同的文化符号。

(二)国家性建构是国家文化公园建设的首要任务和根本归宿

在当前各种文化形态加速流变、大众文化消费语境不断嬗变的背景下，国家文化公园建设通过整合沿线区域文化资源，在国家维度上打造主题明确、内涵清晰、标识统一的公共文化空间载体，更好地实现文化层面上国家形象的建构、展示和传播，形塑主流价值观念，培育公众文化认同，提升民族文化自信。国家文化公园是不同地域民众之间的文化连接纽带，也强化了民众与国家之间的文化情感联系。国家文化公园所融入、展示、传播的文化意象，能够使身处其中的人们感受到传统文化的凝聚力、革命文化的感召力和现代文化的生命力。人们能够在对文化的感知和理解中，形成共同的群体认同、身份符号和文化记忆，从根本上推动着人们个体化的文化思想意识上升为国家共同体意识。对公众而言，国家文化公园的国家性建构并非文化意识形态的强制性灌输和刻板化规约，而是通过对国家文化系统的阐释和民族文化基因的传承进行的潜移默化的影响以及情感认知的重构。

(三)公众参与是国家性建构的关键

国家文化公园由国家认定，采用自上而下的建设模式，充分体现了国家主权和"国家在场"，但国家性建构更体现在公民与国家关系的处理上。国家文化公园是造福于民的文化工程，整个建设过程与公众息息相关，公众角色的进入和公众力量的参与是至关重要的，这也是国家认同得以形成的重要原因。公众应该是国家文化公园的共同建设者、运营维护者和功能享有者。因此，要大力开展国家文化公园的宣传工作，及时向公众传递和沟通相关信息，使国家文化公园建设得到广大民众的理解、支持和积极参与。在建设过程中，应知悉公众诉求，兼顾普通大众的合理利益；同时，还可通过建立必要的激励机制和参与机制，调动文化和旅游等各类相关企业、社会各界人士、志愿团体等，参与国家文化公园的建设。

二、协同性：国家文化公园建设的统筹维度

（一）协同性是保证文化完整性的客观要求

国家文化公园呈现出跨区域的空间形态，每个国家文化公园的建设都涉及多个省市区。

从文化分布的横向空间来看，国家文化公园的建设范围涵盖了多种文化类型。例如，黄河国家文化公园的建设涉及沿线9个省区，按照流域划分，涵盖了藏文化、巴蜀文化、关陇文化、回族文化、河套文化、三晋文化、中原文化、齐鲁文化等多种文化类型。黄河国家文化公园必然是多层次、融合性、丰富多元的文化空间。

从文化发展的纵向谱系来看，建设国家文化公园要兼顾传统文化的传承、革命文化的弘扬，以及当代先进文化的阐释，注重文化的多样性、层次性和文化序列的完整性、延续性。因此，要整合国家文化公园沿线区域的文物和文化资源，实现多元文化的集成、阐释和传播。既要依循时空双重维度，充分挖掘国家文化公园建设范围内的各类文化资源，又要根据不同文化的禀赋特点，创新文化呈现、解读、传播的手段与媒介，从而使得丰富多元的文化既汇聚于共同的国家文化公园主题之下，又各放异彩，展现出多层次的文化内涵。

（二）协同性是彰显多元化特质与复合性功能的内在要求

国家文化公园依托国家重大文物和文化资源建设，具备文化保护传承利用、公共文化服务、国家形象塑造、实施文化治理等多重功能，是一个规模庞大、体系复杂、多维立体的文化空间。

一方面，国家文化公园建设应实现文化保护、传承、利用、创新等多重目的的系统性协同。国家文化公园内部的管控保护区、主题展示区、文旅融合区和传统利用区等各类功能区的建设不是割裂的，而是在同一文化发展链条下实现的从保护传承到合理利用的延伸。在建设时，只有统筹规划国家文化公园的多重功能，建立起不同功能区之间的合作与协调机制，才能保证文化价值的完整性彰显和创造性实现。

另一方面，国家文化公园建设是以文化资源共享为核心的有效联动，是实现建设区域内各类文化和自然遗产资源的系统性、整体性保护的创新性尝试。搭建统一的信息共享平台、资源管理平台和宣传推广平台，是促进国家文化公园整体价值实现的重要举措。

（三）协同性是统筹推进国家文化公园建设的现实要求

国家文化公园建设是一项综合性的公共文化工程，涉及跨区域协同、跨部门合作、多主体协调等方面的问题，既要处理好原有规划、法律、法规与拟订规划的有效衔接，还要处理好各地资源禀赋、人文历史、区位特点和公众需求等层面的统筹协调工作。因此，需要统一编制各个国家文化公园的规划方案，并在此基础上对国家文化公园跨涉地域分段作出具体规划，明确不同地区和部门在国家文化公园建设中的具体目标和任务，避免功能定位不清晰和重复建设带来的资源浪费。根据国家文化公园的建设需要，在文化和旅游部的协调下，以省为单位统筹各类资源的投入和配置，充分发挥各方优势，在全国范围内形成建设合力。还要树立整体性思维，推动形成以政府为主导，各级政府部门、研究机构、市场主体、社会组织等力量广泛参与的网络化结构，构建层次分明、权责清晰的组织管理体系。

三、在地化：国家文化公园建设的实践维度

（一）在地化凸显地域文化特色

在地化概念强调本土化立场，是指特定事物与本土文化生态的契合。国家文化公园是兼具共通性与独特性的公共文化产品，既凸显整体标识，代表国家形象，又有着特定主题和内涵。例如，长征国家文化公园以红色基因传承、红色文化传播为总体基调，黄河国家文化公园以讲好黄河故事、弘扬黄河文化为核心思想。主题不同，意味着国家文化公园建设需要深刻把握地域文化的独特内核，体现文化的丰富内涵，要把国家文化公园与特定地域的关系、不同地域的文化特点充分考虑在内。国家文化公园的核心是文化建设，只有根植于富有特色的地方文化，逐步建立起国家性宏大叙事与地方性特色故事之间的关联，国家文化公园建设才能拥有内生性

的文化动力。

(二)记忆场所建设是在地化的主要方式

国家文化公园在地化建设的过程，也是文化记忆建构和场所化实践的过程。文化记忆赋予国家文化公园更为丰富的地方意义，也是赋予情感价值的重要元素。因此，国家文化公园在地化建设要以文化记忆为纽带，进行地方性文化记忆场所的保护、建设与传承利用。法国历史学家皮埃尔·诺拉指出，记忆场所是同时具备实在性、象征性和功能性的场所。国家文化公园建设不仅要通过文化记忆的融入与建构，建设仪式化、规模化的文化空间，还要注重保护利用贴近大众生活、承载地方性集体记忆的记忆场所。通过在国家文化公园内部建立多层次的记忆场所网络，使国家文化公园与地方文化和大众文化生活建立密切关联，让国家文化和国家话语得以在地化诠释与传播，从而实现共同文化身份的塑造和民族文化认同感的激发。

(三)在地化保证国家文化公园的建设实施

在地化进一步要求符合地方需求的建设，在地化的实践是国家文化公园建设由基本理念转化为具体行动的关键。2019年12月，中共中央办公厅、国务院办公厅印发的《长城、大运河、长征国家文化公园建设方案》明确提出要构建中央统筹、省负总责、分级管理、分段负责的工作格局。这就决定了国家文化公园建设的具体任务要落实到不同地区，依赖各地方进行具体推进。同时，国家文化公园的建设要满足公众需求、得到群众认可，并经得起时间考验，就要反映在地化的特点，在总的建设原则下解决公众的公共文化关切和需求。

国家文化公园建设任务由各省分段推进。不同省段的建设要关照当地的自然环境、资源禀赋、人居环境、配套设施等基础条件，努力创设更加积极有利的建设条件，形成特色的在地化建设模式。此外，国家文化公园的在地化建设实践还要注重与建设区域相关国家战略、区域发展战略、城市规划、重大工程建设的实施相结合。例如，大运河国家文化公园建设与大运河文化带保护传承利用规划相配合，黄河国家文化公园建设充分结合黄河流域生态保护与流域高质量发展战略。

结语

在加快推进社会主义文化强国建设的背景下，国家文化公园建设不仅是推进中华优秀传统文化科学保护、世代传承、合理利用的新尝试，也是讲好中国故事、完善文化治理的新举措。国家性、协同性与在地化三个维度既构成了建设国家文化公园的内在要求，也提供了一个可以遵循的建设性逻辑框架。深刻把握这三个维度的内涵，深化价值内核，做好全局统筹，处理好各方关系，才能确保国家文化公园建设事业有序推进。

（作者系白栎影、王秀伟。白栎影系中国海洋大学文化产业系硕士研究生；王秀伟系中国海洋大学文化产业系副教授，国家文化和旅游研究基地研究员）

国家文化公园建设应处理好五对关系

"国家公园"这一概念最早在美国提出，世界上最早的国家公园是1872年建成的美国黄石国家公园，而"国家文化公园"的概念则是我国首创。2019年7月，中央全面深化改革委员会审议通过《长城、大运河、长征国家文化公园建设方案》，为国家文化公园建设确定了实施路径。2020年10月，《中共中央关于制定国民经济和社会发展第十四个五年规划和二〇三五年远景目标的建议》也明确提出，要建设长城、大运河、长征、黄河等国家文化公园。2022年1月，国家文化公园建设工作领导小组印发通知，长江国家文化公园建设正式启动，国家文化公园的数量从4个上升为5个。国家文化公园是国家推进实施的重大文化工程，在建设过程中应处理好以下五对关系。

一、处理好"点"和"线"的关系

"求木之长者，必固其根本；欲流之远者，必浚其泉源。"国家文化公园作为国家级的文化公园，其关注点不能只局限于一个景点、一个场所，甚至一个区域，而应注意在"浚源"中"固本"——不仅要由点到线、以线串点，还要看到纵横交叉的线所形成的更多内涵丰富的点。

以黄河国家文化公园为例，习近平总书记曾经讲过，黄河流域在历史上有3000多年是全国的政治、经济、文化中心，孕育了河湟文化、河洛文化、关中文化、齐鲁文化。河湟谷地是黄河流域人类活动最早的地区之一，文化极其丰富，发生过一系列对中华文化有重大影响的历史事件；同时，因其地处中原通往中亚、西藏的通道上，也成为中原文化、印度文化、阿拉伯文明的交汇点。从青海东大门民和县一路往西，经西宁直至青海湖畔，这条长达300多公里的风景长廊之内，有塔尔寺传颂着藏传佛教格鲁派创始人宗喀巴的故事，有王洛宾音乐艺术馆诉说中国歌王的传奇人生，有原子城纪念馆讲述我国第一颗原子弹、氢弹的诞生，有张承志的小说《北方的河》写过的彩陶……把这些点串起来，就是一条不可多得的文旅融合精品线路。

再如长城国家文化公园。以辽宁为例，要建好长城国家文化公园，就不能只讲辽宁那一段，而应关内关外"一盘棋"：从嘉峪关讲到山海关，再讲到虎山长城、葫芦岛九门口水上长城；从1644年"一片石之战"讲到郭沫若的《甲申三百年祭》；从1924年直奉军阀混战讲到1948年辽沈战役葫芦岛增兵……

又如建设长征文化公园。"血战湘江"段，可以围绕易荡平、陈树湘的牺牲等故事打造一条自驾游线路；"四渡赤水"段，可以打造成一条旅游环线，让游客了解整个决策过程；"遵义会议"段，可以把前面的通道会议、苟坝会议等一系列会议串起来，打造一条体验红军命运转折的旅游线路。

还有大运河国家文化公园，不仅可以把运河沿线的点串起来，而且可以与长江、黄河、长征沿线串起来，从而又形成很多的点。总之，既要有点，还要有线，"串珠成链"，把这些点和线的关系都摆布好、处理好。

二、处理好"古"和"今"的关系

鲁迅在《花边文学·又是"莎士比亚"》里写道："真的，'发思古之幽情'，往往为了现在。"其深刻揭示了"古"和"今"的辩证联系。在国家文化公园建设中注意处理好"古"和"今"的关系：一方面，不能"为古而古"，保护古迹、爱护文物、继承传统、传承文化不是简单仿古，更不能去人为"造古"；另一方面，要注意"今"的内容，即关注沿线或流经区域在新中国成立后、改革开放以来，尤其是党的十八大以来，发生了哪些天翻地覆的变化，涌现出哪些可歌可泣的故事，铸造了哪些必将载入中华民族史册的伟大精神，要把这些"今"的内容也融入国家文化公园建设中去。

一如长征国家文化公园建设中的"古"与"今"。贵州省习水县的土城镇是一个因航运而兴、因四渡赤水而闻名的古镇，其历史可以上溯到汉武帝元鼎六年（公元前111年），距今2100余年，自古为兵家必争之地，而且四方商贾云集，形成了浓郁的商埠文化底蕴。如今，这个只有几万人的小镇拥有四渡赤水纪念馆、中国女红军纪念馆、红军医院纪念馆、红九军团陈列馆、贵州航运博物馆、赤水河盐运文化陈列馆等9座博物馆，还有古老神秘的鳛鱼图腾，有多姿多彩的"十八帮"文化……这些"古"与"今"的内容都可以和长征国家文化公园建设结合起来。

二如长城国家文化公园建设中的"古"与"今"。宁夏自古就是中原农耕民族与游牧民族相交融的区域，境内几乎可以找到历史上各个朝代修筑的、技术迥异的长城遗迹，被誉为"中国长城博物馆"。在建设长城国家文化公园时，从"古"的方面看，可以从霍去病"封狼居胥"讲到陈汤"明犯强汉者，虽远必诛"，从窦宪"燕然勒功"讲到李昂《从军行》中"田畴不卖卢龙策，窦宪思勒燕然石"；从"今"的方面看，电视剧《山海情》中20世纪90年代宁夏西海固易地搬迁、脱贫致富的故事，尤其是吊庄移民、对口帮扶更是时代的典范，也应该把这些具有教育意义的"新名片"宣传好、打造好，融入长城国家文化公园建设之中。

习近平总书记指出："文化产业和旅游产业密不可分，要坚持以文塑旅、以旅彰文，推动文化和旅游融合发展，让人们在领略自然之美中感悟文化之美、陶冶心灵之美。"建设国家文化公园，需要精心打造出更多体现文化内涵、人文精神的特色精品项目，既要能留得住人，还要让人舍不得走，要让历史文化之"古"与现代文明之"今"双向融入国家文化公园建设之中。

三、处理好"形"和"魂"的关系

国家文化公园建设还应注意做到"形""魂"兼备，就是要关注核心精神与文化底蕴的凝练——不是"风刮过来就完"，而是像军歌《风花雪月》所唱的，风是"铁马秋风"、花是"战地黄花"、雪是"楼船夜雪"、月是"边关冷月"。要通过文化和旅游的真正融合，避免有"形"无"魂"、"形"大"魂"散、无"形"造"魂"。

还是以黄河国家文化公园建设为例。美国汉学家比尔·波特《黄河之旅》的第二十章"青铜峡：黄河边的一百零八种烦恼"写道，黄河西岸的一百零八塔寓意一百零八种烦恼，就是对"形"与"魂"关系最生动的阐释。"塔"对应的即是"形"，"烦恼"对应的即是"魂"。"天下黄河富宁夏"，宁夏建设黄河国家文化公园，就一定要围绕"富"展开。无论是建中华黄河楼，还是中华黄河坛、青铜古镇等，都不能脱离开这个"富"字。河南是受黄河水患影响最大的省份，因此河南建设黄河国家文化公园就一定要围绕"治"做文章。2014年，习近平总书记到兰考考察，在位于东坝头的黄河岸边细细询问黄河防汛和滩区群众生产生活情况。武陟县的黄河第一观——嘉应观，供奉着从西汉到清朝的10位治河功臣，是清代治理黄河的指挥中心，也是新中国引黄灌溉第一渠——人民胜利渠的建设指挥部。所以河南建黄河国家文化公园就一定要突出"治"的精神，而不能和宁夏一样去建楼筑坛。

同一类型的国家文化公园，在不同地区也可能有不同的核心文化精神与意义表达，同时还伴随着不同的物质载体与意义呈现形式，绝不能僵化同质，这就是把握处理"形""魂"关系的关键。

四、处理好"人"和"物"的关系

1986年电视纪录片《话说运河》中有这样一段描述："长城与运河所组成的图形是非常有意思的，它正好是中国汉字里一个最重要的字眼'人'，人类的人，中国人的人。你看，这长城是阳刚、雄健的一撇，这运河不正是阴柔、深沉的一捺吗？"国家文化公园建设中处理"人"与"物"的关系，就要做到"见人见物见生活"，就是要把可移动的文物、不可移动的文物、非物质文化遗产，以及文化遗产的守护者、传承者、相关者的个体生命与当下生活，都整合进整个规划设计建设中去，使相关要素在国家文化公园体系中实现一种有机共存与共生。

从"见人"的层面看，比如长城国家文化公园建设，可以挖掘秦朝率领三十万大军北击匈奴、监修万里长城和九州直道、在河套地区主持移民屯垦的蒙恬的故事；可以挖掘汉朝凿空西域、开辟"丝绸之路"的张骞的故事；甚至可以挖掘历时六个月从洛阳走到山丹县附近的焉支山下，举办著名的万国博览会的隋炀帝的故事……

从"见物"的层面看，比如长江国家文化公园建设，可以抓住"桥""楼""渡"等几个微观"物"的视角去切入。以"桥"为例，从武汉长江大桥到南京长江大桥、重庆长江索道、1573长江大桥、赤水河红军大桥等等，这些"桥"是从一穷二白到实现历史性跨越的见证，蕴含着一种自强、自信、连通、发展的文化。抓住了以"桥"为代表的这些"物"，就抓住了长江国家文化公园建设的重要切入点和生长点。

当然，"见人""见物"也不是相互剥离而是相辅相成的，最终还要统一到"见生活"中去。比如丽江有入选《世界遗产名录》、保存和再现了古朴风貌的古城，有被列入《世界记忆名录》的纳西族东巴古籍，有被列入《世界遗产名录》的"三江并流"自然景观。更重要的是，关于丽江木氏土司姓氏的来历，《东巴经》里的《人类迁徙记》，还有今天仍在繁衍生息的纳西族人民丰富多彩的生活，这些历史上的和现实中正在发生的"生活"故事，也都很有意思，值得挖掘并融入国家文化公园建设中。

五、处理好"动"和"静"的关系

"风樯动，龟蛇静，起宏图。""动与静"也是国家文化公园建设中不容忽视的一对关系。具体来说，建设国家文化公园既有一个如何让文化资源"动起来"、让文物说话、讲好讲活国家文化的问题，又有一个如何让非物质文化遗产、口头文学遗产等"静下来"、相对固化传承的问题。

2021年，《唐宫夜宴》火遍全国，这些从博物馆中走出来的唐宫少女，不仅带来了大唐盛世的霓裳羽衣，还将唐三彩、妇好鸮尊、贾湖骨笛、莲鹤方壶等这些原本"静"的国宝元素，都搬到了春晚T台上"走秀"。还有央视虎年春晚"火出圈"的舞蹈诗剧《只此青绿》，把《千里江山图》这一静态的画卷转换为动态的舞蹈。这些都是让静态的文化文物资源"动起来""活起来""火起来"的成功案例。

长江上首部漂移式多维体验剧《知音号》，是一部以知音文化为灵魂、以大汉口长江文化为背景的实景大剧。导演团队在武汉市两江四岸核心区打造了一艘具有上世纪风格的蒸汽轮船和一座大汉口码头作为漂移剧场，用漂移式情景剧的方式活现"大武汉"文化，打造"知音"文化和服务双

IP，已经成为武汉文旅的新名片和中国文旅产业的新地标。还有2021年首演的舞台剧《重庆·1949》。为了这部剧，专门建了一个重庆1949大剧院。这些都是把一些变动不居的文化体验、文化生活、文化精神以一种相对静态的方式呈现出来、固化下来。这些成功的模式与经验，都值得深入思考、积极运用到国家文化公园建设中去。

结语

要把国家文化公园真正建设好，要依托国家文化公园把沿线区域的文化和旅游真正搞活，还有很广阔的发展空间，还有很多需要深入思考的东西。要坚持立足系统性，把故事铺垫好、讲完整，把后续的故事发掘好；坚持立足整体性，做到全国地方"一盘棋"、党史四史"一盘棋"、红色绿色"一盘棋"；坚持立足时代性，深入发掘历史文化资源，讲好中国人民铁血抗争、不畏强暴的故事，讲好中国人民奋进新时代的故事；并在此基础上，正确处理好"点和线""古和今""形和魂""人和物""静和动"这五对重要关系。这样就能更高质量推进国家文化公园建设，使其在不断彰显中华优秀传统文化持久影响力与革命文化强大感召力中，为坚定文化自信、开创中国特色社会主义文化和旅游伟大实践发挥更为重要的作用。

（作者周庆富系中央文化和旅游管理干部学院院长）

黄河文化论纲

一、黄河:中华民族的母亲河

人是自然之子,自然地理是人类活动的基础。黄河是中华民族的母亲河,她流动孕育出一个伟大的文明。在漫长的地质年代,黄河频繁的泛滥和改道,形成了北温带最大的冲积扇平原,为农业的产生发展提供了得天独厚的条件。黄河的"几"字形大弯,串起深广稀薄的游牧社会。沿长城一线,两种生产生活方式的交流碰撞,波澜壮阔,激起中华民族、中华文明交流融合的浪花。"凿空"西域和丝绸之路的开通,打开了向西之路,把亚欧大陆的文明联系在一起。在南方,长江流域的农业开发后来居上,大运河的开凿把黄河流域和长江流域串联起来,推动大一统王朝的政治、经济、文化和社会均衡发展。

以黄河为轴线,向西是丝绸之路,是绿洲、沙漠、雪山、高原;向北是长城、漠北、牧场、冻土带;向南是愈益富庶的江南和岭南地区;向东是纵贯南北的大运河和万顷波涛的大海。这个四围如屏,形态完整,内部广袤多样的广阔场域,为中华文明"多元一体"的大结构、大体量奠定了自然基础。

黄土高原形成于第四纪华北原地台的古陆上。伴随燕山运动和山西高原的抬升,中国大陆西高东低的三级台地逐渐形成。新生代的喜马拉雅造山运动,不仅塑造了西南、西北的高原山脉,也促使西北沙漠和戈壁开始形成。

今天看来,由系列褶皱断块山岭与陷落盆地组成的黄土高原,曾经是一片汪洋，可称其为黄土原湖。1500万年前的地壳运动，使湖区内部有推升、有沉降，形成了今天黄土高原的地貌，俯瞰着华北平原。黄土高原是地球上黄土分布最集中、面积最大、最深厚的区域，平均厚度在50至100米之间，部分地区厚达二三百米。如此厚的黄土层如何形成？比较一致的观点是"风成说"。

天地玄黄，宇宙洪荒。"大风从西北起，云气赤黄，四塞天下。"[1]黄河中上游的先民，初见并惊异的天地之色是"玄黄"，这独特、强烈的视觉体验，似乎也暗合了风成地貌之说。距今200至300万年前的"第四纪大冰期"，青藏高原的抬升挡住了印度洋温暖季风的北上，蒙古高压气团随之增强，形成干燥寒冷的西北气流。黄土高原以西的广阔地区，植被稀疏，沙漠和戈壁广布，经年不息的强劲西北气流裹挟地表泥土，吹向东南，到了黄土高原地区，风力减弱，尘埃落定，最终形成被泥土层层覆盖的黄土高原。

"黄河之水天上来，奔流到海不复回。"黄河的涓涓细流，从巴颜喀拉山脉北麓的约古宗列盆地流出，一路向东，横跨青藏高原、内蒙古高原、黄土高原、华北平原等四大地貌单元，流经中国的三级地台，不断地接纳渭水、泾水、汾水、涑水、沁水、洛水、漳水等数百条支流，形成庞大的水系，奔流入海。

"西北土性松浮，湍急之水，即随波而行，于是河水遂黄也。"[2]西高东低的地势，为黄河提供了强大的冲击势能。本源清澈的黄河，流经黄土高原时，切入疏松的土壤，大量泥沙的注入，使黄河成为一条泥河——世界大河中含沙量最高的河。在世界大河中，黄河有最为强大的平原塑造能力。"九曲黄河万里沙，浪淘风簸自天涯。"黄河是风、水、土的合力巨作，是天作地合，如阴阳，如父母，如伟大的受孕、化育和成长，为中华文明的诞生铺就天然的产床。西起高原，东至大海，北达朔方，南通淮河，这片世界上最大的农耕文明区域，见证的正是至柔又至刚的黄河母亲的伟大。

---

[1] 班固：《汉书》卷二十七，中华书局，1962，第1449页。

[2] 张霭生：《河防述言》，载黄河水利委员会黄河志总编辑室编《历代治黄文选》下册，河南人民出版社，1988，第230页。

"当尧之时，天下犹未平，洪水横流，泛滥于天下"①，大禹"治水"成"五帝"美名。一个"治"字，从水从台（胎），上善若水，以水为师。治水的需要与早期国家的形成连在一起，这条时而安详温驯、时而游荡不羁的大河，复杂而深奥，如无言的教诲，始终启迪、考验、锤炼着中华文明。

人类由渔猎、采集、游牧走向农耕，几乎是诸文明的一般叙事，中华民族则更为典型。"神农因天之时，分地之利，制耒耜，教民农作。"②距今180万年前的西侯度人，已经学会将石头磨制成用以刮削木棒、割剥兽皮、砍伐树木和挖掘植物的形状。距今1万年前的新石器时代，农业生产从刀耕火种进入耜耕阶段。远古的黄河儿女已经掌握了粟等农作物的种植经验。在疏松肥沃的冲积扇平原，先民用石斧、石锛来砍伐树木，开垦荒地；磨制锋利的石铲，翻地松土，准备耕作；使用锯齿形的石镰收割成熟的谷物，再用石磨盘和磨棒进行加工，去除糠皮，将其储藏，成为全年的主要食物来源。先民们从此告别"巢张穿庐，鸟居逐牧"③的生活方式，在黄河母亲的怀抱中安定下来。

在渔猎、采集、游牧向农耕定居的过渡中，隐约可见的一种转化模式，往往出现在丘陵和平原的交界区域。在中国，此区域位于黄河冲出的第二地台边缘——豫陕晋交汇之处，亦即黄河中上游的平原、丘陵、浅山、崤塬之地。先民们"因陵丘堀穴而处"④，筑穴而居，躲风避雨。随着原始农业在黄河水滋养的黄土地上稳步发展，先民们逐渐走向宽阔平坦之地，黄河水"时至而去，则填淤肥美，民耕田之。或久无害，稍筑室宅，遂成聚落"⑤。前仰韶文化阶段，人们居住的房屋大多由穴居变为半穴居建筑，位置渐趋靠近方便耕种的区域。仰韶文化时期，地面建筑开始出现，主要选址在河流交汇处沿岸的台地上，聚落形态初具。在晋南临汾陶寺遗址，陶寺中期聚落中已出现集中分布的宫殿建筑区，多层次的墓葬

---

① 阮元校刻《十三经注疏·孟子注疏》，中华书局，1980，第2705页。

② 陈立撰《白虎通疏证》，吴则虞点校，中华书局，1994，第51页。

③ 玄奘、辩机原：《大唐西域记校注》，季羡林等校注，中华书局，1985，第43页。

④ 孙诒让撰：《墨子间诂》，孙启治点校，中华书局，2001，第168页。

⑤ 班固：《汉书》卷二十九，第1692页。

等级，初步具备早期国家的特征。雄踞黄土高原的陕西神木石峁城址，则具有比陶寺更加恢宏的气势，内外两道石砌城墙，8万余平方米的"皇城台"，多处城门、墩台、角楼等结构复杂的建筑，以及大量精美玉器，表明石峁很可能是上承陶寺、下接二里头的具有早期国家雏形的都邑性聚落。

中华文明自始就是多元一体的，这个"多元"，最初便包括农耕与游牧两种基本的历史元素和力量。陶寺所在的临汾盆地处于中原核心区和北方游牧圈的交界处，不同生产生活方式和不同社会集团间的短兵相接、互动竞争，促成了陶寺"国家"的诞生。在中国，与人类历史上最大的农耕集团毗邻相接的，正是贯穿亚洲草原带的游牧力量，农耕与游牧两大历史力量相生相争、相辅相成，"相忘相化，而亦不易以别识之也"①。以黄河为轴线，长城和丝绸之路上下相随，这三条线横贯中国北部的广大区域，是早期历史的高温区，最先融汇了中华文明、中华民族的崇高结晶。

中华文明所处的地理空间、生产生活方式、社会结构和文化观念等，决定了文明体的场域、结构、维度、规模、体量和性质。早在甲骨卜辞中，黄河先民已用文字表达清晰的中心化结构和四方观念，以及与之相应的四时、四象、四灵等传统文化观念。"苍龙、白虎、朱雀、玄武，天之四灵，以正四方。"②有四方必有中央，"王者京师必择土中"③。古人很早就相信，占据了中心就可以协调四方，"顺天之和，而同四方之统也"④。他们也这样想象和安排天的秩序，北极在天之中，日月星辰环绕它运行，仿佛被"璇矶玉衡"所指挥一样。

中国之中心，早期就位于黄河流域的中上游区域，在黄土高原和冲积扇平原的交汇处，"黄，土之正色也。土居天地之中，又得离明之正"⑤。

---

① 丘濬：《内夏外夷之限》，收入陈子龙等选辑《明经世文编》卷七三，中华书局，1962，第615页。

② 何清谷：《三辅黄图校释》，中华书局，2005，第160页。

③ 陈立：《白虎通疏证》，吴则虞点校，中华书局，1994，第157页。

④ 李昉编：《太平御览》第二卷，夏剑钦、王巽斋等点校，河北教育出版社，1994，第484页。

⑤ 陈应润：《周易爻变易缊》，上海古籍出版社，1990，第102页。

中华文明的地理空间是一个不断加强、巩固和拓展的中心化结构。唐宋之后，经济中心南移长江流域，但作为政治中心和文明交汇的锋面，黄河流域依然处于结构的中心。"天地开辟，未有人民"，于是在黄河之滨，"女娲抟黄土作人"①。中华民族自称"炎黄子孙"，"黄帝以姬水成，炎帝以姜水成"②，炎帝黄帝同样是在黄河流域发展壮大。

回首历史，唯有黄河在历史上独享"河"之美名，同时还被称为"百川之首"和"四渎之宗"："中国川原以百数，莫著于四渎，而河为宗。"③如此"宗""首"，从何而来？"昆仑之丘……河水出焉。"④张骞"凿空"西域，开拓了对西域的认识。《史记·大宛列传》记载："汉使穷河源，河源出于阗，其山多玉石，采来，天子案古图书，名河所出山曰昆仑云。"⑤汉武帝时，"河出昆仑"与深信不疑的天命观相一致。《汉书·西域传》记载："河有两原：一出葱岭山，一出于阗。于阗在南山下，其河北流，与葱岭河合，东注蒲昌海。蒲昌海，一名盐泽者也，去玉门、阳关三百余里，广袤三百里。其水亭居，冬夏不增减，皆以为潜行地下，南出于积石，为中国河云。"⑥历朝历代，关于昆仑、关于黄河源的探寻、记载、想象和叙述，与"天圆地方"、中心化的空间建构、天命观、"大一统"观念，有着文化上的一致性，拓展着中华文明的维度，把西域文明纳入一体之中，并通过丝绸之路，建构起与世界的联系。

二、黄河：中华文明的发祥地

中华文明的成长步履，也如九曲黄河，冲决跌宕。天地之间，黄河咆哮而来；天涯尽头，黄土四面散开。黄河如强壮血脉，黄土如丰腴肌体，二者交缠，结出庞大丰饶的母体，翘首等待文明"婴孩"的第一声啼鸣。终于，黄河沿岸出现了先民的足迹，西侯度人、蓝田人、丁村人、大荔

---

① 李昉编《太平御览》第一卷，夏剑钦、王巽斋等点校，中华书局，2000，第672页。
② 徐元诰：《国语集解》，王树民、沈长云点校，中华书局，2002，第337页。
③ 班固：《汉书》卷二十九，第1698页。
④ 方韬译注《山海经》，中华书局，2011，第48页。
⑤ 司马迁：《史记》卷一百二十三，中华书局，1959，第3173页。
⑥ 班固：《汉书》卷九十六，第3871页。

人、河套人、山顶洞人、仰韶人……代代先民繁衍生息、劳动创造，印刻出中华文明的成长轨迹。如此看来，地理与人文互相成就，万古江河亦是人文巨流。

文明"婴孩"的成长之旅，蒙昧暗夜被逐渐照亮，文明的里程碑渐次落成。其中，火的使用是起点性的时刻。作为异物的火焰，最初令人心生恐惧。渐渐地，人们发现火是不可缺少的生存伴侣，可以烤制食物、驱寒照明、抵御野兽，让人更好地适应环境。从利用自然火，到人工取火，先民对火的管理和使用，开创了刀耕火种的原始农业，促进了制陶等手工业的发展。

在不断适应与改造环境的过程中，新工具不断涌现。冲积扇疏松的黄土，更容易引发农业革命。原生态的石头工具已不能满足需要，先民们根据自己的使用目的打磨和重塑它们。在收获果实的时候，更顺手更具目的性的石器应运而生。蒸煮谷物与储存食物时，钵、鬲等陶器开始流行，它们还被绘上美丽的花纹，实用性与艺术性从起源时便难分彼此。

据考古发掘统计，黄河流域留下了高密度的、连续的、同时期最为先进的史前文化遗存，仅旧石器时代的考古遗址，就有七成分布在黄河流域，强有力地证明了黄河作为"文明坩埚"的地位。在成千上万年的漫长岁月里，早期文明迤逦而行：旧石器、新石器、陶器、青铜器、铁器，出土的器物被拂去尘土，焕然如新，讲述着文明迭代升级的历程，同时也奠定下中华文明精于工艺、善于创造的基因。

在石器时代，心灵手巧的中华先民留下两项突出的创造：一是玉。古人言："玉有五德：温润而泽，有似于智；锐而不害，有似于仁；抑而不挠，有似于义；有瑕于内，必见于外，有似于信；垂之而坠，有似于礼。"《诗经·秦风·小戎》曰："言念君子，温其如玉。"二是稍晚出现的瓷，光彩闪耀三千年，瓷器甚至成了欧洲想象"中国"的代名词。

与工具升级相伴的，是农耕文明的日益发展。关中民谣唱道："泾水一石，其泥数斗，且溉且粪，长我禾黍。"早在仰韶、龙山文化时期，黄河流域的农业就已十分发达，并兼有畜牧业。甲骨卜辞、《诗经》中多次出现粮食的名字，目前也已挖掘出土各式农业生产工具。双槐树遗址出土的牙雕家蚕，仿佛正在吐出闪亮的丝，与附近的青台、汪沟遗址共同见证农桑之起源，为日后开辟通往世界的丝绸之路埋下前因。

农耕是较为复杂的人类劳动。"江山社稷"，"社"为土神，"稷"为谷神，昭示中国农耕社会之早熟。以农业为主体，手工业、畜牧业共同发展的生产方式，孕育了先民的自然观、时间观、宇宙观乃至伦理观。"上知天文，下知地理，中晓人和"，他们与天文地理相知相守，在变动和循环中寻求稳定；他们精耕细作，积累交换，合力治水，从中感知"群"的重要，凝聚和合之伟力；他们因应时变，对晨昏、四季、节令有着敏锐感知，稳重之余亦有灵动，养成了中庸通透的处世之道。

生产发展，人口增加，物质与精神的双重交流变得迫切。交流碰撞加速着聚集，而聚集又带来更大规模的交流碰撞，催生文字的出现。上古仓颉造字，"天雨粟，鬼夜哭"。这最先的"立言"，确立了史前诸文明交流、竞争、成长的胜出者。陶器上仰韶文化的刻画符号、半坡文化的鱼形纹样，表达了先民的需求和意愿。"后世尚文，渐更笔画，以便于书"，文字一点点摆脱图形的拘束，接近于我们熟悉的样貌。甲骨文已是商朝后期的文字，数量达4000余个，具备了汉字造字中象形、指示、会意、形声、转注、假借的"六书"原则，文法也渐成习惯和规律。《尚书·多士》云："惟尔知，惟殷先人，有册有典，殷革夏命。"甲骨文是成熟的文字系统，记录了政治、经济、社会与精神信仰等各方面信息，标记了殷商文化的复杂程度。通过甲骨卜辞，可以了解殷商设立的祖先崇拜宗庙制度，感知其中"敬天法祖"的精神气质。

同样由于生产的发展，盈余与交换变得普遍，社会分化随之出现。黄河流域的恢宏体量所带来的面积、人口极其巨大的物质、精神交换需求，召唤着适宜的社会组织方式与高效的政权组织方式的出现，这无疑又是对先民智慧的一次考验。夏代一改禅让制，始创世袭制，成为中国历史上最初的朝代。"天命玄鸟，降而生商，宅殷土芒芒"，继之而起的殷商乃是中华文明的一次飞跃。"殷土"的核心区域，集中在河南、河北、山东等地，尤其是黄河两岸的河南北部全域。殷商拥有发达的青铜器、甲骨文和规模可观的城市，足以与世界其他早期文明形态相匹敌。殷商一改夏代的部落联合制，发展出初步的国家机能。风云际会，殷周交替，周代朝着制度化、规模化、文教化的方向挺进。"子曰：周监于二代，郁郁乎文哉！吾从周。"

"周革殷命",其完备发达的诸种制度——井田制、封建制（分封制）、宗法制均脱胎于殷商,文明愈加充实光辉。从商代到西周前期,井田制既是土地的规划和分配方式,也是以血缘为基础的社会组织方式。周代推行的封建制也与宗法制有关,正所谓"封建亲戚以蕃屏周"。封建制将政权组织编织为亲戚网络,推崇敦睦亲戚的孝道,讲究君统与宗统结合,政治伦理与亲族伦理同构,以此将"东土"和"西土"合而为一。在政治实践中则采用一套礼仪,包括分封、朝聘、祭礼、婚姻等。家国同构的政治构造乃是中华文明的突出特征,"修身、齐家、治国、平天下"的运转机制,具有很强的政治认同感、凝聚力和稳定性。"天、地、君、亲、师"乃是最核心的信仰,中国人按照大的秩序结构、伦理规范安顿自己,形成中国独特的群己观念。

宗法制、井田制和封建制三位一体,彰显了周代"礼乐文化"（制度化、道德化）之本色。周文化所追求的理想境界,便是人际亲睦、协和万邦。这也从根本上奠定了中华文明的特质,即和平、包容、协商,致力于用道德和伦理来约束人,而非依靠战争与武力。试想,如果没有周族对于殷族的涵纳、尊重与创造性转化,文明的进步也不会如此顺利。儒家继承和发扬了礼乐文化,由此熔铸为中华文明的精髓。

黄河流域在文明的初生阶段,结下了丰硕的思想文化与科学技术成果。西周时,学在官府,文化为贵族专有。东周后出现私学,诸侯分立,对士的需求增加,各诸侯国大行尊贤礼士之风,而且对各家学说采取"兼而礼之"的态度。儒、墨、道、法、兵等诸家代表人物大多出生和活动于黄河流域。正是在黄河流域出现"百家争鸣"的盛况,出现了早期文明的思想巅峰。汉代以后,随着佛教的传入,儒、释、道的观念互动、竞合、渗透,形成多元平衡、转化互补的精神结构。

百家争鸣中,涌现出许多中华文明的奠基之作,其中尤以《周易》《论语》《诗经》为代表。《周易》将中华民族关于自然、社会和人生的智慧体系化、哲学化,它的整体思维和辩证思想对中国文化产生了深远影响。《论语》《诗经》不仅是中国思想与文学的重要源头,更广泛影响了政治生活、民族性格、文明教化等。此外,在自然科学方面,黄河流域的农学、天文历法、地理、数学、医药等均为后世打下根基，表现出很强的经验性、实用性、通俗性，这也是中华文明与西方文明的迥异之处。"日月出矣，而爝火不息"，文明之光初耀时，就已然注定它将流布四方，光芒万丈。

文明如水，百川汇流，中华文明在流播与互动中生生不息。黄河之水天上来，它是倔强的，不容分说，冲出"几"字形的辽阔地界。它一开始就是长弓巨矢，大幅度地蓄满势能，不断绷直、震荡，一次次发出文明变革的鸣镝。它吸纳无数的支流，丰富、壮大、延展自己的生命。黄河文明从不是僵化板结、封闭静止、唯我独尊的。相反，它在不断交换、流布中保存和壮大自己，犹如一张呼吸吐纳的巨网，不断扩展自身的容量。黄河九曲，夭矫如龙，幅员辽阔，其内部由多元的地理、人文格局组成——关陇之地、表里山河、风雨中州和齐鲁平川，统统被包纳进黄河的巨大母体之中。它们是黄河文化的多副面孔，没有这种多元与多样，就没有所谓的黄河文化。文明的火光在它们之间传递、奔腾、燃烧，蔚然大观，震古烁今。

这样的融合，除在其内部涌动外，也发生于黄河与长江之间，乃至更为广义的南北之间。比如南方的良渚文化与北方的大汶口文化互动密切，在大汶口文化中发现了良渚文化的精美玉器；再比如楚文化对汉文化产生了巨大影响，《楚辞》与巫文化本来就是中华文明的重要维度之一。而黄河文化对于南方的影响更为巨大。秦汉时期，黄河文化传入岭南地区，中原与岭南之间建立"新道"，岭南地区得以开发；郡县制在西南的设置，极大地促进了西南与中原的文化交流。从魏晋南北朝开始，中国进入民族大迁徙、大融合时期，匈奴、鲜卑、羯、氐、羌等少数民族迁入中原，以华为师，逐渐华化。西晋末年之后，黄河流域的人口和先进文化大量向江南、辽东、辽西、河西走廊、巴蜀、云贵等地迁徙、散播。这种民族大融合直至隋唐形成了空前规模，而隋唐王朝，本就是魏晋以来民族大融合的产物。中华文明的大一统，在动态中形成，因而更为颠扑不破，更具绵长的生命力。

黄河连接了长城内外、东西之间，农耕文明和游牧文明、汉文化和少数民族文化，都在此交汇、竞争，乃至融合。"中州万古英雄气，也到阴山敕勒川",长城内外,皆是故乡。以长安和洛阳为中心的黄河文化,一步步向边疆地区辐射和延伸,推动着少数民族文化的发展,同时也不断从少数民族文化中汲取营养。彼此的交流,具体通过战争、迁徙、互市、和亲等方式深入展开。

其中,张骞两次出使西域,乃是文明交流与发展中的一曲华章。漫漫丝绸之路,犹如丝绸本身的经经纬纬、密密织织,闪烁着柔软、坚韧的辉泽,编织出中华文明的内质和美意,贯通中国与世界。丝绸之路穿过灰褐色的亚洲腹地,中华文明、印度文明、阿拉伯文明、波斯文明和欧洲文明彼此吸引和交融。沿着先人的步履,东起长安,出陇西高原,经由河西走廊至敦煌,由敦煌向西分南北两道,通往大夏、大月氏、安息,一直通往地中海和埃及。葡萄、苜蓿、石榴、核桃、芝麻,这些今日习以为常的饮馔,无不自西域踏马而来;琵琶、胡角、胡笛的悠扬乐音,沿着丝绸之路的迷人曲线,婉转入耳。就连文学创作方面,黄河流域也受到北方诸族的影响,形成迥异于江南的文风,"词义贞刚,重乎气质",培育了中国文学的大格局与大视野。

反过来,黄河文化也传遍了西域。丝绸、桃、杏、铜镜、漆器等物品,以及冶铁、井渠、缫丝、造纸等技术也被传到西域。汉语言文字在西域通行后,中原的典章制度、政治架构、古代典籍(医药、历算、宗教等书籍)也传入西域。《梁书·诸夷列传》载,高昌"国人言语与中国略同。有五经、历代史、诸子集",《毛诗》《论语》《孝经》成为学官弟子的案头书。此后在中原建立政权的少数民族,诸如十六国政权,无不服膺于中原的典章制度和风俗习惯。文化的涵濡浸润之功,使得中华文明牢牢地融合为一个有机体。

借用梁启超的中国历史分期法——"中国之中国""亚洲之中国""世界之中国",可以说黄河不仅是中国之黄河,还是亚洲之黄河、世界之黄河。黄河文化很早就经由陆路和海路向东亚、东南亚等地传播。尤其是朝鲜、日本和越南,深受汉文化影响,形成了传承至今的"东亚文化圈"。"丝绸之路"的开通,带动了中西文化的深度交流。这里只须回望一下最为绚丽多彩的盛唐文明:风光无限的国际都市长安城,汉胡杂处,既有蕃胡华化,亦有华人胡化;唐代的音乐舞蹈艺术深受中亚和印度的影响,其乐府伶工大多来自中亚；唐代画坛流行的晕染法，源自印度，经由西域传至中土，当我们潜心欣赏敦煌壁画的飞天曼舞时，应晓得其中镶嵌着一条条文明传播的"金线"；唐代的金银器不仅吸收了传统因素，其形制与纹饰不乏波斯萨珊工艺元素；铜镜也吸收了中亚和西亚的艺术元素，它所映照出的是不同肤色的脸孔；在科学技术上，唐代天文学的进步与印度天文学的成就分不开，侨居长安的印度众僧积极参与唐代的天文观测和历法制订工作；印度的数学，阿拉伯、拜占庭的医药学也在唐代传入中国，"药王"孙思邈的医书上便载有印度、阿拉伯和拜占庭的药方；更不必说从中亚、西亚传入的基督教、景教、摩尼教、祆教和伊斯兰教……今天习以为常的许多文化内容，都是多元文明交流互动的结果。你中有我，我中有你，互动往还，犹如无穷延展的根茎，虽有各自的方向，却又彼此交缠，互为支撑，共同为中华文明这棵"巨树"提供养分。得益于此，不同文明才可以突破各自局限，不断刷新人类文明的新高度。

文明交汇的点点滴滴，展现了多元互动对文明发展壮大所起的关键作用，同时也揭示出黄河文明在其中的枢纽地位。上述文明互动、民族融合是以黄河文化为中心的，而黄河文化也正是在多元互动中，不断焕发出青春永驻的生命力。黄河在中华民族形成的过程中，起到了熔炉的作用。中华民族正是在一次次的交融和重组中，形成了越来越强的认同趋势。黄河流域犹如"重瓣花朵"的花心，又如熔铸精华的坩埚，如饥似渴地从各个方面吸收先进因素，最早迈进了成熟文明的殿堂。

在中华文明的发展过程中，黄河流域居于轴心地位。正如习近平总书记所指："在我国5000多年文明史上，黄河流域有3000多年是全国政治、经济、文化中心。"①黄河流域的文明在唐宋之前一直处于相对先进的领跑者地位。穹宇茫茫，河汉渺渺。这巨大的、多向度的旋臂，日夜不息，旋转、吸附、搅动、融合成星云般灿烂的文明体。

黄河是中华文明的发祥地，其源也远，其流也广，其容也巨，其变也新。中华文明的底色正如不舍昼夜的黄河之水，容纳百川、生生不息。文

---

① 习近平：《在黄河流域生态保护和高质量发展座谈会上的讲话》，《求是》2019年第20期，第4-11页。

明"婴孩"的初生时刻，已经奠定了不同文化融汇交流、物品互通有无、人民迁徙交往乃至纵横捭阖的基本样貌。黄河文明的包容性、稳定性、凝聚力，以及其所具有的礼乐文化、伦理本位等特征，使其呈现出不同于世界其他文明的独特气质。

在交流日益便捷，文明高度发达的当今世界，文明互鉴、求同存异、合作共赢成为宝贵的能力，是铸就人类命运、人类文明共同体的青天大道。所有这些，早已沉淀为中华文明的底色，融入中华民族的血脉深处，造就了我们民族的根和魂。

三、黄河：中华民族的根和魂

黄河流淌出中华文明最初的身形与气象。数千年来，正是在黄河这个巨大的时空场域之中，文明发展、观念演进、分合治乱、民族融合，波澜壮阔的历史运动造就了不断成熟的文明体，也孕育出伟大的民族精神。

民族精神是深深植根于中华民族5000多年的文化积累和历史沉淀，是中华民族赖以生存与发展的精神支撑，是中华民族熔铸一体的根和魂。中华民族精神是以爱国主义为核心的团结统一、爱好和平、勤劳勇敢、自强不息的伟大民族精神。

以爱国主义为核心的团结统一精神，源于黄河先民们生于斯、长于斯的空间观念。先民们所理解的世界是一个阴阳相生、循环演化、生生不息、休戚与共的整体。《周易·系辞上》云："一阴一阳之谓道。"正是在这种整体的、阴阳的宇宙观念下，所谓"四方之中"的重要性才被凸显出来。中原地处北纬30至40度，其常见的天象之一便是北斗星围绕北极星旋转。上古流传下来的河图、洛书，被认为是阴阳五行术数之源，其结构同样标示了中心与四方的关系。

先民们仰观天象，获取启示，意欲在大地上建立一种与之相应的、四方环绕中央的社会结构。地之"中"与四方的距离相等，居中之位自是从事社会管理的最优选择。正如《吕氏春秋·审分览·慎势》所言："古之王者，择天下之中而立国，择国之中而立宫，择宫之中而立庙。"体现了"择中建都"的思想和对"中"的至高推崇。

黄河流域的中游便是"中"的具体所在。周人将嵩山称作"天室"，认定中原为"天下之中"。陕西宝鸡出土的西周青铜器"何尊",上刻铭文"宅兹中国"。这是目前出土的关于"中国"最早的文字记载。所谓"宅兹中国",意为在"中国"——洛阳及其周边地区营造都城。正是由于居"天下之中",中原文化得以不断吸纳周边文化,与四周互动融合,推动了中华民族多元一体格局的形成,中华民族的向心力与凝聚力也由此生成。

《诗经·小雅·北山》曰:"溥天之下,莫非王土;率土之滨,莫非王臣。"中心化的空间秩序,从根本上形塑了中华民族的心理秩序,塑造了中国人的天下观念。"天下"不仅是地理概念,更是地理、心理与社会制度三者合一的空间概念。而且,"中"不仅是空间意义上的中心,更是文化意义上的正统。每逢分裂、乱世之际,各代君王无不以"逐鹿中原"为根本路径,以实现大一统为最终功业。即便是入主中原的少数民族政权,也必须占据"中"这个文化制高点,持守中华文明的正统。纵观中华民族分合治乱的历史逻辑,分裂时期是通向中华民族大一统的阶段性过程,而团结、统一、和合才是主流的、支配性的文化线索与价值取向。

中华民族的大一统格局、团结统一的民族精神,随着时间演进与朝代更迭而不断得以巩固提升。自春秋战国诸侯割据、百家争鸣之后,秦汉时期完成统一大业。魏晋南北朝时间虽然较短,却促成了中华大地的民族大融合、文化大融合。隋唐乃至元明清时期,在大一统格局下对各种不同的文化、族群,特别是对游牧民族呈现出开放、包容的姿态,积累了多民族共同发展的宝贵历史经验。近代以来,面对西方列强入侵的千年未有之大变局,中华民族团结一致、共御外侮、奋起反抗、激发出前所未有的强大凝聚力与向心力。

在团结统一的历史主旋律下,家国同构的思维方式、爱国主义的精神情怀,都在黄河流域孕育发展。从黄帝起,历经颛顼、帝喾、尧、舜,五代圣王,通过修德振兵,逐渐巩固了在黄河流域"和合万国"的大一统地位。此乃"国"之逐渐形成。据传,在"国"的内部,颛顼是黄帝的孙子,帝喾是黄帝的重孙,尧舜也是黄帝的后裔,由此构筑了五帝乃一系之血脉的历史图景,乃至于夏商周秦也可以归入黄帝血脉。

发源于黄河流域的周代封建和宗法制度,逐渐培育出独特持久的血亲宗法社会,也孕化出中国人在处理自我和他者、个体与集体关系时的群己观念、伦理秩序。商代以前，社会组织形态以亲族为共同体特征。西周统一中原，封建诸侯，以藩屏周，其分封制度即是以皇族血亲为基础不断延伸、扩展的伦理秩序。家是小国，国是大家，家以人为本，国以家为本，一切更广泛的社会秩序都是基于家庭秩序的向外拓展。

中国人的集体是一个由家庭扩大而成的类亲缘共同体。在这种基于差序格局的群己关系中，己与群并非对立关系，而是统一关系，己依群存、相依为命。个人在群体之中生存，面对个人利益与群体利益的选择关头，则要突出集体人格、大局观念，并由此发展出"天下为公"的理念。公即超出个人的利益和价值：个人是私，家庭、家族是公；家庭、家族是私，国家和社会是公。正是在集体主义观念的浸润下，中国人尊崇推己及人的原则，发展出"己欲立而立人、己欲达而达人"的思想，利己与利人互为因果、彼此转化、辩证统一。

这种家国同构的思想，承载着中国人心中的家园意识和同胞意识，即使身处异国他乡，血脉情谊也无法割舍。正如《论语·颜渊》中所说，"四海之内，皆兄弟"，同胞之情犹如血亲，家园始终是中华儿女魂牵梦绕的故乡，永远是海外游子的心灵安顿之所。尤其当近代面对西方文明冲击并遭受屈辱时，这片家园又成为中华儿女走向现代文明的起点和动力。历经5000多年的兴衰更迭、风流云散，贯穿中国历史的大逻辑是多民族国家追求团结统一的向心力。

除了以爱国主义为核心的团结统一精神，中华民族精神的另一个重要内容是勤劳勇敢，这与黄河流域的农耕生产和生活方式分不开。黄河流域是中国最早且最为典型的农耕生产区域。这里的农业生产以长周期生产为特征，一年一熟，遵守着春种、夏长、秋收、冬藏的时令规律，因此必须持续地、勤勉地投入劳动。一分耕耘，一分收获，精耕细作，才有可能获取最基本的生存物资。"艰难困苦，玉汝于成"，"忧劳可以兴国，逸豫可以亡身"，这正是中国人民发自内心的对勤劳的赞颂、对安逸的警惕，并以此作为对自己的勉励。

在靠天吃饭的年代里，一旦遇到自然或人为灾害，每每劳而无获。这样的生产、生存条件，培养了黄河流域先民们的耐心与韧性，同时他们也必须养成勤俭节约的生活习惯。"谁知盘中餐，粒粒皆辛苦"，中国人往往将勤劳与节俭联系在一起，感恩土地的馈赠，珍惜一餐一食，以节俭、节流的方式来谋划未来。中国人的勤劳品性正是在长期受制于自然与平衡人地间矛盾过程中逐渐养成和塑造的。

千百年来，中国人与这片广袤黄土长相厮守，安贫乐道，任劳任怨。他们对土地充满深情，感恩天地的馈赠，在与天地万物的相处中发展出天人合一的农耕智慧，形成一种朴实乐观、忠厚安分、顺天应人的民风，在有限的条件下奋力追求美好生活。他们有着一份"日出而作，日入而息。凿井而饮，耕田而食。帝力于我何有哉"的悠然自得，也满怀着耕读传家的生活理想。同时，中华民族的农耕传统还体现在重农抑商的价值取向上，从精英文化到民间文化，农为国之本的观念深入人心。以黄河流域为基点，中国的农耕文明发育得极为成熟、完善。

基于有限资源而培养起来的韧性和刚毅，形成了中华民族内敛勇敢的民族特性。黄河流域的先民性格内敛温和，他们表现出一种"老实人的血性"，以忍让、容受为先，不主动惹事或进攻，知雄守雌、先礼后兵。在日常行为中，以礼仪之邦为标尺，注重谦谦君子的人格养成。但他们的退让并非没有底线，一旦底线被突破，也会后发制人，"君子不忧不惧"，"好谋而成"。尤其是在与游牧民族的交融互动中，更增添了开疆辟土、包纳四方的勇者之心。需要特别强调的是，中国人的勇敢，不是匹夫之勇，更不是侵略之勇，而是血气之勇与义理之勇的结合。

商鞅变法后，秦人勇于公战，怯于私斗；《孟子》中所褒扬的"舍生取义"，皆说明中国人的"勇"往往与"义"相连，一般表现为面对道义与原则时毫不退缩，明辨是非，追求义理。理想的人格境界是有理直气壮之势，养一身浩然之气，生理智无畏之勇。

上述也决定了中华民族精神的又一重要内容是爱好和平。黄河为中华民族注入了内敛友善的心灵底色。中华民族多元一体格局的形成过程，既是历时的，也是共时的。中华文明出场、演化、发展的空间地理格局的一体性，生产生活方式的多元多样性，特别是农耕与游牧两种历史力量相生相激、角逐竞合，犹如历史的碾盘和巨锤，濡养和铸造了中华文明和中华民族多元一体、开放包容的共同体意识。

中华民族的大一统格局与中央集权的治理体系，主要来自黄河流域早期王朝的孕育、萌芽，并经由秦汉两代奠定根基，这种治理体系的形成受到黄河流域地理地貌和自然条件的深刻影响。建基于黄土高原的西周，以封建的方式制定了一种适应当时农业发展形态的治理模式，又以宗法制度保障其封建统治趋于稳固。秦灭六国，废除封建制，建立中央集权和郡县制度。这种中央集权的治理体系，对于人口众多、幅员辽阔的大文明体而言，具有内在的、制度上的合理性与先进性。总之，中华民族对外充满包容性，对内则形成了精细的制度设计与治理方式，因而带来了对外的非破坏性与对内的稳定性，为中华民族爱好和平的基因奠定了制度性的基础。

黄河流域的先民们在农耕生活中安土重迁，养成了防御性而非扩张性的人格特质。黄河流域的农耕生活方式，有很强的内倾性，"父母在，不远游，游必有方"，不主动扩张，不远征，注重稳定性、保守性。这与逐水草而居的游牧文明和窥测广博大海的商业文明的外向性、进攻性和冒险性，在文明特质上有显著的不同。中华民族的辽阔疆域，并非主观意愿上的扩张行为所得，往往是在外来压力下绝地反击的结果，初心与旨归不外乎保护自身的生存与安全。在农耕生活中与自然相处的智慧，也是孕育中华民族和合思想的丰厚源泉。先民们在这片土地上耕耘，根据自然时节、气候变化来安排自己的生活，他们对于土地、自然的态度从来都是呵护、哺育、浇灌，不是促逼、压榨、征服。他们视自然万物为有情的生命，对于自然不是以主客二分态度看待，而是将人置于自然万物之中，化生万物，彼此交融，追求温润如玉的人格境界。中医学的阴阳调和观念，"内外调和，邪不能害""阴阳离决，精气乃绝"，强调人的身体是一个整体，不仅仅是器官的机械组合。人体健康的前提是身体内部的气血平衡以及人与自然的协调。这样的自然观、生命观使得中国人养成了追求和谐、呵护他者、友善相处的性格特征，从根本上决定了其具有爱好和平的民族气质。

黄河流域孕育了中国人追求天地人和谐共处的和合思想。黄河流域的先民在最早的星象观测、农耕生产中敬天法地、敬畏天命，经三代之治、三朝更迭、春秋诸子争鸣以及后来的儒释道交流融合，形成了中国人基于人与自然、人与人、人与内心的逻辑关系的和合思想。"和谐"往往用来表达人与自然的状态，"和睦"用来表达人与人的状态，"平和"用来表达人的内心状态。中国人追求通过内在超越化解冲突：道家思想中蕴含着人与自然和谐相处的智慧；儒家的"仁者爱人""己所不欲，勿施于人"思想中，蕴含着人与人的和谐共处之道；佛家的"性空""轮回"思想中蕴藏着内心的和谐、安宁。《国语·郑语》云："和实生物，同则不继。"《论语·学而》曰："礼之用，和为贵。"求同存异、以和为贵、和谐统一的和合思想是中华文化思想的普遍理想，塑造了我们的思维方式和价值取向。

黄河流域的历代王朝践行以和为贵、协和外邦的外交之道。在黄河流域兴起和壮大的中原王朝，往往在对外交往中，践行礼仪之邦的原则和承诺，实行靠典章文化的先进性来以理服人、以文化人，不求穷兵黩武，不依靠军事征服他者。即使是在国力强大时期，也坚持"以武止戈"，使用武力的目的不是对外扩张，而是谋求一种和平共处的方式。墨子创立墨家学说，带领墨家学团奔赴各地游说，制止战争，宣扬"兼爱""非攻"思想；《孙子兵法》中，"不战而屈人之兵"是其思想内核，强调攻心为上，以理服人；源于公元前3世纪的以中原王朝为核心的朝贡体系，强调"厚往薄来"，不依靠拳头征服；中原王朝与少数民族王朝之间的和亲制度，通过财物交换和结亲联盟，以和为贵，以和为上，推行感化政策。总之，中华民族一直以来坚持在分合之中取"合"，在治乱之中取"治"，反对争强好胜，期望通过治世实现盛世，避免乱世，以谦虚的心态化解矛盾冲突，达到求同存异。因此，中华文明的发展是一种聚变式而非裂变式的反应过程，并逐渐培育出中华民族注重内省、内敛防御、和平友善、协和万邦的文化气质。

和平与发展是当今时代的主题。习近平总书记站在谋求人类文明可持续发展的战略高度，提出人类命运共同体、人类文明交流与互鉴的主张，以开放包容的姿态协和万邦，这是在新时代对中华民族爱好和平的民族精神的传承发展与当代诠释。

自强不息的民族精神也与黄河的养育密不可分。黄河的和缓温驯犹如慈母的臂弯怀抱，黄河的不羁冲决则如同严父的训导呵斥，慈母严父共同培育出黄河两岸儿女自强不息、坚韧不拔的精神特质。

上古时代，先民们在天地万物、日月星辰、江河四季的运行中体悟生生不息的变化之道。精卫填海、女娲补天、夸父逐日，先民们正是借由这些神话故事，萌生出对世界的最初想象。这些神话故事中蕴藏着中国先民不屈服于外在环境，不屈服于命运的意识。"天行健，君子以自强不息""地势坤，君子以厚德载物"，正是在这种民族精神的支撑下，中华儿女在机遇面前只争朝夕，在挫折面前奋斗不息，在命运面前坚毅抗争。

黄河孕育了中华民族居安思危、未雨绸缪的忧患意识。作为中华民族文化源头之一的《周易》，是黄河流域上古先祖仰观俯察、适应变化而生成的"群经之首"。它在动乱不堪、民不聊生的殷周之际得以成书，其中《系辞》部分有云："危者，安其位者也；亡者，保其存者也；乱者，有其治者也。是故君子安而不忘危，存而不忘亡，治而不忘乱。是以身安而国家可保也。"这讲述的正是"居安思危""因穷而通"的忧患意识。黄河流域的农耕生活是先民们必须按照周期运转合理分配时间的一种生活方式，如若错失耕耘时节，就将颗粒无收，食不果腹。因此，必须按照时令节气合理安排每个环节，这种生活节奏，培育了先民们的耐心与韧劲，养成了生活的目标性与计划性，也带来了强烈的忧患意识。

《黄帝内经·素问·四气调神大论篇》云："圣人不治已病治未病，不治已乱治未乱。"《孟子·告子下》也认为："生于忧患，而死于安乐也。"中国人往往把困难想在前面，防患于未然，不仅忧自身、忧群体，更忧社稷、忧天下。范仲淹在《岳阳楼记》中慨然长叹："先天下之忧而忧，后天下之乐而乐。"林则徐受谪贬后风骨依然，"苟利国家生死以，岂因祸福避趋之"。中华民族的忧患意识得到不断的传承与发展，成为中华民族爱国主义民族精神的传神写照。

黄河锻造了中华儿女直面苦难、不屈不挠的坚韧意志。黄河的历史也是一部中华民族的灾难史。黄河水患，同样塑造了中华民族防范在先、治不忘乱的忧患意识。在上古时代，治理黄河是管理者的头等大事。舜命大禹治水，大禹因势利导、改堵为疏，胼手胝足，三过家门而不入。历史上黄河屡屡泛滥成灾，《孟子》一书提到黄河流域发生的饥荒达17次之多[1]。面对一次次灾难，人们并没有失去生活的勇气，而是不断与水患展开斗争，培养出中华民族直面苦难、生生不息的顽强意志。

---

[1] 黄仁宇：《中国大历史》，三联书店，2007，第26页。

黄河锤炼了中华儿女不畏命运、敢于斗争的抗争精神。中华民族的历史演进绝非一帆风顺。在不断遭受外族入侵、内部动乱中，虽屡遭磨难却越挫越勇。中华民族一次次经历外族的侵扰，最终用强大的文化同化力延续了中华民族的传统和血脉。特别是近代以来，中华民族面临亡国灭种危机之时，同样以强大的韧性逐渐从低谷中走出，重新站立起来，迎来中华民族伟大复兴的曙光。

大浪淘沙，历史最终选择了中国共产党人。中国共产党人带领各族人民开展了艰苦卓绝的斗争，历经千难万险的万里长征，将黄河岸边的延安建设成为决战中国命运的革命圣地，为古老的黄河文化注入强大的时代基因，继续谱写新的伟大史诗。

四、黄河：中华民族的伟大史诗

黄河流过千山万水，流过五千年历史时光。在这不息的奔流中，它见证了历史的悲剧与喜剧，也见证了朝代的盛衰更迭；见证了物阜民丰，也见证了流离失所；见证了中华儿女的光荣与梦想，也见证了他们所经历的苦难艰辛。然而，它却从未想过有一个时期，会像近代以来那样，让中华儿女遭遇那么沉重的失败，那么深重的苦难，那么悲惨的命运。落后就要挨打。近代以来，中华民族前进的历史巨轮不仅遭遇残暴的帝国主义的阻力，遭遇腐败的封建主义的阻力，遭遇贪婪的官僚资本主义的阻力，还遭遇了它们纠结在一起所产生的更加野蛮、反动、疯狂的阻力。

随着资本主义在欧洲的产生、在世界范围的扩张，中国被卷入铁血竞逐的世界潮流中，被裹挟进帝国主义的硝烟炮火中。自1840年英帝国轰开中国大门开始，半个多世纪以来，几乎所有资本主义、帝国主义国家都参与了对中国的掠夺。在他们的武力胁迫下，中国的政治、经济、文化主权一步步沦陷，一头坠入半封建半殖民地的黑暗渊薮。在这沉沦中，黄河——中华民族的母亲河，成了哀伤的河、悲泣的河。

历史是残酷的，但又是公平的。在辩证唯物主义的视野中，巨大的磨难往往意味着意义深远的警醒与砥砺，最终以历史的阔步前进为补偿。在帝国主义、封建主义、官僚资本主义三座大山重压下，中国陷入无边的黑暗，但这也正是中华民族优秀儿女上下求索、开创新路的历史时期。诚如马克思所言："鸦片没有起催眠作用，反而起了惊醒作用。"①从鸦片战争开始，中国人民为反抗内外压制和变革中国，进行了长期英勇顽强的斗争，仅从1841至1849年的九年间，就爆发了110多次农民起义，汇成一股惊心动魄的革命潮流②。意义更为深远的是，随着民族资本主义的萌芽与发展，在近代中国出现了两个新的阶级——资产阶级和无产阶级，他们为中国的社会运动赋予了崭新的内涵。首先登上历史舞台的是民族资产阶级，以孙中山为领导的资产阶级革命派发动的辛亥革命，不仅推翻了清王朝的封建统治，宣告统治中国几千年的封建专制制度的灭亡；而且在中国大地上树立起民主共和的大旗，使民主共和思想天下流传。但由于资产阶级的软弱性和政治上的不成熟，也由于反动势力的力量异常强大，辛亥革命的胜利果实很快就被北洋军阀窃取，辛亥革命给长夜漫漫的中国带来的光明也转瞬即逝。

辛亥革命的破产，给中国的先进分子带来极大痛苦，使其中一部分人陷入苦闷彷徨，但也促使更多的人痛定思痛，呐喊求索。新文化运动就是在这样的历史背景下发生的，其倡导者以文学革命为突破口，高举民主、科学大旗，高扬立人哲学，对旧文化、旧礼教进行批判，为进步思想传入中国开辟了空间。特别关键的是，五四运动中，马克思主义传入中国。五四运动以其反帝反封建的革命彻底性、追求救国救民真理的进步性、各阶层民众积极参与的代表性，使中国的革命斗争超越旧民主主义阶段，进入新民主主义阶段。

这一切都表明，经历了近代以来中国社会剧变的磨砺，经历了反帝反封建斗争的锤炼，经历了马克思列宁主义同中国工人运动结合的实践检验，成立中国共产党已成为中国社会发展的必然要求，也成为最热切的时代呼声。1921年7月23日，中国共产党第一次全国代表大会在上海召开，7月30日转到浙江嘉兴南湖的一只游船上举行，大会正式宣告中国共产党成立。一个以马克思主义为指导、勇担民族复兴历史大任、必将带领中国

---

① 马克思：《中国记事》，载中共中央马克思恩格斯列宁斯大林著作编译局编译《马克思恩格斯全集》（第15卷），人民出版社，2016，第545页。

② 中共中央党史研究室：《中国共产党历史》（第1卷　上册），中共党史出版社，2010，第11页。

人民创造人间奇迹的马克思主义政党——中国共产党应运而生，黄河母亲即将迎来和拥抱她最优秀的儿女，中国历史就要进入开天辟地的新阶段。

中国共产党第一次全国代表大会召开时，共有13名代表，代表着各地的50多名共产党员。毋庸讳言，这是一个很小的组织，而且由于当时党的活动处于秘密状态，这次大会几乎没有引起什么反响。然而，就是这次大会使死水微澜的中国开始活跃、跳荡、奔腾起来。因为中国共产党一成立，就明确将马克思主义写在自己的旗帜上，中国反帝反封建的革命事业由此有了科学的理论指导，有了明确的前进方向，并与世界进步潮流齐头并进。因为中国共产党一成立，就树立了共产主义的最高理想和社会革命的根本目标，亮出了自己的初心使命，成为中国社会前进方向的代表。因为中国共产党一成立，就下定决心深入下层，到占中国人口绝大多数的劳苦大众中去，中国反帝反封建的革命运动由此获得了广泛的代表性和源源不断的动力。因为中国共产党一成立，就按照马克思列宁主义的建党原则，用共同的理想、严明的纪律、严密的组织把自己建设成中国革命的先锋队，灾难深重的中国有了可以信赖的组织者和领导者，近代以来一盘散沙的中国社会终于找到了期盼已久的向心力、凝聚力。正所谓"其作始也简，其将毕也必巨"，中国共产党的成立，恰如黄河之水，自其源头看，不过涓涓细流；但由于居于历史高峰，蓄积着无比强大的势能，因而自其萌发，就显示出"黄河之水天上来，奔流到海不复回"的远大前途。

中国共产党成立后，以前所未有的深度和广度唤醒了中国人的民族意识，使民族自觉达到空前高度，实现了中华民族的涅槃。在千年未有之大变局、大危机中，中华民族共同体意识加倍熔炼、升华与结晶。在这一过程中，中国社会各阶层的先进分子都作出了自己独特的贡献，但只有当中国共产党把马克思主义的民族观引入中国，并以之为指南处理民族问题后，才真正打破、消解了各民族间沉积千年的阻隔，融通万民，将中华民族熔铸为一个强大的命运共同体。在万里长征中，红军就已经将民族平等、团结的种子播撒在革命的征途中；在抗日战争中，中国共产党团结御侮的正确主张进一步激发了中国人民的民族自觉意识；中华人民共和国成立后，中国共产党更是将民族区域自治作为一项基本政治制度确立下来，牢固地树立起中华民族共同体意识，使中国各民族像石榴籽那样紧紧抱在一起。在中华民族共同体意识形成过程中，作为中华民族先民繁衍生息之地的黄河流域发挥了不可替代的作用，黄河文化犹如一条无声的大河，在悄然却绵长有力的涌流中，贯通了中华儿女的血脉。

中国共产党成立后，以前所未有的远大眼光观察历史与现实，重新发现中国、激活中国，为中国发展找到了空前宽广的战略空间，为扭转近代以来连续沉降的历史轨迹开发出无尽的上升势能。在近现代中国历史中，平静、内向、保守、贫瘠的北方与开放、活跃、进取、富庶的南方形成鲜明对比。南方往往是各种政治力量的首选之地，孙中山领导的国民党就以南方为中心发动国民革命；蒋介石更是以江浙财阀为支撑，建立起南京国民政府。可以说，近代以来，广袤的中国北部一直处于漫长的沉潜期。中国共产党的成立，打破了历史的沉寂。第二次国内革命战争时期，毛泽东就从国际国内形势出发，确立了武装革命，以及在国民党统治力量比较边缘、薄弱的区域建立根据地的思想。在长征中，中国共产党领导红军纵横南北，像一条红飘带一样把广袤的中国串联起来，最后在黄河上游的陕北高原扎根，建立了中国革命、民族精神和先进文化的高地，吸引着中国和世界的目光。无数进步青年突破国民党的重重封锁，跋山涉水，来到这里追求光明，燃烧生命，这片贫瘠、沉寂、压抑的土地，这条凝滞、沉重、呜咽的大河，迎来新生，焕发出前所未有的璀璨光华。中国革命主场的转换，使得中国的革命和思想文化在一个更广大、更完整的时空中展开。

中国共产党成立后，团结和带领中国人民胜利完成从"站起来"到"富起来"的历史使命；现在，又团结和带领中国人民向着实现中华民族伟大复兴的目标前进。像黄河和黄河文化那样，一往无前，独立自主，走自己的路，中国共产党不忘本来、吸收外来、面向未来，在中国革命和建设时期、在改革开放的社会主义现代化浪潮中，走出了一条具有中国特色的革命、建设和社会主义现代化之路。

伟大的实践创造伟大的文化，伟大的文化催生伟大的实践。中国共产党在领导中国人民进行社会主义革命、建设以及改革开放时，不仅全力改造物质世界，而且倾心改造精神世界；不仅推动中华优秀传统文化创造性转化、创新性发展，而且在社会主义革命、建设中创造了辉煌的革命文化和社会主义先进文化，滋育中国心、塑造民族魂。中国共产党在成立之初，就致力于革命文化的创生。在铁血革命中，更是以"我以我血荐轩辕"的豪情，萃取革命精神，汇聚革命文脉。在经历了长征这场人类历史上旷古未有的军事远征和精神远行，扼住命运的咽喉，立足陕北的高天厚土之后，随着毛泽东思想走向成熟，党的建设、军队建设、社会建设都达到新高度，革命文化更是蔚为大观，臻于化境。

《毛泽东选集》四卷共收录159篇文章，有90多篇写于延安的窑洞中，占总数的58%以上。毛泽东之所以将执笔著述作为这一时期的核心工作，不仅因为他和全党正面对抗日战争全面爆发的新局势、新任务，更因为他下定决心要总结中国共产党自成立以来的经验教训，探索中国革命的正道。正是在这双重动力下，毛泽东殚精竭虑，以如椽之笔写下中国革命史上最辉煌的系列篇章。在这一时期，他写下了《论反对日本帝国主义的策略》《中国革命战争的战略问题》《论持久战》等军事著作，分析战争规律，揭橥革命战略，为民族民主革命擘画蓝图。在这一时期，他写下了《中国共产党在民族战争中的地位》《统一战线中的独立自主问题》等剖析天下大势的理论杰作，阐明了统一战线思想，为民族民主革命引路导航。在这一时期，他写下了《五四运动》《〈共产党人〉发刊词》《在延安文艺座谈会上的讲话》等思想文化名篇，指明革命文艺的前途和青年运动的方向，激发出革命文艺的高潮。在这一时期，他写下了《新民主主义论》《论联合政府》等系统阐述新民主主义政治、经济、文化的集大成之作，规划革命道路，指引革命航船。在这一时期，他写下了《纪念白求恩》《为人民服务》《愚公移山》等悼人记事的有情之文，生动传达了共产党人的初心使命，展露了共产党人的襟怀抱负。在这一时期，他写下了《改造我们的学习》《整顿党的作风》《反对党八股》等整风文献，改造了党风、文风、学风，使中国共产党风清气正、蓬勃向上。在这一时期，他还写下了马克思主义中国化的哲学名篇《矛盾论》《实践论》，抓住"方法论"这个牛鼻子，从根本上解决了中国革命的道路难题。

在这些经典文献指引下，延安和各根据地的革命实践欣欣向荣、别开生面。经过延安整风，全党确立了实事求是的辩证唯物主义思想路线，使干部在思想上获得提高，使全党实现空前的团结，为革命胜利奠定了坚实的组织基础。经过延安文艺座谈会，文艺为工农兵服务、为政治服务的观念深入人心，文艺工作者自觉深入生活，创作出一大批优秀作品，使文艺成为战胜敌人必不可少的"武器"。经过"大生产运动"，不仅达到了自己动手、丰衣足食的目的，缓解了军民供需的重大矛盾，打破了国民党顽固派封锁和扼杀中国共产党革命力量的企图，而且弘扬了中华民族自力更生、艰苦奋斗的传统……在这些实践中，革命文化集束式爆发，产生了抗大精神、白求恩精神、南泥湾精神、张思德精神、劳模精神等，汇聚成光照千秋的延安精神。

在延安精神照耀下，中国道路展现出来，中国命运豁然开朗。难怪黄炎培等民主人士在延安看到了跳出"其兴也勃焉，其亡也忽焉"的历史周期律的希望；难怪南洋华侨领袖陈嘉庚在延安之行后禁不住感慨万千，发出"中国的希望在延安"的肺腑之言；难怪毛泽东在重庆谈判期间，不无自豪地写下"重庆有官皆墨吏，延安无土不黄金"的诗句；难怪"解放区的天是晴朗的天"成为一时名唱。正是在这个意义上，我们说陕北的山沟里孕育出了中国的马克思主义，延安土窑洞里的灯光照亮了中国革命的前程；也正是在这个意义上，我们说中国革命为殖民地半殖民地人民的解放运动提供了典范案例。

历史是有深意的，恰恰是在九曲黄河突破关山桎梏、一跃千里的延安，毛泽东思想走向成熟，中国革命文化创造了自己的高峰。可以说，正是由于延安精神的形成，中国的革命精神和革命文化方能以谱系的方式存在；中国的革命精神和革命文化也才如黄河一样，上下贯通，奔涌不已，吐故纳新，开创新境。也恰恰是由于革命精神、革命文化的谱系性存在，特别是其灿烂辉煌、生生不已的成果，赋予了黄河文化新的品格、新的精神、新的生命。黄河流域文脉深厚，孕育了一系列特色鲜明的地域文化，是中华文明之源、民族图腾象征。又经由延安精神交接、融贯，红船精神、井冈山精神、长征精神汇入黄河文化的巨流，壮大、涤荡、升华了黄河文化，使黄河文化成为人民文化、社会主义文化的鲜明表征。而且，随着社会主义革命、建设次第展开，升华了的黄河文化，还在持续催生革命文化、先进文化，使之在中国大地绚烂绽放。在黄河中游的河南兰考，"县委书记的好榜样"焦裕禄用自己的实践阐释了全心全意为人民服务的真谛，用生命书写了"焦裕禄精神"。在黄河下游的山东，一代代沂蒙人通过不懈的努力，在党的精神谱系中，写下了"沂蒙精神"的新篇章。

　　革命文化是在中华民族救亡图存、苦难而辉煌的历程中诞生的，它不仅具有独特的精神内涵，而且具有独特的美学底色。刚健是其重要的美学风格，这种风格在社会主义文艺中表现得淋漓尽致。自中国共产党立足延安，开创中国革命新境后，革命文艺井喷般涌现，杰作屡见不鲜，代表作首推《黄河大合唱》。历史上吟咏黄河的文艺作品成百上千，名篇众多，但由于《黄河大合唱》吸纳、提升了历代中华儿女追求独立、民主、自由、富强的心声与意志，因而展现出千古未见之刚健风骨与阔大气象，独领风骚。这样的歌声，让我们感受到的不再是哀怨、空旷，不再是悠远、悲凉，而是奋发振作和斗争崛起。我们感受到的，仿佛不再是奔涌滞重的黄水，而是滚滚而来的钢筋铁骨，一切阻挡它前进的障碍，都必将被冲为齑粉，裹挟而去。每个人都仿佛变成其中的一朵浪花，与整体紧抱在一起，为了共同的命运、共同的未来，向前、向前。这种文化又是质朴的。在艰苦的革命进程中，在星星之火可以燎原的井冈山，在穿越无数民族地区的二万五千里长征中，在黄土高原建设边区政府、发展革命根据地时，在与各民族人民的交流交往中，中国共产党一定发现了蕴藏于人民大众中的朴素主义精神，一定为这种朴素主义精神所吸引，一定意识到这种精神的宝贵，兼收并蓄，创造出一种现代新文化。大概这正是毛泽东不赞成笼统地说城市进步、农村落后的原因；是他要文艺工作者深入生活、转变情感的原因；也是他看了延安平剧研究院创作演出的《逼上梁山》后，在给主要创作者的信中表扬他们做了很好的工作、把被统治阶级颠倒了的历史重新颠倒过来的原因。

　　正是由于这种新创，社会主义文艺的面貌才焕然一新，不仅历史上不被重视的木刻、民谣、秧歌等朴素的文艺形式变成文艺的重要组成部分，而且释放出巨大的艺术能量，令人很难相信，那些震撼灵魂的作品竟然只有这样朴素的形式，竟然是用如此简单质朴的方法创作出来的！更重要的是，经由这种形式革新，创造历史却又被历史屏蔽了的劳动人民终于走上舞台，成为主角。正是由于这种新创，使得接触这种新文艺的人，一下子就被其所吸引，使得中国共产党天下归心。乔羽作词的歌曲《一条大河》可谓其中的代表作，这首歌没有华词丽句，没有奇技异巧，但就是这样平实质朴的歌，这些家常话般的唱词，却打动了无数听众，使他们想起祖国的辽阔土地、明媚风光，想起家乡的美丽富饶、淳朴风情，想起祖国健美的男子、俊秀的女儿，想起黄河、长江这样的滚滚巨流和家乡的小桥流水。

这种新文化是传统黄河精神的现代升华。质朴而雄浑的黄河文化精神以大气磅礴的汉唐意象为代表，不同于南宋以来形成于江南，以婉约、细腻、幽雅见长的文人文化。中国共产党人正是黄河文化的现代继承和发扬者，这先进的文化必然激励我们拥抱未来，走向远方。

文艺是历史的缩影。历史上，以黄河区域为中线，以万里长城和丝绸之路为两翼，形成了中国古典文艺史中在主题、题材、形式、质量和影响力等各方面，最早、最多、最大、持续时间最长也最为辉煌的作品富集区。黄河就是一部打开的书，上面书写了中国古典文艺最为华美深刻的不朽篇章。在其中，我们看到了中华民族交往融合的大历史，也看到了这一过程中人民的苦乐悲欢。自近代以来，随着民族国家意识的觉醒，随着中华民族命运共同体的构建，以黄河为对象、为象征，中国的文艺达到一个空前的高峰。在历史温度最高、精神结晶最美的"第一现场"，一批史诗之作喷薄而出；在这样的歌唱和书写中，一个崭新的现代中国正脱颖而出，一条人间正道正徐徐展开。

沿着这条道路，中国共产党领导各族人民取得了中国革命的胜利；沿着这条道路，中国共产党领导各族人民取得了社会主义建设和改革开放的胜利。在所有这些时刻，以文艺为载体，黄河文化都发出了最为澎湃的声音，成为凝聚民族共识、传达人民心声最强有力的存在。

进入新时代，也应同样如此。在党的十九大报告中，习近平总书记指出"中国特色社会主义进入新时代，意味着近代以来久经磨难的中华民族迎来了从站起来、富起来到强起来的伟大飞跃，迎来了实现中华民族伟大复兴的光明前景"，然而，"中华民族伟大复兴，绝不是轻轻松松、敲锣打鼓就能实现的。全党必须准备付出更为艰巨、更为艰苦的努力"[1]。这就是说，中华民族到了又一个转型升级的关键时刻。

---

[1] 习近平：《决胜全面建成小康社会，夺取新时代中国特色社会主义伟大胜利》，载《习近平谈治国理政》（第三卷），外文出版社，2020，第8、12页。

　　习近平总书记在黄河流域生态保护和高质量发展座谈会上指出，"黄河流域在我国经济社会发展和生态安全方面具有十分重要的地位"，"在我国5000多年文明史上，黄河流域有3000多年是全国政治、经济、文化中心"，"九曲黄河，奔腾向前，以百折不挠的磅礴气势塑造了中华民族自强不息的民族品格，是中华民族坚定文化自信的重要根基"①。这告诉我们，中华民族伟大复兴离不开黄河流域的全面振兴，尤其离不开黄河文化的再次复兴，应该孕育出新时代的文艺"高峰"。因此，习近平总书记特意提到黄河文化，指出"黄河文化是中华文明的重要组成部分，是中华民族的根和魂"，鼓励广大作家、艺术家"要深入挖掘黄河文化蕴含的时代价值，讲好'黄河故事'，延续历史文脉，坚定文化自信，为实现中华民族伟大复兴的中国梦凝聚精神力量"②。这为作家、艺术家创作出无愧于伟大时代、伟大人民的优秀作品，讲好"中国故事""黄河故事"指明了方向，意义深远。

　　与以往相比，我们今天的时代生活，在一个更快、更大、更深、更复杂、更辽阔、更激动人心的维度上展开，要想从整体上认识理解它，用全部的心灵情感去体验它，用完美的艺术形式去表现它，是一个更加艰辛的过程。打造中华民族新史诗，更是一条从"高原"向"高峰"冲刺的艰难之路。历史上，以黄河为中心的区域，文化和文艺"高峰"最多。今天，所有想冲击文艺"高峰"的作家、艺术家，必须回望黄河，栏杆拍遍，站在前人的肩头，披沥俯察波澜壮阔的现实生活，才能捧出配得上中华民族伟大复兴这一历史进程的心血之作。

（作者系任慧、李静、肖怀德、鲁太光）

---

① 习近平：《在黄河流域生态保护和高质量发展座谈会上的讲话》，《求是》2019年第20期，第4-11页。
② 习近平：《在黄河流域生态保护和高质量发展座谈会上的讲话》。

文化共同体、文化认同与
国家文化公园建设

党的十八大以来，在实现中华民族伟大复兴的历史征程中，面对百年未有之大变局的国内国际新环境、新问题和新挑战，铸牢中华民族共同体意识、大力培育中华民族文化共同体认同是历史的必然选择。从2017年中共中央办公厅、国务院办公厅印发的《国家"十三五"时期文化发展改革规划纲要》明确提出"规划建设一批国家文化公园，形成中华文化的重要标识"，2019年中共中央办公厅、国务院办公厅发布《长城、大运河、长征国家文化公园建设方案》，到2020年党的十九届五中全会决议提出"建设长城、大运河、长征、黄河等国家文化公园"，我国国家文化公园建设逐步从政策变成现实。

国家文化公园是在新时代中国语境下提出的一个特有概念，是一次重大的文化治理体系和文化话语体系创新。国家文化公园是我国在民族复兴、文化强国和旅游发展的背景下提出的新概念，是"大型文化遗产保护的新模式和优秀文化展示的新方式"①，其与联合国教科文组织提出的"世界遗产"、美国等西方国家的"国家公园"、我国建立的以自然保护区为主体的"国家公园"，以及我国其他诸多类型的各级文化文物保护体系都有着本质上的不同。有必要从文化共同体和文化认同的角度，对我国国家文化公园的性质、内涵和建设理念进行系统阐述，建构中国国家文化公

---

① 李飞、邹统钎：《论国家文化公园：逻辑、源流、意蕴》，《旅游学刊》2021年第1期，第14—26页。

园的理论体系和话语体系，不断夯实中华民族文化共同体。

一、国家文化公园概念内涵的中外比较

（一）国家文化公园是对我国现有文化文物保护体系的整合提升

国家文化公园是我国已经设立的其他类型的文物和文化资源保护体系的功能集成载体和必要的补充。《长城、大运河、长征国家文化公园建设方案》指出，设立国家文化公园是为了"整合具有突出意义、重要影响、重大主题的文物和文化资源，实施公园化管理运营，实现保护传承利用、文化教育、公共服务、旅游观光、休闲娱乐、科学研究功能，形成具有特定开放空间的公共文化载体"。

国家文化公园对其他各类文物和文化资源的整合作用主要体现在二个方面。一是文化价值的整合。各级文物保护单位，历史文化名城、名镇、名村、街区，大遗址保护区，考古遗址公园，文化生态保护区等，往往侧重于对单体或单个地域的文化资源的保护；国家文化公园则通过大尺度、大范围、大跨度的时空纵横，将各类文物和文化资源整合于特定的文化价值体系之中，发挥出文化价值的集合放大效应，凸显文化共同体价值。二是文化功能的整合。其他各类文物和文化资源保护区往往侧重于保护传承的某一方面，各级各类旅游景区侧重于文化的开发与利用；国家文化公园则强调实现文化的综合价值，是文化保护传承弘扬的功能集成。

同时，对国家文化公园与我国已经设立的"国家公园"也应进行区分。国家文化公园既不是国家公园的某种类型，在性质和功能上也与之有很大的区别。2015年，国家发改委等13部委联合印发《建立国家公园体制试点方案》，我国国家公园体制正式成型，迄今全国共批复设立了11家国家公园，由国家林业和草原局（国家公园管理局）统筹管理。国家公园是"以保护具有国家代表性的大面积自然生态系统为主要目的，实现自然资源科学保护和合理利用的特定陆地或海洋区域"。显然，相较以自然保护为主、边界范围清晰的国家公园，国家文化公园是以特定文化价值为引领而形成的涉及多个文化资源保护区（点）的综合性的文化生态系统。

(二)国家文化公园与欧美国家的相关概念有本质区别

民族国家是一个晚近的、西方式的话语体系。民族国家的成型，学术界普遍认为始自1648年欧洲各国达成的《威斯特伐利亚和约》，民族和民族认同是以欧洲为代表的诸多近代民族国家形成的基础。文化遗产在西方学术界的话语体系中具有建构民族国家身份认同的独特意义，欧美等西方国家在构建其文化遗产保护体系的过程中十分强调其塑造文化认同、国家认同的价值和作用。

美国作为一个移民国家，国家历史较短，也是世界上民族和文化最多元的国家之一，强化美国的国家认同受到高度重视。美国国家历史公园（National Historical Park）是美国实现对具有国家重大意义的文化遗产保护的重要平台，于1933年纳入美国国家公园管理体系。截至2019年，美国共设立国家历史公园57个，涵盖了在美国历史上具有重要意义的历史遗址遗迹。

欧盟委员会秉承"多元统一"的文化治理理念，将欧洲共享的文化遗产作为强化欧洲一体化战略的重要举措。欧盟于1987年正式发起命名"欧洲文化线路"项目，通过体现欧洲价值的主题文化线路串联起散落分布于欧洲各国的文化遗产和遗迹，迄今已经命名了32条欧洲文化线路。

中国国家文化公园的设立与美国的国家历史公园、欧盟的欧洲文化线路等有类似之处，都十分强调对于共同的文化身份的认同，即"文化共同体"的确立，但中国作为多民族统一的"文明型国家"，其国家性质决定了中国国家文化公园与美国的国家历史公园、欧盟的欧洲文化线路又有本质上的不同。美国作为一个移民国家，建国历史较短，其国家历史公园体系首先注重的是国家认同，在国家认同的基础上再来强化文化认同。欧盟是由27个成员国组成的具有"邦联"性质的国际组织，其设立欧洲文化线路的目的是培育欧洲各国共享的文化共同体，以此来强化欧洲价值和欧洲文化认同，属于区域文化认同的范畴，与国家和民族文化认同有着本质的区别。中国国家文化公园的设立，基于对文化保护、传承、弘扬、创新、利用等功能的整合，塑造并强化中国作为多民族文化认同型国家的文化认同和国家认同，不仅开创了一个全新的文化公园概念，同时也创新了体现中国道路话语体系的文化治理模式。

二、新时代彰显中华民族文化共同体认同的国家文化空间体系

(一)文化认同型国家建构中的中华民族文化共同体

我国是一个有着五千年辉煌灿烂文明史,各民族"多元一体"的文化认同型国家。与西方社会形成的以民族认同为基础、中东地区形成的以宗教认同为基础的国家形式不同,中国是一个典型的以文化认同为基础的国家①,文化认同在维护国家统一、民族团结的过程中扮演着灵魂和纽带角色。明末清初思想家顾炎武系统阐述了其"天下"理念,认为"是故知保天下,然后知保其国"。顾炎武所说的"天下"是一个文化概念,指的是中华文化的道统传承,是中国各民族所共享的文化共同体,"保天下"即是国家的合法性来源。当代哲学家梁漱溟指出,"中国思想正宗……不是国家至上,不是种族至上,而是文化至上",文化认同在中国的国家建构中有着至关重要的地位。

近代以来,面对西方文明在政治、军事、经济、文化等领域的强势冲击,中国传统的国家和民族建构的"天下主义"和"华夷之辨"理论体系逐渐被西方现代民族国家理论所取代,"天下主义转变为西方为中心的近代文明论,夷夏之辨蜕变为以种族意识为基础的近代民族主义"②。在"亡国灭种"的民族危机感面前,"中华民族"作为一个政治概念应运而生,成为中国作为现代国家建构的"国族"③。费孝通指出,"中华民族作为一个自觉的民族实体,是近百年来中国和西方列强对抗中出现的"④。

① 傅才武:《文化认同型国家属性与国家文化战略构架》,《人民论坛》2021年第4期,第101-103页。

② 许纪霖:《"好的"文明与"我们的"文化》,《中国科学报》2015年9月25日,第9版。

③ 许纪霖:《国族、民族与族群:作为国族的中华民族如何可能》,《西北民族研究》2017年第4期,第10-20页。

④ 费孝通:《中华民族的多元一体格局》,《北京大学学报》(哲学社会科学版)1989年第4期,第3-21页。

　　"共同体"（Community）是指人类社会或自然界有机体在共同条件下结成的某种集体，广泛应用于社会学、政治学和生态学等领域之中。法国启蒙运动的代表人物卢梭最早将 Community 用在了"共同体"这一意义上。德国社会学家滕尼斯认为人类的群体生活体现为两种类型：共同体与社会，共同体是有机地浑然生长在一起的整体，而社会是一种目的的联合体。滕尼斯提出共同体的基本类型包括血缘共同体、地缘共同体和精神共同体等。文化共同体是人类社会共同体中的高级形式，属于精神共同体的一种表现形式，"是基于共同或者相似的价值观念和文化心理定式而形成的社会群体，是一种特定文化观念和精神追求反映在组织层面上的有机统一体"[1]。

　　民族文化认同在现代国家的形成过程中发挥了重要作用，民族学家本尼迪克特·安德森就提出了"民族是想象的共同体"这一著名观点。如何理解中华民族文化共同体？费孝通提出了"中华民族的多元一体格局"的重要论断，这是对中华民族文化共同体之根本特质最恰当的表述。中华民族是由历史上多个不同民族在中华大地辽阔的地域空间之中，经过长时期冲突与融合形成的整体。中华民族文化共同体是"以共同的语言文字、历史记忆、传统价值观和共同心理特征等为纽带组成的民族文化有机体"，它"与国家文化软实力战略目标连接在一起，日益成为国家重要战略资源和民族整体利益所在"[2]。

　　在新时代实现中华民族伟大复兴的历史征程中，中华民族的崛起不可避免地要不断应对和处理全球化和文明冲突的复杂关系。面临百年未有之大变局的国内国际新环境、新问题和新挑战，培育中华民族文化共同体认同、建构中国话语的国家和民族文化认同具有重要的历史意义。因此，建设国家文化公园具有超越一般文化文物资源保护利用功能的更为深远的意义。

---

[1] 傅才武、严星柔：《论建设21世纪中华民族文化共同体》，《华中师范大学学报》（人文社会科学版）2016年第5期，第63-74页。

[2] 傅才武、严星柔：《论建设21世纪中华民族文化共同体》。

（二）国家文化公园是彰显共同体价值的国家文化空间体系

我国目前已经确立了长城、大运河、长征、黄河等四处国家文化公园，从时间上跨越了从中华文明起源、发展到近代新民主主义革命的较长历史时期，从空间上覆盖了我国绝大部分区域，其在时空上的大尺度前所未有，在世界上所有类型的"国家公园"相关概念中也是独一无二的，对于多元一体、海纳百川、源远流长的中华文化具有最广泛的代表性，是彰显共同体价值的国家文化空间体系。

所谓文化空间，是一种"具有文化意义或性质的物理空间、场所、地点"①，是"富含象征、意义、符号、价值、情感、记忆的场所"②。文化空间具有明确的物质空间和象征意义系统，是两者的有机结合③。国家文化空间体系在国家的形成和发展过程中发挥了关键性的作用，产生了深远的影响，留下了深刻的国家文化记忆，在国家范围内具有广泛的代表性，是培育国家文化认同和文化价值的重要场所。

习近平总书记在2019年全国民族团结进步表彰大会上的重要讲话中指出："要树立和突出各民族共享的中华文化符号和中华民族形象，增强各族群众对中华文化的认同。"我国作为一个有着悠久文明史、多民族"多元一体"的文化认同型国家，国家文化公园应兼具深刻的国家性和最广泛的代表性，应是各民族广泛认同并共享的文化符号和文化纪念地，因而其往往不是一处单个的国家文化纪念场所，而是成体系地出现的。我国目前确立的长城、大运河、长征、黄河等四处国家文化公园都在中国、中华民族、中华文明的形成、发展和演变过程中发挥了关键性作用，产生了深远影响，具有深刻的国家性、广泛的代表性。因而，我国国家文化公园是一种彰显中华民族文化共同体价值的国家文化空间体系，展示了中华文化的时空立体形象。

---

① 向云驹：《论"文化空间"》，《中央民族大学学报》（哲学社会科学版）2008年第3期，第3–20页。

② 李玉臻：《非物质文化遗产视角下的文化空间研究》，《学术论坛》2008年第9期，第178–181页。

③ 傅才武：《文化空间营造：突破城市主题文化与多元文化生态环境的"悖论"》，《山东社会科学》2021年第2期，第66–75页。

长城国家文化公园包括了从战国时期到明朝两千余年来我国历代修筑的具备长城特征的防御体系，广泛分布在华北、东北、西北15个省区市的广阔地域。长城的修筑，是农耕文明时期我国农耕民族与游牧民族长期冲突融合的一条重要的文化"锋线"，对中国作为统一的多民族国家的形成和发展发挥了至关重要的作用。大运河国家文化公园包括京杭大运河、隋唐大运河、浙东运河三个部分，跨越了从春秋吴国开凿邗沟始至今两千余年的时间，包括华东、华北、中南地区八个省市，沟通了钱塘江、长江、淮河、黄河、海河五大水系，将我国南方与北方、经济中心与政治中心联结成为一个整体，有力地促进了全国范围内的经济文化交流，巩固了国家统一。长征国家文化公园以中国工农红军一方面军（中央红军）长征线路为主，兼顾红二、四方面军和红二十五军长征线路，涉及华东、中南、西南到西北的15个省区市。长征是一部伟大的革命英雄主义史诗，长征精神为中国革命不断走向胜利提供了强大精神动力，是重要的国家文化标志和符号。黄河国家文化公园以黄河流域为主体，横跨我国西北、西南、中南、华北、华东黄河沿线九个省区。黄河流域是中华文明的早期发源地，是中国历史长时期的政治、经济、文化重心，为中国和中华民族的孕育形成提供了最重要的肥沃土壤，更是中国和中华民族的精神文化符号象征。

因而，我国目前四处国家文化公园在空间上包括了我国大部分省区市，在时间上跨越了从中华文明早期至今的所有历史时期，具有突出的国家性和最广泛的代表性，是一个具有明确空间载体、价值载体和符号载体的覆盖全国的国家文化空间体系，是中华民族文化共同体的国家想象，对于强化中国多民族统一的现代国家建构具有重要意义。

（三）国家文化公园是塑造中华民族文化共同体的功能载体

我国的国家文化公园是一种全新的、系统的国家公共文化空间形态，是培育塑造中华民族文化共同体的功能载体，兼具国家性、文化性、公共性三重特性。

一是国家性。文化遗产是一个国家或民族形成和发展过程中某个特定历史时期的政治、经济、科技和社会文化融合的产物，其对于现代国家的建构具有重要的文化认同价值、符号价值和象征意义，是一种对于国家公共资源的"象征财产"(Symbolic Estate)。①从现代国家建构的国家性角度来看,国家文化公园是国家形象特征和文化传统的标志和体现,包含了国家的历史起源、民族精神和国家价值观的渗透,也承载了国家对外文化交流的使命。我国国家文化公园的设立是在确立中华民族文化共同体的国家价值标准之下对现有文化遗产资源的整合,超越了某种单一地域、族群或历史时期的文化,体现了文化建设中的"国家在场"②,建构起国家价值认同的宏大时空叙事。

二是文化性。国家文化公园是以文化资源为支撑,保护利用文化遗产,传播国家优秀文化,满足国民精神文化需求的公共文化空间体系,其与以自然生态保护为主的国家公园有着本质的区别。国家文化公园的文化性一方面体现在文化价值上,即其体现并彰显了国家民族文化精神、文化符号和文化认同。长城、大运河本身便是世界文化遗产,黄河沿线包含了一大批世界文化遗产、重要的文物和遗址保护区,长征沿线则涵盖了大量的革命文物和遗址,它们都是中国和中华民族精神的符号和象征。另一方面体现在文化功能上,即国家文化公园具有"以文化之"的作用,实现了保护传承利用、文化教育、公共服务、旅游观光、休闲娱乐和科学研究等功能,通过其综合性文化功能培育着中华民族文化共同体。

三是公共性。所谓公园,指的是供公众游憩的场所,国家公园则是国家为保护自然生态或文化遗产而划定的特定区域,通常归代表公众利益的政府所有。国家文化公园和其他类型的公园一样,公共性是其最基本的特征。其一是空间的公共性。国家文化公园划定有特定的空间区域,包括重点建设管控保护、主题展示、文旅融合、传统利用四类主体功能区,这些区域是体现国家性和文化性的公共文化空间。其二是文化符号的公共性。国家文化公园所蕴含的文化价值及其所抽象出来的文化符号,体现出来的是各民族共享的中华文化符号,是体现国家形象和民族精神的文化符号,是代表国家向全世界进行展现和传播的文化符号,因而其文化符号具有公

---

① 魏爱棠、彭兆荣:《遗产运动中的政治与认同》,《厦门大学学报》(哲学社会科学版)
2011年第5期,第1-8页。

② 文孟君:《国家文化公园的"国家性"建构》,《中国文化报》2020年9月12日,
第4版。

共性。其三是文化功能的公益性。国家文化公园具备文化保护、教育、观光、休闲、体验等功能，其主体部分是国家提供的公共文化产品，其根本宗旨是实现全民参与和全民受益，具有很强的社会公益性。

因此，我国设立的国家文化公园是一种全新的、系统的公共文化空间形态，是一种体现国家性、文化性和公共性的宏大时空叙事表达，是塑造中华民族文化共同体的重要功能载体。

三、建设国家文化公园、培育中华民族文化共同体认同的思路和举措

党的十九届五中全会确立了到2035年建成社会主义文化强国的战略目标，建设国家文化公园是其中的关键举措。在文化共同体视域下，建设国家文化公园的最终价值体现在培育中华民族文化共同体认同。就如何通过国家文化公园培育中华民族文化共同体认同，本文从文化时空场景、文化价值符号、文化叙事表达、文旅融合体验等四个方面提出相应的举措。

（一）营造文化时空场景

文化认同的培育是在一定的时空场景之中，通过个人文化身份建构与国家民族身份建构同频共振而完成的。与世界上其他以单一民族或宗教认同为基础的国家不同，"我国幅员辽阔、历史悠久、文化多元一体，广阔的地理空间、悠久的历史时间、深厚的文化底蕴共同构成了一个宏大的时空场景，只有在这样的场景中跨越空间、跨越时间、体验文化，才能建立起对中华文化特质的深刻认识"①。我国国家文化公园在全国范围内大尺度、大范围、大跨度的时空纵横，构建起了一个宏大的国家文化空间体系，下一步要进一步将国家文化公园的文化时空场景化，通过文化时空场景的"国家性"表达，充分唤醒中华民族文化共同体认同。

美国芝加哥大学社会学系克拉克（Terry N. Clark）教授认为，"场景"是指具有某种符号意义的空间，涉及符号、价值观、消费、体验与生活方

---

① 钟晟、欧阳婷：《旅游是一种唤醒文化自觉的成长方式》，《中国旅游报》2021年4月21日，第3版。

式等文化意涵①。国家文化公园在建设管控保护区、主题展示区、文旅融合区、传统利用区等四类主体功能区的过程中，要尤其注重通过文化空间营造体现"国家性"和中华民族"多元一体"的文化时空场景。例如在长城国家文化公园的建设中，通过体现长城内外"茶马互市"等民族交融场景的营造，可以充分体悟到农耕民族与游牧民族在中华民族形成过程中各自所扮演的重要角色。

（二）确立文化价值符号

符号是一种高度凝练和抽象的具有某种特殊内涵、意义或价值的标识，是文化存在的呈现形式，是文化传播的媒介和桥梁。符号学的重要奠基人皮尔斯（Charles Sanders Peirce）提出了著名的"三元符号学"理论，将符号分为三种类型，即像似符号（Icon）、指示符号（Index）、象征符号（Symbol），也指出了符号的三种基本特性，即"像似性"（Iconicity）、"指示性"（Indexicality）和"规约性"（Conventionality）②。国家文化公园所蕴含的中华民族文化共同体价值具有深刻的内涵和很强的抽象性，必须通过符号化才能更好地进行呈现与传播。

首先，长城、大运河、长征、黄河等国家文化公园本身便是重要的符号，要进一步突出和彰显其在中国和中华民族形成、发展、演变过程中的重要意义和价值，使之成为各民族共享的文化符号和中华民族精神的"象征符号"。其次，在国家文化公园的建设过程中，要确立一些具有文化标志性的重要节点，例如长城沿线的重要关隘和重点示范段，大运河沿线体现运河风情的历史文化名城、名镇、街区，长征沿线的重要历史节点纪念地和纪念物，黄河流域对中华文明形成、发展具有标志性意义的重要文物遗址和文化遗产等，通过标志性节点的"指示符号"强化对国家文化公园的认识。再次，要创新转化长城、大运河、长征、黄河等国家文化公园的文化内涵，将文化融入现代生活、产业和科技，创造出更多贴近生活、融

---

① 特里·N.克拉克：《场景理论的概念与分析：多国研究对中国的启示》，李鹭译，《东岳论丛》2017年第1期，第16—24页。

② 赵毅衡：《指示性是符号的第一性》，《上海大学学报》（社会科学版）2017年第6期，第104—113页。

入时代的生动活泼的中华文化符号。

(三)建构文化叙事体系

长城、大运河、长征、黄河拥有丰富的文化内涵和叙事文本，如何面向全国各族人民和全世界人民讲好中国故事是国家文化公园建设的重要任务，也是重大挑战。通过国家文化公园讲好中国故事，不是简单地进行文化解说或宣传，而是建构起一套国家文化公园的叙事体系。国家文化公园的叙事化表达，尤其要注重"元叙事"，打造"叙事空间"，推动文明交流互鉴。

所谓"元叙事"，是指"具有合法化功能的叙事"，"对一般性事物的总体叙事"，是一种具有优先权的话语[①]。国家文化公园作为国家性的象征，首要任务是通过大跨度、大范围、长线条的文化遗产讲好中华民族文化共同体的"元叙事"基础理论话语。同时，要推动国家文化公园的语言叙事和空间叙事的交融统一，打造"叙事空间"[②]。国家文化公园同时具有时间性和空间性，它是一个国家文化空间体系的空间实体，也是具有历史性的内涵丰富的时空文本，这样就构造了一个"叙事空间"体系。要在国家文化公园的叙事空间中，促进对中华民族文化共同体的场所记忆和历史空间交融统一，最大程度地实现文化叙事深入人心。最终，要通过具有中国价值的国际化、多元化的表达方式，推动中华民族文化共同体认同在人类文明交流互鉴中不断得到强化。

(四)丰富文旅融合体验

2018年3月，原文化部和国家旅游局组建成新的文化和旅游部，文化和旅游从实践自发的融合转向由行政管理机构融合带动的全面深度融合。文化身份认同在文旅融合的过程中扮演着关键角色，是文旅融合的内生动力和根本归宿。在文旅融合的时代背景下，坚持"以文塑旅，以旅彰文"，国家文化公园具有十分典型的文旅融合特征，其本身便是文旅融合的产物。在《长城、大运河、长征国家文化公园建设方案》中，"文旅融合区"

---

① 陈先红：《"讲好中国故事"：五维"元叙事"传播战略》，《中国青年报》2016年7月18日，第2版。

② 杨莽华：《国家文化公园历史空间的叙事结构》，《雕塑》2021年第2期，第50-51页。

是其中四类主体功能区之一，"推进文旅融合工程"是其中五个关键领域实施的基础工程之一。推进文旅融合，培育中华民族文化共同体认同，构筑中华民族精神家园，是国家文化公园设立的初衷和应有之义。

文化认同不会直接显现，在文旅融合的过程中是通过"体验"完成的。旅游过程中的文化认同体验是对自我身份的一种追问和确认的体验过程，是旅游体验的高级阶段①。旅游者以"具身"体验全身心地融入国家文化公园所营造的时空场景之中，以"他者"的视角与历史对话、与遗产对话、与自我对话，主客交融沉浸于广阔的历史时空之中，方能够更好地理解"我是谁""从哪里来"等归属性问题，进而对自我文化身份和文化归属建立起深刻的文化自觉和文化认同。因而，丰富国家文化公园的文旅融合体验，培育中华民族文化共同体认同，一方面要营造广阔的宏观时空场景，通过大跨度、大范围的旅游线路，将国家文化公园的线性遗产进行旅游串联，这样才能在不同时空的场景转换和旅游体验中深刻领悟中华民族多元一体的特性，增进中华民族文化共同体认同理念。另一方面，在国家文化公园的微观尺度规划设计中，要在公园中划定文旅融合区，促进文化、旅游、科技、商业、体育、交通等相关业态融合创新，充分发挥旅游业的市场价值和商业价值，促进全民参与，在深度文旅体验中培育文化认同，繁荣文化旅游产业，反哺文化遗产保护事业可持续发展。同时，在文旅融合过程中，要将营造文化时空场景、确立文化价值符号、建构文化叙事体系进行有机整合，全面促进国家文化公园建设。

（作者钟晟系武汉大学国家文化发展研究院副研究员）

---

① 傅才武、钟晟：《文化认同体验视角下的区域文化旅游主题构建研究——以河西走廊为例》，《武汉大学学报》（哲学社会科学版）2014年第1期，第101–106页。

乡土资源、文化赋值与黄河流域
高质量发展

    2019年8月和9月，习近平总书记就"黄河流域生态保护和高质量发展"在甘肃和河南进行了考察。9月18日上午，总书记在郑州主持召开黄河流域生态保护和高质量发展座谈会并发表重要讲话，讲话强调："黄河流域生态保护和高质量发展，同京津冀协同发展、长江经济带发展、粤港澳大湾区建设、长三角一体化发展一样，是重大国家战略。"①2020年8月31日，中共中央政治局召开会议，审议了《黄河流域生态保护和高质量发展规划纲要》，会议指出："黄河是中华民族的母亲河，要把黄河流域生态保护和高质量发展作为事关中华民族伟大复兴的千秋大计……要采取有效举措推动黄河流域高质量发展，加快新旧动能转换，建设特色优势现代产业体系，优化城市发展格局，推进乡村振兴。要大力保护和弘扬黄河文化，延续历史文脉，挖掘时代价值，坚定文化自信。"②在此时代背景下，黄河流域生态文明和高质量发展已经成为学界的重要议题。西北大学中国

① 习近平：《在黄河流域生态保护和高质量发展座谈会上的讲话》，《求是》2019年第20期，第4-10页。

② 新华网：《中共中央政治局召开会议审议〈黄河流域生态保护和高质量发展规划纲要〉和〈关于十九届中央第五轮巡视情况的综合报告〉》，http://politics.people.com.cn/n1/2020/0831/c1024-31843679.html.

西部经济发展研究院组织相关研究人员撰写了5篇文章①，分别从"发展模式选择""流域中心城市高质量发展""体制机制创新""现代产业体系构建""生态环境保护"五个方面研究了黄河流域高质量发展的问题。同时，还有学者们从"经济生态"②"水土治理"③"空间治理"④"人居环境"⑤等方面进行了研究。由此不难看出，上述研究较少关注文化在"高质量发展"中的重要作用。习近平总书记指出："要推进黄河文化遗产的系统保护，守好老祖宗留给我们的宝贵遗产。要深入挖掘黄河文化蕴含的时代价值，讲好'黄河故事'，延续历史文脉，坚定文化自信，为实现中华民族伟大复兴的中国梦凝聚精神力量。"⑥众所周知，黄河是中华文明重要发祥地之一，该区域拥有丰厚的乡土文化资源，而传承、弘扬黄河文化既是对文化多样性的保护，更是中华民族全面复兴的重要路径。我们在对黄河流域文化资源进行梳理的基础上，指出高质量发展要在生态文明的理念下，挖掘不同区域的特色资源并进行创新与转化。这就要运用"文化赋值"的相关理论，打造高端文化创意精品，并构建人、自然、文化和谐共生的生态系统。本文在理论方面，提出"区域营造"的相关理论；在实践方面，提出多元主体（政府、民众、企业、NGO）共同参与，合力进行区

① 这5篇文章发表于《人文杂志》2020年第1期。详见《黄河流域高质量发展的特殊性及其模式选择》（任保平）、《黄河流域中心城市高质量发展路径研究》（师博）、《推进黄河流域高质量发展的机制创新研究》（钞小静）、《黄河流域高质量发展中现代产业体系构建研究》（高煜）、《黄河流域高质量发展中的可持续发展与生态环境保护》（郭晗）。

② 左其亭：《黄河流域生态保护和高质量发展研究框架》，《人民黄河》2019年第11期，第1-6、16页。

③ 陈大道、孙东琪：《黄河流域的综合治理与可持续发展》，《地理学报》2019年第12期，第2431-2436页。

④ 郭晗、任保平：《黄河流域高质量发展的空间治理》，《改革》2020年第4期，第74-85页。

⑤ 汪芳、苗长虹、刘峰贵等：《黄河流域人居环境的地方性与适应性：挑战和机遇》，《自然资源学报》2020年第9期，第1-26页。

⑥ 习近平：《在黄河流域生态保护和高质量发展座谈会上的讲话》，《求是》2019年第20期，第4-10页。

域营造的相关方法。区域营造是实现从文化自觉到文化自信的必然路径，也是重塑区域共同体，构建完整的文化生态系统，进而实现黄河流域高质量发展的现实需要。

一、从乡土社会到后乡土社会

（一）乡土社会的文化资源

费孝通在《乡土中国》中指出："从基层上看，中国社会是乡土性的。"①20世纪80年代以来，在现代化与城市化浪潮的冲击下，我们已经进入了"后乡土社会"。相比于乡土社会，后乡土社会的性质与特点可以概括为人口的流动性、"农业+副业"的多元生计模式和城乡文化融合发展②。在社会现代化转型的过程中，乡土社会的社会结构与秩序体系逐渐解体，乡土文化也发生了变迁与转化，但这并不意味着乡土社会的文化资源在不断边缘化的过程中会变得毫无意义。后乡土社会产生于乡土社会之中，由于乡土社会小农韧性与包容性的特征，具有差异性的民俗文化、地域文化、非物质遗产文化在后乡土社会中依然会延续与保留着。在黄河流域高质量发展中，乡土文化、乡土资源的重要性不容忽视。而在后现代主义的浪潮下，人们开始抗拒工业文明对人的异化，也重新反思既有的生存、生活模式所存在问题，在此背景下，很多人重新走向了乡土，走回了民间。

实现黄河流域的高质量发展，需要重新审视乡土文化的价值，系统整合文化资源，在"摸清家底"的前提下，挖掘其在新时代的多重价值。从社会需要的递进论和文化相对论的角度来看，当今社会成员对文化的需求不断提升，乡土文化作为在特定的社会空间与社会系统中创造出来的复杂综合体，蕴含着特定的"文化模式"。乡土文化可以满足民众在精神上的多重诉求，同时，通过文化秩序重新调节能够整合形塑新的社会机制，因

---

① 费孝通：《乡土中国》，北京出版社，2004，第1页。
② 陆益龙：《后乡土性：理解乡村社会变迁的一个理论框架》，《人文杂志》2016年第11期，第106—114页。

此对乡土文化的再发现极为必要①。从文化形态上，乡土文化可以分为物质文化遗产和非物质文化遗产。物质文化是指人们为了生存发展而进行的物质实践中所创造出来的文化，黄河流域具有代表性的物质文化遗产有山西的云冈石窟、五台山建筑群，河南的龙门石窟、安阳殷墟等。非物质文化遗产包括丰富的神话传说资源，例如黄河流域各地流传的大禹治水神话、庙会文化（如甘肃的伏羲庙、王母宫，陕西的女娲庙、仓颉庙）；戏剧文化（如山西的晋剧、蒲剧，陕西的秦腔，河南的豫剧）等。传统村落作为乡土文化的承载体，既是一个地理空间，又是一个文化空间，在保护过程中需要从特定的历史地理环境出发，挖掘具有地域特色的文化资源。同时要对传统村落进行科学规划，促进村落传统农业、旅游业、手工业的有序、健康发展。实现黄河流域的高质量发展，需要加大对黄河流域的区域营造。唯此，乡土文化的承载体才能得到整体性保护。

乡土文化的发展与传统村落的保护应处理好人与土地之间的关系。不同于欧美社会的庄园小农模式，在中国乡土社会中，人对土地具有极大的依赖性。在快速城镇化的进程中，大批乡民流向城市，这是由于小农经济的封闭性与脆弱性使其难以适应现代社会快速化的发展。这种脆弱性并非长久性的，必须认识到"乡村社会小农韧性"②的特征。农业生产模式决定了人与土地的长期依赖关系，却又不是单一的捆绑式的关系。人们可以在农忙时节进行耕作劳动，又可以在农闲时节离开乡土进城务工，这种多元化模式恰恰是小农韧性与弹性的体现。因此，必须正确认识并处理好人与土地之间的关系，深化土地制度改革，合理分配农业生产空间，保障乡民的农业收入与生计稳定。哈维（David Harvey）的"空间正义"理论指出，在空间生产的过程中要考虑民众在"生产生活方面的需求，合理配置空间资源"③。乡村土地是民众生存所依赖的物理空间，要统筹规划处理好人与土地之间的关系。除了物理空间外，土地还是民众心理空间的栖

① 陆益龙：《乡土文化的再发现》，《中国人民大学学报》2020年第4期，第91-99页。

② 陈军亚：《韧性小农：历史延续与现代转化——中国小农户的生命力及自主责任机制》，《中国社会科学》2019年第12期，第82-99、201页。

③ 张满银、范成恺：《哈维的空间理论辨析及对中国空间发展的启示》，《区域经济评论》2020年第3期，第139-145页。

息地。

在城市化与现代化的冲击下，乡村社会作为承载乡土文化的空间，面临人才流失与空心化的问题。近代以来，乡村的资源大量流入城市，同时，城市化的进一步发展也吸引乡村人才流向城市。在此情况下，以农耕为主的乡村发展模式与城市化的二元结构之间产生了矛盾，社会的发展逐渐失衡。面对村庄的"空心化"与"内卷化"问题，只有吸引人才重返乡村，才能促进乡村振兴与区域复兴。实际上，乡村振兴的核心是文化的振兴。文化的传承是与人联系起来的，而扩大人才队伍，建构以新乡贤为代表的民间组织，这是乡村恢复发展活力的重要路径。新乡贤在乡村治理与乡村振兴中具有创造性和主动性，是自上而下的政策与自下而上的民声之间的黏合剂。乡村文化的复兴并不是要回到传统农耕的发展模式，也不是要变成城市商业的发展模式，而是要与城市化结合起来，加快城乡新旧要素的流动与互补。

在当下，以农耕为主的生计模式难以满足人们在经济上的需求，乡民大量外流，进而导致乡村衰败的恶性循环。面对乡村的衰败与城乡二元结构失衡的状况，人们需要重新审视乡村这一文化空间的重要价值。近年来，与乡村人口的流出形成鲜明对比的是很多大学生、知识精英返乡创业，这些人依托地方独特资源优势，建设"一村一品"示范村，发展了乡村特色产业。同时，还利用乡村田园生活、民俗风情作为吸引物，带动了乡村旅游的发展。乡村是中华优秀传统文化的重要载体，这就要从地方的历史出发，守护传统村落，传承文化根脉，实现生态文明与高质量发展。

（二）生存性智慧与生态文明

生态文明建设已经成为当下的重要议题，生态文明的理念也贯穿于整个高质量发展过程中。生态文明是指人类对自然生态环境的态度，以及在特定的区域空间中与动植物等物种的共生关系。在传统的乡土社会，文化与自然融合在一起，构成一个具体的、综合性、复杂性的系统工程。邓正来提出了"生存性智慧"的概念，指出不同于追求价值判断的"知识导向"研究，强调特定环境与空间下，具体文化模式的生存准则①。这就要考量到生态文明的地方性与具体性的特征，因为在一个较长的时间段中，社会文化与自然环境的相互适应会达到一个动态平衡的状态。习近平总书记在多个场合强调既要金山银山又要绿水青山的"两山理论"，就是提倡经济与生态双向发展的模式。由于不同区域生态文明建构有其特殊性，文化的发展应与当地文明生存之道、与地方模式相适应。如果上升到社会治理的层面，在实施文化遗产保护的相关政策时，不能将乡土文化从原生环境中抽离出来，这就要对其所处的生存环境进行整体性保护。

十九大报告提出了乡村振兴的伟大战略，乡村振兴本质上是"三农"问题。乡村振兴的实践也是黄河流域文化保护和传承的重要途径。美丽乡村建设需要经济与生态协同发展，在既要金山银山又要绿水青山的理论下，必须处理好人与自然之间的关系。"生态文明是实施一切重大发展战略的前提"②，生态振兴是乡村振兴的基础。

在后乡土社会，人类开始追求人与人之间更本真的关系，追求人性的解放。相比由政府或精英群体所构建的文化模式，乡土文化具有更强的包容性与凝聚力。在文化软实力日渐成为民族竞争力的今天，乡土文化所具有的"差异性"比"标准性"更具吸引力。地方乡土文化具有一套集文化、经济、生态为一体的独特文化秩序，只有多元主体共同参与，才能发掘乡土文化的特色之美。

二、文化赋值：黄河流域文化的资源化

文化赋值是指在新时代人们对精神文化高度追求的背景下，将人类的文化成果融入各个事物的本质中，主观上创造出能够满足人们需求的资源模式。在黄河流域生态保护和高质量发展中，不仅要从过去历史遗产中寻找资源，而且要在新的场域中，通过实践创造文化资源。

---

① 邓正来：《"生存性智慧"与中国发展研究论纲》，《中国农业大学学报》（社会科学版）2010年第4期，第5-19页。

② 陈龙：《新时代中国特色乡村振兴战略探究》，《西北农林科技大学学报》（社会科学版）2018年第3期，第56-62页。

(一)由静到动:传统文化资源的活态化

从文化的概念来看,宏观的文化是相对于经济、政治而言的,是人的全部精神活动及其产品。文化必须与人的行为联系起来,融入人类日常生活,这样才会有价值。随着现代化与城镇化进程的加快,人类所生活的场域发生巨大变化,客观存在的"自然与文化遗存"必须重新被充分调动和利用起来,再次融入民众日常生活中,实现由静到动的资源化的转变。

文化赋值就是要实现传统文化资源的活态化。英国人类学家爱德华·泰勒(Edward Burnett Tylor)在《原始文化》中将文化定义为一个社会成员可以习得的一切能力和习惯,也就是强调要与人的生活方式相联系。黄河流域是中华文明的重要发祥地之一,黄河文化是几千年来民众智慧的结晶。就文化与人类生活方式的关系而言,优秀文化资源承载着先民的生活印记。而随着外部环境的变化,人类的文化创造与生活方式也发生了转变。在此情况下,传统文化资源在人们生活中的存在方式也会随之改变。例如,在传统社会中,民间的剪纸、刺绣、纺织等女红手工艺品是民众日常生活的一部分。在工业社会和后工业社会,机器生产已经代替手工生产来满足人们在物质上的需求。手工艺等传统文化的价值如果不能被人们充分发掘加以利用,必将逐渐衰落,并最终消失。文化赋值便可使人们发挥能动性、采取主动性,将文化价值渗透到自然或其他事物的本质中,赋予传统文化资源以价值,以提高其文化含量。黄河流域文化只有活态化地存在于民众的日常生活中,才能得到更好的保护和传承。

文化由遗产向资源的转化,也就是由客观化的资源向资本的转变。布迪厄(Pierre Boudieau)将资本分为经济资本、文化资本、社会资本三种形态,文化资本有具体的状态、客观的状态、体制的状态三种形式[①]。传统文化资源只有"资源化"为文化资本,进而带动区域经济与社会发展,才能实现更好的传承。从理论上来讲,资本的形成与转换必须依托于场域的作用。在当下的日常实践中,存在两个界定文化资源化的基本场域:

---

① 包亚明:《文化资本与社会炼金术》,上海人民出版社,1997,第192页。

"一个是国家，一个是市场。"①文化资源在这两个场域中被人们重新加以开发和利用的过程便是文化赋值的过程。

20世纪90年代，在西部大开发的背景下，费孝通提出了"人文资源"的概念："我们要加大对西部人文资源与文化艺术的关注，通过艺术来处理国内民族问题与世界各民族文化之间的关系，促进文化生态多样性的保护。"②黄河流域容纳了游牧文化、农耕文化等多种文化类型，拥有丰富的传统文化资源，这就要加大对人文资源的保护力度。实践证明，文化的保护不能采取静态的、博物馆式的保护方式。在当今时代，"民族的文化传统与文化遗产，正成为一种人文资源，被用来建构和产生在全球一体化语境中的民族政治和民族文化的主体意识，同时也被活用成当地的文化和经济的新的建构方式"③。在新时代高质量发展过程中，要实现文化的保护、传承以及文化遗产向人文资源的转变，就要依托人文资源的优势来开展政治性、经济性、生态性等多层面的建设。

（二）文化赋值的实践路径

文化赋值需要通过人的主观能动性赋予客观存在的自然或人文资源以文化意义，使其所蕴含的文化价值与民众内心的文化诉求相契合。在我国传统文化的保护与传承的过程中，国家一直是在场的，在"政府主导，社会参与"的模式下，国家从宏观层面的政策支持是推动优秀传统文化传承与建构民族复兴之路的主要力量。习近平总书记在"关于黄河流域高质量发展"的讲话中就指出，要将黄河流域的生态保护与高质量发展纳入国家的叙事话语中。这从外价值层面肯定了黄河流域文化的高价值，以政治赋予文化以价值，这对文化的保护和传承起到了指导性作用。

毋庸置言，在各个社会主体力量中，政府的力量在优秀文化的保护和传承中占据主导地位。政府承担着进行社会治理的角色，只有政府才能行使战略的决策与宏观方向的指导。在文化赋值中，应梳理当地的文化资

---

① 岩本通弥、山下晋司：《民俗、文化的资源化——以21世纪日本为例》，郭海红译，山东大学出版社，2018，第17页。

② 费孝通：《谈西部人文资源的保护、开发和利用问题》，《文艺研究》2000年第4期，第102-105页。

③ 方李莉：《从遗产到资源——西部人文资源研究报告》，学苑出版社，2010，第3页。

源，在摸清家底的前提下，对地方文化的发展模式与特色文化进行准确定位，从宏观上制定战略措施。实践证明，较为快捷有效的保护方式是积极将地方特色文化、濒危文化等纳入国家体系中，获得国家政策上的支持。在市场化的场域中，数字化与信息化的模式改变了人们的生活方式，这就需要多元社会主体自觉主动地对隐性的历史资源进行文化赋值，实现文化资源的创造性转化与创新性发展。

对于物质文化遗产来说，随着时间的推移，其有形部分遗产会逐步"褪色"，甚至在"过度商业化"的发展模式下遭受着不可逆转的破坏。这就需要对物质文化建立档案保护，推进数字化的文物保护模式，鼓励地方企业家等社会力量加大对物质文化的支持与保护力度。很多物质文化遗产年代久远，由于没有得到人们的重新利用，逐渐退出人们的日常生活。文化赋值便是对其进行合理开发和特色赋值，"活化"地方具有历史价值与社会价值的物质文化遗产。2015年山西省颁布了《山西省社会力量参与古建筑保护利用条例》的法规，在全国率先推行了"古建筑认领"的保护与开发模式。例如曲沃的6处文物建筑被社会人士认领后，在保证历史文物价值的前提下，得到了进一步的修缮与保护，实现了物质文化遗产的价值再发现。同时，物质文化遗产的资源化与旅游业的发展是密切相关的，旅游开发与景点打造是实现其传承和保护的重要途径。文旅融合将黄河流域文化资源与旅游资源深度融合。在旅游发展中弘扬各具特色的多元黄河文化，是实现黄河流域高质量发展的有效路径。文化赋值是文旅融合发展的核心要义。在旅游产业中，游客所消费的并非旅游本身，其实是旅游资源中所蕴含的文化资源。文化赋值便是在梳理地方文旅资源的基础上，深度挖掘具有地方特色与差异性的文化资源，同时通过人的能动性，使得原先未被开发的、被忽视的静态文化遗产可以在民众生活中充分发挥作用。例如对云冈石窟等宗教景观进行文化赋值时，政府应制定相应的法律法规保护条例，加大资金的支持力度，在坚持原真性的前提下，采用高科技手段进行维修保护。加大对云冈石窟的雕刻艺术、壁画艺术及其所蕴含的农耕文化与游牧文化融合的文化特质进行宣传，多层面地展示物质景观的价值。对物质文化的保护关键在于进行文化赋值，而不仅仅是对被视为客观的文物实体进行保护，这就要从时间与空间的广度中寻找物质文化在当代人们生活中的精神与社会价值，寻求与人类内心的文化诉求相契合的部分。

从非物质文化遗产的角度而言，由于非遗是活在民众日常生活中的艺术，具有超时代性，应进行活态保护。这就要建立完善的传承人保护机制，加大对传承人的保护力度。开设非遗培训班，扩大非遗传承人的队伍。非遗以地方文化中的独特性和差异性为关注对象，这就要对本地特色濒危文化进行抢救性与创新性的保护。对非遗的保护应遵循整体性的原则，创建文化生态保护区。如2010年6月设立了国家级文化生态保护试验区——晋中文化生态保护区。晋中文化生态保护区从整体性原则出发，积极实践，在文化生态保护方面积累了许多宝贵经验。

在对非物质文化遗产进行文化赋值时，应处理好地方性与整体性之间的张力。地方性即各主体应深挖具有地方特色的非遗，以独特性与差异性作为文化赋值的核心竞争力，创造出能够彰显区域特色的文化资源。对整体性进行强调，是由于非物质遗产文化孕育于民众的日常生活之中，是由于文化生态与自然生态的统一体。从不同地域文化赋值的角度来讲，应建立文化生态保护区，对文化进行整体性的保护和传承。目前国家对非物质文化遗产保护项目的确立和保护是以国家级、省级、地方级的标准来评选，对非遗的整体性保护仍旧限制在行政区域划分的范围内。文化整体性的划分应突破地方的行政限制与区域的分割。"从生成整体论的角度来看，文化生态区是文化区而非行政区，区域内的部分是由整体引申出来的，由此更加强调整体的延续性、动态性和有机性。"[①]2019年12月19日，山西忻州、陕西榆林、内蒙古鄂尔多斯三市于忻州市河曲县签订了《晋陕蒙（忻榆鄂）黄河区域协同发展框架协议》，着力于协同打造黄河流域生态文化保护区。从地理位置、文化交流各方面而言，相比于同省内其他地域，三市之间的交流与联系更为密切。文化赋值的过程应尽量弱化行政地域划分的壁垒，探索创新区域合作模式，这是实现黄河流域高质量发展的重要实践路径。

---

① 郭永平：《生成整体论视域下文化生态保护区的实践机制研究》，《西南民族大学学报》（人文社会科学版）2020年第8期，第31—36页。

黄河流经九个省市，跨越范围广。黄河流域在进行文化赋值时，要以独特性和差异性为标准，深度挖掘地方特色文化资源。黄河流域的文化赋值要加强各省域之间的联系，突破省域界限，对黄河文化进行整体性的保护。与此同时，需要成立专门的机构，并聘请专家对黄河文化的跨省域保护进行理论上的统筹分析与指导，加强九省域的联动协作。深化各区域的产业规划设计，充分发挥各地区的优势力量，创建区域间合作对接的平台，因地制宜促进产业的分工与协作发展。例如可以打造九省联合国家系列景观公园，针对各地域不同的自然生态系统，突出各自的独特元素，在联动协作与交流对接中促进区域一体化的发展。

在后乡土社会，对文化资源的挖掘与利用往往会与商业活动联系起来，也正是通过文化消费的方式，文化资源更加密切地融入了民众的日常生活之中。在人们高度追求精神享受的新时代，旅游已经成为带动经济增长的重要产业，对旅游的消费实际上是对文化的消费。打造旅游产业中的高端文化资源，增强文化含量，可以促进文化产业的发展。

文化赋值就是通过人的能动性与主动性实践开发地方文化资源的过程。在此过程中，首先要对地方文化进行梳理，在统筹规划与整合中发现地方文化特色资源，以特色资源为核心构建一主多辅的地方文化模式。其次，地方文化的差异性与唯一性是文化赋值的生命力，这就要处理好文化的独特性与文化多样性之间的关系。最后，在文化赋值中，除了政府的主导之外，还应发动各个社会力量的参与，在多主体合力行动中再造区域共同体。

三、区域营造：多元主体共同参与

黄河流经九个省区，流域范围广，自然环境与所孕育的文化资源差异较大。在黄河流域高质量发展实践过程中，可以借鉴社区营造的相关理论，因地制宜地推动地方文化的再造。"社区总体营造"简称"总体营造"，这一术语有两个渊源："第一，20世纪前中期国外乡村再造运动和系列社区活化运动，在这些运动中，20世纪60—90年代日本造町运动影响最大。第二，1994年我国台湾地区提出的'社区总体营造'的经验与路径。"①在社区营造的基础上，我们提出了区域营造的理念，以实现"人、文、景、地、产"的和谐共生。

（一）理论层面：从社区营造到区域营造

区域营造强调在特定地域中，人力资源与生态、文化等各类资源聚合发展，形成对地方共同体的认同。它的一个特点是以地方特色文化为突破口来推动经济社会的转型发展。黄河流域涉及范围大，不同区域的文化之间差异性明显。如何在整体观的指导下，最大限度地发掘地方特色文化资源，以实现黄河流域高质量发展，是当下的重要议题。以山西段黄河流域文化为例，由北向南形成了晋北佛教文化区、晋西北边塞文化区、晋西道教文化区、晋中农商文化区、晋东南神话传说区、晋南根祖文化区等多个地域文化资源区，区域文化特色鲜明。在高质量发展中，要进行文化赋值，就必须将各文化亚区的资源整合起来，置于历史发展的脉络之中，以此构建整体的山西文化。

首先，从主体的角度来看，应从"为人的实践"转变为"与人的实践"。在"低质量发展"中，出现了许多由地方政府与精英群体单方面进行主导规划，社区民众仅仅作为旁观者，而且所实施的项目并不能真正惠及地方民众的项目。这样的项目必须停止，这样的"发展"必须被时代淘汰。在"高质量发展"中，必须坚持区域营造，这就要协调好政府、学者与地方民众之间的利益，尤其要带动民众参与到区域管理与规划的编制中。在区域营造中，营造即为经营和创造，要坚持"以人为本"的方针，纳入地方民众的视角与力量，多元主体共同行动，可以凝练出具有实用性与可行性的高质量发展措施。以晋祠庙会为例，政府与专家学者可以选择村政府等为实践基地，邀请民众在这一公共空间中交流晋祠庙会的祭祀活动与信仰记忆，并提出对于未来发展的文化需求与建议，而民众自己提出对其所生活区域的设想，可以增强地方民众的文化认同感。此外，也可以通过各大平台征集年轻志愿者参与到对地方文化的设计改造中。

其次，从区域营造的标准来看，应从千篇一律的"标准化"转向"多

---

① 李敢：《"社区总体营造"：理论脉络与实践》，《中国行政管理》2018年第4期，第51-56页。

元化",也就是要基于地方文化发展的肌理与脉络开展实践,在具体的"人、文、地、产、景"五个维度中因地制宜地探索地方的实践机制。不同地方的人才资源、文化资源、土地资源、生态景观、产业模式构成了各自独特的综合系统,社会治理需要从实际出发,具体问题具体分析。其他区域营造与地方发展的经验可以被借鉴,但不存在可以完全复制的发展模式。以黄河流域沿岸古村落为例,古村落既保留着历史文脉,承载着优秀传统文化,又矗立在时代的发展潮流中,连接着过去、现在与未来。在对古村落进行保护时,应了解村落的发展历史,在村落的格局布置与遗存中探索其历史进程。古村落所呈现出的自然生态与人文景观是特定区域民众风土人情的反映。如山西临县碛口古镇的古村落依山而建,层次错落,尽显黄土高原的文化特质;而平遥古村落分布在汾河沿岸,很多院落曾为清代巨商的故宅,承载着晋商文化的悠久历史。对古村落的保护和传承,应从具体村落的历史脉络出发,结合当地的生态环境与特色传统文化,激发古村落的活力,探索出一条适合于当地高质量发展的道路。

(二)实践层面:多元主体的共同行动

关于多元主体如何在区域营造中达到平衡,需要在具体实践中践行。黄河文化在资源化与产品化的实践过程中,需要多元文化主体共同参与、合力完成。文化的基本功能是满足人类在物质、精神层面的需求,在高质量发展的背景下,在国家政策与社会机制的语境下,可以实现文化的景观—遗产—资源—资本的转换。而资本也不仅仅是文化资本,还包括经济资本、社会资本、文化资本、象征资本。文化的转换过程展现的是在资源分配过程中国家与民间、政府与民众之间,以及人与人之间的复杂关系。在此过程中,具有能动性的人是实现黄河流域文化高质量发展的核心,这就要充分调动政府、民众、企业、NGO等多元主体的积极性,合力进行区域营造。而区域营造的过程也是重塑文化自信并再造区域共同体的过程。

黄河流域高质量发展要采取自上而下与自下而上相结合的实践机制。国家从宏观层面确立的顶层设计是一系列工作得以顺利进展的基石,且起着主导作用。近年来,国家大力强调对文化生态的保护,习近平总书记在"黄河流域生态文明高质量发展"会议上强调,"文化的传承保护离不开国家政策的支持"，但国家政策在落实过程中离不开地方政府与社会各界的共同参与。

地方政府作为上传下达的落实者，其重要任务就是将国家政策通过各层级体系具体化地实施。现实情况是，顶层设计在落实过程中经常出现偏差：国家政策多从民族精神与文明延续的大格局出发，而地方各级政府的职责与重任不同，所抓住的主要矛盾和努力的方向与国家政策难免存在不一致之处。因此要深化各级部门的职责整合，共同研究拟定落实国家政策的具体方针，统筹规划文化传承与保护工作，加强各级政府部门间的沟通。通过上述方式，可以在很大程度上降低地方政府部门因行政隔阂与管理壁垒所带来的问题，并促进文化保护、传承、发展机制的良性运行。

当然，国家政策与地方政府，包括外来的专家学者，都是从他者的视角肯定了文化本身的价值与意义。从人类学的整体观来看，具有差异性的地方文化资源是整个社会文化体系中的一部分，并嵌合在地方社会的复杂系统中。就人的主体性而言，还应关注地方文化持有者在文化资源的挖掘与调整方面的态度。在地方文化的重新赋值中，地方民众、政府、专家学者、商家、NGO都是行动主体，只是其所处的层级不同，其发挥的作用也不同。

区域营造强调各行动主体的共同参与，尤其要鼓励民众自主规划并参与到区域发展中，增强地方的文化认同感。例如寻找地方有声望的积极分子，发挥其对地方民众的带动作用；开展区域生态文化研习讲座，带领民众了解地方生态状况，主动投身绿化生态建设；成立地方历史文化馆，号召民众搜集整理区域特色文化，鼓励居民将社区资源最大化利用；倡导民众开垦社区闲置土地，建设社区田园，促进区域空间中多样物种的共生，协调人地关系等。总之，坚持区域营造的理念，在促进人、文、地、景、产的整合统一的同时，地方民众也将自下而上地参与到社会与文化秩序的建构中。

然而在当下的乡村建设中，政府、企业家等外来者在对地方的改造中占据主导性地位。如何促进多元主体协调合作，寻求地方发展的平衡，这是区域共同体营造的关键。针对艺术乡建，李人庆就指出："艺术乡建的标准不仅在于促进当地经济、文化、社会的可持续发展，更在于是否真正实现了农民的参与，活化了在地的乡土文化。"①对地方文化的重新赋值不是外来者随意创作的实验室，而是应遵循当地文化发展的脉络，应符合地方文化的肌理。

总之，区域营造要以地域特色文化为突破口，培育多元主体共同合作的能力，尤其鼓励地方民众积极参与到区域社会营造中来。因此，在共同行动中提炼新的发展路径与模式，挖掘地方文化的"内生性"，强化地方民众的地方认同感，培育民众共同的价值观，增强文化自信，这样才能在文化的保护、传承和弘扬中实现黄河流域的高质量发展。

四、后乡土时代的区域振兴

学界对黄河流域高质量发展的研究，更多倾向于生态环境、城市发展、水土治理等层面，缺乏对黄河文化层面的深入探讨。即使涉及针对黄河文化的论述，也多停留在梳理地方文化资源的层面，这与当前个体自觉时代文化传承保护的实践不相吻合。黄河流域优秀传统文化根植于农耕社会，在经历了市场化与社会转型的变迁后，乡土社会已转变为后乡土社会。在此情况下，加强区域共同体建设，营造新的文化空间，这是黄河流域高质量发展的关键。

其一，黄河流域乡土文化已由自在的状态转变为可操作的模式，正在构筑集生态、文化、经济于一体的文化生态系统。其二，在市场化与现代化的新场域中，通过文化赋值，可以充分发掘优秀文化。第三，利用区域营造的理论，从地方文化的历史脉络与文化肌理出发，发展地方特色文化资源，以此促进高质量发展。在后乡土时代，乡土空间已由传统时代封闭的、固定的空间变为流动的空间②，区域空间内的人文资源、生态面貌进行了重新组合与分化。黄河文化的保护与传承、黄河流域的高质量发展过程就是文化赋值与区域再造的过程。在此过程中，要将自上而下与自下而上的发展模式相结合，多元主体共同行动，尤其要调动地方民众的积极

---

① 李人庆：《艺术乡建助推乡村振兴》，《美术观察》2019年第1期，第22-24页。
② 孟根达来：《理解转型中国乡村社会的新视角——读懂〈后乡土中国〉》，《中国农业大学学报》（社会科学版）2020年第2期，第131-136页。

性，使其参与到社区营造与区域再造中。总之，在黄河流域高质量发展中，应在区域营造理念的指导下，加强黄河流域九省域交流、合作与对接的互动机制，在跨省域的协调联动下建立文化区域层面的整体发展机制。不过，在区域再造的过程中，基于各地"人、文、地、景、产"的独特性，如何挖掘地方特色文化，并建构多元主体的文化自觉与自主能动力，仍旧需要在具体实践中进一步探索。

（作者郭永平系山西大学文学院副教授，主要从事区域社会史、历史民俗学研究）

基于地理学尺度转换的国家文化公园文化遗产保护机制

引言

(一)推进国家文化公园建设需要厘清管理思路

在民族复兴、文化强国、旅游发展的背景下，2017年1月，中共中央办公厅和国务院办公厅发布的《关于实施中华优秀传统文化传承发展工程的意见》中明确提出，"规划建设一批国家文化公园，成为中华文化重要标识"。国家文化公园概念正式被提出。2019年7月的《长城、大运河、长征国家文化公园建设方案》指出，国家文化公园是"经国家有关部门认定、建立、管理的特殊区域，以保护传承和弘扬具有国家或国际意义的文化资源、文化精神或价值为主要目的，兼具弘扬与传承中华传统文化、爱国教育、科研实践、国际交流、旅游休闲、娱乐体验等文化服务功能"，并明确指出了国家文化公园建设的大方向——"重点建设管控保护、主题展示、文旅融合、传统利用4类主体功能区……系统推进保护传承、研究发掘、环境配套、文旅融合、数字再现等重点基础工程建设"。因此，旨在塑造国家象征，促进全民族文化认同，建设多功能、公益性的大尺度空间的国家文化公园的模式，是中国在遗产保护领域的创新性贡献[①]。

这里所说的文化遗产既包括物质文化遗产，也包括非物质文化遗产。

[①] 李飞、邹统钎：《论国家文化公园：逻辑、源流、意蕴》，《旅游学刊》2021年第1期，第14–26页。

两类文化遗产在空间上的复合区域成为文化遗产保护区范围的确定依据。国家文化公园就是一种特定类型的文化遗产保护区。国家文化公园建设的最终目标是传承国家历史，弘扬文化和民族精神；过程性目标是以新的管理机制，克服已有文化遗产保护和利用中的弊端。有学者指出中国国家文化公园建设的关键问题之一是用新的文化设计和组织管理机制保护、活化文化遗产。一方面，文化设计在于挖掘、传承文化遗产之精神价值：国家文化公园串联了不同地域文化圈，构建"共同价值载体"，同时通过教育、公共服务、旅游休闲、科研等复合功能，将这种价值引领和共享出去，赢得更广泛的文化认同，实现中华文化重要标志品牌价值的创建，带来国家文化软实力的提升。另一方面，国家文化公园的组织管理在于全面协同和虚实结合——全面协同即中央和地方、不同部门、大方向设计和实际保护利用的协同；虚实结合在于划定文化遗产的保护范围和边界，即文化遗产本体及环境的严格保护和管控、传统文化生态的合理保存、文化旅游和生态产业的适度发展三者灵活共存[1][2]。

（二）具有地理属性的文化遗产保护和利用的难点

目前，我国文化遗产活化利用和保护有许多难点，所具有地理特征的活化利用与保护难点大致有如下4类。

第一，管理文件政出多级行政区域的部门。

"政出多门"一是指管理政策法规出自不同行政区。由于一些文化资源或文化遗产分布范围广，在保护和利用中出现各自为政的现象。"政出多门"二是指管理政策出自不同的行政部门，如出自文物部门、旅游部门、城建部门、宣传部门等。政出多门带来一系列保护和利用的问题，如长城地跨多个省级行政区域，在诸如北京段等地段中，长城得到了较好的保护，而在有些省区因为保护资金短缺、保护理念落后，文化资源保护水平良莠不齐，甚至会出现破坏性保护——如辽宁绥中县小河口长城出现了

---

① 吴殿廷，刘宏红、王彬：《国家文化公园建设中的现实误区及改进途径》，《开发研究》2021年第3期，第1-7页。

② 梅耀林、姚秀利、刘小钊：《文化价值视角下的国家文化公园认知探析：基于大运河国家文化公园实践的思考》，《现代城市研究》2021年第7期，第7-11页。

垛口墙被砂浆抹平，原有构件被随意丢弃的情况。因此，线性跨区域的文化遗产应该作为一个整体尺度转换地进行保护。通过建立国家公园对全国性的历史文化资源进行统一的保护和活化利用势在必行。这样可以避免管理混乱、不可持续开发的情况。

第二，文化遗产保护区边界难定。

国家文化公园的空间边界定在哪里？尤其是包含多个遗产集群的国家公园的边界定在哪里？确定空间界既是尚须探讨的学术问题，也直接关系到国家公园的管理实施。仅就我国文物保护而言，现实管理中就有关于保护范围、建设控制地带、环境控制区边界划定的批评。以长城为例，因为长城保护沿线涉及资源环境多样，导致长城文化带空间范围边界很难确定，大量与长城相关的历史遗存被"边缘化"和"孤岛化"。此外，人们对文化遗产认知的不断深化也使得文化遗产空间范围划定变成一个动态的过程。

第三，多区域开展文化遗产活化利用难免同质竞争。

一些地方在传统文化资源开发中出现同质竞争。例如，在旅游形象定位、客源定位市场等方面存在极强的相似性，从而出现旅游恶性竞争、价格战等。文化遗产旅游产品同质化的问题严重阻碍了文化遗产旅游业的发展，久而久之，通过旅游产生的经济收入已经远远无法满足提供服务所需的成本。将这些同质竞争的文化遗产联合开发是一种解决同质化竞争比较成功的经验，如炎帝故里的多地开发[1][2]。

第四，文化遗产资源空间分散难以统一。

在一些区域内，传统文化资源类型多样且空间分散，从而导致资源保护和利用水平不一。例如，列入世界文化遗产、全国文物保护单位的文物

① 裴钰：《湖南株洲炎陵县：举办"湖南省各界壬午重阳公祭炎帝陵典礼" 山西高平市：举办炎帝祭祀大典 陕西宝鸡：举办首届"全球华人省亲祭祖大典" 湖北随州市：举办"首届世界华人炎帝故里寻根节" 湖南会同：举办"全国首届会同炎帝故里文化研讨会" 四省五地争夺炎帝故里 博弈正酣》，《中国地名》2013年第6期，第34-35页。

② 裴钰：《"名人故里争夺战"之七炎帝故里：不多见的共赢争夺战》，《中国经济周刊》2010年第20期，第40-41页。

由文物部门重点负责管理，但级别较低或未列为任何级别的文物保护单位常常处于缺乏管理的状态，甚至被破坏性开发①。文化资源空间分散，偏远地区就成为"冷点地区"②。这些散落的文化遗产无法与"热点地区"的历史文化构成一个景观网络。

　　解决上述4类问题需要地理学家的参与分析和讨论。文化地理学的尺度转换可以成为一个分析工具。这里所定义的尺度转换就是指大区域与小区域文化之间的转换。

二、隐含尺度转换逻辑的文化遗产保护实践

（一）体现尺度转换的整体保护实践方式

　　由于存在上述4类文化保护和利用的空间问题，因而有必要依据文化遗产整体性保护思路进行保护。所谓整体性保护，是围绕多个遗产的整体性价值，将单体遗产的保护纳入多个遗产整体保护的框架之中③。例如，将具有某种文化联系的历史城镇、文化村落、历史建筑整合在一起保护。1964年公布的《国际古迹保护与修复宪章》（下文简称《宪章》）指出："历史古迹的概念不但包括单个建筑物，而且包括能从中找出一种独特的文明、一种有意义的发展或一个历史事件见证的城市或乡村环境。"《宪章》将文化遗产与其周边环境作为整体统一保护是文化遗产整体性保护的首次尝试。而针对我国文化遗产保护的4类空间问题可以看出，许多文化遗产的整体性价值必须纳入更大尺度（如国家尺度）的空间环境中进行考虑。换言之，就是要将小尺度空间的文化遗产嵌入大尺度空间中去保护——完成文化遗产的升尺度、跨区域关联。目前，世界上对文化遗产的升尺度保护主要分为文化线路和遗产廊道两种实践方式。

　　文化线路（Cultural Route）是指拥有特殊文化资源结合的线性或带状

① 罗琳莉、王锦：《传统地域文化景观孤岛化研究进展》，《林业调查规划》2018年第5期，第40-44页。

② 章尚正、许贺：《冷点地区的旅游资源开发模式研究：以皖北旅游区为例》，《阜阳师范学院学报》（社会科学版）2008年第1期，第127-130页。

③ 章玉兰：《系列遗产概念定位及其申报路径分析》，《中国文化遗产》2017年第3期，第47-57页。

区域内的物质和非物质文化遗产族群①。它既是基于特定历史路径、文化概念、文化现象的综合性遗产类型，同时也是一项旅游合作项目②。文化线路最早由欧盟委员会于 1987 年提出，旨在加强旅游业的"时间范畴"和"空间范畴"，向人们展示欧洲不同国家、不同文化背景下，多个文化遗产是如何拼装在一起的。欧洲的这些文化线路，对人们认识超越国家界限的欧洲具有重要意义，即帮助人们建构出具有共同文化背景的整体意识③。1993 年，欧盟第一条文化线路遗产"圣地亚哥·德·孔波斯特拉朝圣之路（The Santiago De Compostela Pilgrim Routes）——西班牙段"成功列入世界遗产名录，这引起世界的广泛关注④。在 2005 年版《实施〈世界遗产公约〉操作指南》中，世界遗产委员会将"遗产线路（heritage route）"列为世界遗产的一种类型，与古迹、建筑群、遗址型文化遗产这 3 种类型并列⑤。关于如何在文化线路中整合各种文化遗产，2008 年国际古迹遗址理事会出版的《关于文化线路的国际古迹遗址理事会宪章》（简称为《文化线路宪章》）给出了很好的解释。《文化线路宪章》认为，文化线路以任何交通线路为基准，它必须有拥有清晰的物理界限、文化活力和历史功能，其构建服务于一个特定的明确界定的目的。文化线路的构建必须满足以下条件："a）它必须产生于并反映人类的相互往来和跨越较长历史时期的民族、国家、地区或大陆间的多维、持续、互惠的商品、思想、知识和价值观的相互交流；b）它必须在时间上促进受影响文化间的交流，使它们在物质和非物质遗产上都反映出来；c）它必须要集中在一个与其

① 张春彦、张一、林志宏：《欧洲文化线路发展概述》，《中国文化遗产》2016 年第 5 期，第 88-94 页。

② 李伟、俞孔坚：《世界文化遗产保护的新动向：文化线路》，《城市问题》2005 年第 4 期，第 7-12 页。

③ 郭璇、杨浩祥：《文化线路的概念比较：UNESCO WHC、ICOMOS、EICR 相关理念的不同》，《西部人居环境学刊》2015 年第 2 期，第 44-48 页。

④ 陈怡：《西班牙圣地亚哥德孔波斯拉朝圣之路：基督教精神遗产的展示》，《中国文化遗产》2011 年第 6 期，第 102-109 页。

⑤ 联合国教科文组织世界遗产委员会：《〈实施世界遗产操作指南〉历年版本（1977—2021）》，https://whc.unesco.org/en/guidelines/。

存在于历史联系和文化遗产相关联的动态系统中"①。

遗产廊道（Heritage Corridor）是另一种跨区域的综合性遗产保护利用方法。它从属于美国国家公园体系，源于美国环境学家怀特（William H. White）在1950年提出的"绿道（Green Way）"概念。由此概念衍生出遗产廊道这种大范围的线性遗产保护理念：它是指一定尺度范围内由遗产综合体组成的线性开放空间，具有遗产保护、历史文化、旅游休闲、教育审美、生态维护等功能。这种遗产组合反映了一定社会背景下人类的某种社会活动路径，如迁徙、交通工程、商贸往来等文化——它们构成了遗产廊道的主题，具体可分为自然生态、历史文化和游憩3种类型——由与廊道关系最为密切的关键性遗产来决定。因此，遗产廊道对遗产的保护和利用不仅仅是多处遗产的组合保护利用，还是由遗产本体向周边环境点—线—面的扩展，由绿道、遗产、游步道、解说系统共同构成了一种跨区域的保护与开发平台②。与脱胎于欧洲的文化线路相比，遗产廊道并没有过多地强调跨区域的文化认同诉求，其对共同价值的追求也不高。同时，因为其广泛应用于地广人稀的美国国家公园区域，为了串联和保护文化遗产而延伸出来的大量的空间成为遗产廊道的一个重要特征。

仅凭文化线路和遗产廊道这两种遗产保护方式是无法完全解决我国文化遗产保护的四类空间问题的。与国家文化公园相比，文化线路和遗产廊道虽然都是将文化遗产通过"打包"的方式升到大尺度进行保护开发，但是其组合的方式无疑与国家文化公园有出入。第一，文化遗产的组合模式为线性区域，而国家文化公园的范围在概念辨识层面，不限于线性文化遗产；第二，文化线路和遗产廊道的实践尺度多为跨越省级区域或城市的中尺度，而在涉及广阔地域的国家文化公园中，文化线路和遗产廊道模式对于文化遗产的整合性可能会捉襟见肘；第三，二者虽然都强调保护区域内文化遗产的关联，但是缺乏对文化遗产组合机制的深层解读，特别是文化意义层面的机制，因此无法满足国家文化公园塑造国家象征、促进全民族

---

① 丁援：《国际古迹遗址理事会（ICOMOS）文化线路宪章》，《中国名城》2009年第5期，第51-56页。

② 王志芳、孙鹏：《遗产廊道：一种较新的遗产保护方法》，《中国园林》2001年第5期，第86-89页。

文化认同的要求[①]。诚然，国家文化公园对于文化遗产的升尺度保护理论应该在研究中得到更为精准的解读。文化地理学中地方的尺度转换方法或许能够为这一问题提供方案。

(二)文化地理学尺度转换的特点

许多学科都涉及"尺度转换"的概念，例如地图学、测量学、经济学、政治学等，但是文化地理学的尺度转换有自己的特点，即一切尺度转换的根本基于文化。文化地理学的"尺度转换"包括降尺度和升尺度。降尺度指将大区域的文化或文化目标分解为小区域的文化或文化目标；升尺度是将小区域的文化或文化目标融入上一级区域的文化或文化目标中。在地方文化遗产保护中，常会遇到不同尺度区域的文化目标不一致，甚至是对立的情况，因此就需要用尺度转换的方法，统一目标，化解对立。下面的例子就可以解释上述抽象的表达。马来亚（当时称为马来亚，1957年独立后才称为马来西亚）霹雳州金宝镇的金宝镇战役纪念地曾面临着本镇、马来亚政府（国家）、金宝镇战役参战国（国际）3个主体的文化目标对立的危机。金宝镇战役发生在1940年年底到1941年年初，驻马来亚的英军为抵抗日军南下攻占柔佛（今新加坡）组织了阻击战役。英军和日军双方伤亡惨重，英军虽然撤退，但是他们成功地打破了日军的美梦，即在1941年元旦前攻克柔佛，并将此作为给日本天皇的"新年礼物"。金宝镇居民在战役期间曾积极支援英军作战，因此本镇居民希望建立战役纪念馆，但是马来西亚政府却不批准，因为在马来西亚独立后，政府要尽力抹去英殖民者的文化痕迹。而英军和日军的参战老兵及其后人，出于各自的情感，前来金宝镇凭吊，并树立了若干纪念标志，这些标志之间也出现了情感态度的对立。最后，人们用"反殖反战"的文化理念，统一了各个尺度区域的文化诉求[②]，从而达到小区域文化目标与大区域文化目标的融合。这种尺度转换属于后面将介绍的超有机体主义尺度转换方法。

[①] 刘庆柱、汤羽扬、张朝枝等：《笔谈：国家文化公园的概念定位、价值挖掘、传承展示及实现途径》，《中国文化遗产》2021年第5期，第15—27页。

[②] MUZAINI H, "Scale politics, vernacular memory and the preservation of the Green Ridge Battlefield in Kampar, Malaysia," *Social & Cultural Geography* 14, no.4(2013): 389–409.

文化地理学尺度转换不能与地理学的"一纵"脱离。英国著名地理学家约翰斯顿（R. J. Johnston）指出，地理学的基本思维是"一横一纵"。所谓"一横"指不同区域中的要素彼此相互作用，文化地理学的尺度转换是"一横"体现形式之一。所谓"一纵"，是指一个区域内各个要素层之间的相互作用。尽管尺度转换属于"一横"，但是却不能脱离"一纵"来理解一个地点或区域的地理"品质"。人们有了对区域特性或本质的理解，才能决定是否向这个地点或区域投资、迁移、就业、求学、旅游等。例如，长征国家文化公园虽然以红色文化作为核心，但展现红色文化也要从自然要素、生计要素、制度要素中找到与红色文化的联系。例如，位于贵州省习水县土城镇的四渡赤水纪念馆，一定要建在当年战斗发生过的赤水河畔（自然要素），这样才能让参观者从实地景观中感受到红军在山区机动作战的艰辛；博物馆的实体空间不但要包括展览大厅，还要包括当年红军主要领导人居住的房屋、红军医院的遗址（生计要素），从而让人们感受到历史的真实；博物馆展陈内容中还包含了制度要素，如毛泽东当年指挥红军，利用川、滇、黔交界地带的行政地理特点，穿插于国民党各方兵团之间，灵活变换作战方向，创造战机，在运动中歼灭敌人，最终成功地跳出敌人40万重兵的围堵。按照符号学的解释，如果定义红色文化精神是所指（Signified），那么自然、生计、制度的元素就都是能指（Signifer），能指和所指是不能分开的。

三、文化地理学的文化意义尺度转换方法

文化地理学中有5种主要的区域尺度转换的方法，它们分别是文化景观尺度转换、文化扩散理论的尺度转换、超有机体主义尺度转换、结构功能主义的尺度转换和后现代主义尺度转换[1]。

（一）文化景观学派的尺度转换

文化景观学派的尺度转换，即指有相似文化特质的、彼此临近的文化区可以整合为一个大的文化区。大文化区可以有多种，如穆斯林文化区

---

[1] 周尚意：《文化地理学研究方法及学科影响》，《中国科学院院刊》2011年第4期，第415-422页。

（Muslim region）、亚太文化大区（Asia-Pacific cultural realm）等。文化地理学创始人索尔（Carl O. Sauer）从景观入手，指出一个文化区内部的文化景观相同或相似，体现为相同的文化特质（Cultural Trait）。索尔还指出，地理学的研究内容为区域知识（Areal Knowledge），而区域知识等同于景观分布学（Landscapes or Chorology）。在美国，国家公园的景观保护要遵从美国国家公园管理局（NPS）的规定。NPS启动了文化景观清单（Cultural Landscapes Inventory，CLI）项目，有学者分析了CLI数据，发现清单给出的景观属性数据，如自然或文化的属性、景观古老程度，使得国家公园在景观上具有"一致性"。譬如落基山国家公园有一种荒野的景观风格。换言之，景观上的相似性确定了国家公园的基本范围。中国的长城国家文化公园，就是将所有具有相同文化景观（长城墙体、长城关隘所在市镇，长城相关军事设施等）作为小区域，而后整合为一个大文化区的。

（二）文化扩散理论的尺度转换

文化扩散理论的尺度转换，即由文化源地和该文化扩散到的区域组合为一个大文化区。20世纪50年代，瑞典地理学家哈格斯特朗（T. Häger-strand）在索尔研究的基础上，分析了某种文化在时间扩散过程中的现实表现——文化扩散（Cultural Diffusion）。他采用"文化历史学"的研究方法，认为从一类景观在不同时期的分布变化上来看，大的文化区是由小的文化区扩散而来的。中国的黄河文化区就可以视为以渭河谷地的文明源地，扩散到中原地区，乃至黄河上游和下游地区的一个大文化区。那么如何判断文化扩散，并以文化扩散的时空过程来整合大文化区？或许以色列的熏香之路（Incense Route）是一个可供参考的案例。香料有两种，一种是食用香料，一种是熏香。这里所说的主要是产自非洲埃塞俄比亚和阿拉伯半岛南部的乳香。乳香是乳香树的树脂，带有挥发油，可散发出温馨清纯的木质香气。乳香既可药用，也被大量用于制作用于宗教仪式的熏香。与乳香地位相当的还有没药。这些香料通过贸易线路扩散到产地之外的地区，如古埃及、古以色列、古希腊、古罗马、古波斯、古印度等地区。以色列官方用熏香扩散的概念，将境内的熏香之路——内盖夫的沙漠城镇群（Incense Route-Desert Cities in the Negev）整合到跨三大洲的熏香之路上。

虽然哈鲁扎（Haluza）、曼席特（Mamshit）、阿伏达特（Avdat）和席伏塔（Shivta）这4座沙漠城镇遗址的景观特征差异很大，但是在香料扩散的意义上，它们被整合到一起，共同展现公元前3世纪至公元4世纪当地香料贸易的繁荣历史。熏香之路——内盖夫的沙漠城镇群还包括了熏香之路沿线的堡垒、驿站、灌溉系统、商道等①。2005年7月15日，熏香之路——内盖夫的沙漠城镇群在联合国教科文组织世界遗产委员会会议上被列入名录②。

（三）超有机体主义尺度转换

超有机体主义尺度转换，即有一个超有机体的文化统领各个小区域。伯克莱学派将超有机体（Super-organism）定义为在历史中形成了一个稳定的、"超越个体"覆盖到社会群体的文化③。因为这种共享文化超越了个人存在，个人必须接受、服从，所以具有"超有机体"特征。索尔的弟子，美国文化地理学家泽林斯基（W. Zelinsky）用超有机体理论解释了美国内部文化小区和美国文化之间的关系。他认为虽然美国各个小区域的文化特征差异很大，但是它们共同组成美国文化。每个内部文化区的人们可以保持自己的衣食住行文化特点，但是须认同美国宪法。超有机体主义尺度转换的关键在于找到各个小区域社会文化中那些共同或共通的思想信仰、文化理念和意识形态等。前面所述金宝镇战役纪念地案例选择了"反殖反战"的文化理念，下面是另一个超有机体尺度转换的案例。巴西的卡皮瓦拉山国家公园（Serra da Capivara National Park）建于1979年，其中包括900多个考古遗址。1991年，卡皮瓦拉山国家公园被列入联合国教科文组织世界遗产名录。该国家公园面临一个重要的挑战，即3个不同尺度群体的态度对立。这3个群体分别是小尺度的印第安人、中尺度的当地社区、国家尺度的巴西政府。对立的表现之一是当地居民并不认同要保护的遗址

---

① WIKIPEDIA. "Incense Route-desert Cities in the Negev," https://en. wikipedia. org/wiki/Incense_Route_%E2%80%93_Desert_Cities_in_the_Negev? wprov=sfla1.

② PESSIS A-M, GUIDON N, "Serra da Capivara National Park, Brazil: Cultural Heritage and Society," *World Archaeology* 39, no.3（2007）: 406-416.

③ 唐晓峰、周尚意、李蕾蕾：《"超级机制"与文化地理学研究》，《地理研究》2008年第2期，第431-438页。

的价值，因为他们认为保护区内的岩画是印第安人制作的；对立的表现之二是当地社区从未获得巴西政府的财政支持，因为巴西政府认为保护这些文化遗产是当地的事务。因此，有学者提出了解决3个群体之间保护态度不一致问题的办法，即通过文化遗产的教育让人们了解到印第安文化的魅力，既借助非正规的教育途径，如博物馆、媒体等；也可以借助正规的教育途径，如在大学考古专业本科课程中加入卡皮瓦拉山国家公园的案例①。这些教育的途径旨在用文化多元主义的理念让不同尺度的人们认识到保护历史文化遗产的重要性。而保护印第安人的岩画遗产，显然是超出各个尺度群体"有机体"需求的。回到中国国家文化公园话题，中国人对长征、大运河、长城和黄河所产生的国家认同就具有一定的超有机体主义特点。

（四）结构功能主义尺度转换

结构功能主义尺度转换。此方法论认为，功能上彼此联系的小区域组成了大区域。美国著名人类学家施坚雅（G. Skinner）以中国封建社会晚期的城市为研究对象，借鉴德国地理科学家克里斯塔勒（W. Christaller）的中心地理论，提出了中心边缘理论。该理论认为，每个小区域都在大区域中具有自己的角色或功能，其中一个小区域的中心城镇作为区域自组织中心，统治着所有的小区域，它就是大区域的中心，它所在小区域与其他小区域被划归为"中心"和"边缘"。小区域的文化特性由大区域的整体性控制。控制整体性的机制会随时间变化，前后两个机制变化点之间，整体性具有相对稳定性。例如，从20世纪70年代到80年代，印度尼西亚官方在划定婆罗浮屠考古公园（Borobudur Archaeological Park）缓冲区时，没有按照欧洲的文化遗产保护区的做法，即没有让文化遗产缓冲区的风貌与婆罗浮屠的佛教风格高度一致，而是注意到该历史文化遗产公园周边是穆斯林社区，出于文化多样性的考量，政府鼓励穆斯林社区居民参与到婆罗浮屠文化遗产的保护中。婆罗浮屠周边的穆斯林认识到社区与考古公园之间有多种功能结构关系，如可以从婆罗浮屠考古公园的旅游业获得经济收入，并可以在缓冲区的空地举行开斋节庆典等，因此他们积极参与到婆罗

---

① PESSIS A-M, GUIDON N, "Serra da Capivara National Park, Brazil: Cultural Heritage and Society," *World Archaeology* 39, no.3(2007): 406-416.

浮屠的保护中，譬如在火山喷发后，他们参与了火山灰的清扫工作①。这个案例证明，国际组织（UNESCO）制定的世界文化异常保护的机制，控制和左右了印度尼西亚政府、当地社区的文化遗产保护实践，并用历史文化的共同功能，将多层级的目标整合起来。中国的大运河文化区也可以视为每河段功能区彼此联系，完成大运河的整体功能。随着时代的变化，各个运河河段功能区彼此的结构关系也发生了变化。

（五）后现代主义尺度转换

后现代主义尺度转换，即景观和功能上没有清晰逻辑的小区域组成了大区域。20世纪80年代后，后结构主义和后现代主义影响到文化地理学。按照迪尔（M. Dear）等后现代主义地理学家的观点，没有一个宏大的文化区分析理论可以解释所有小区域②。后现代地理学家索加（E. Soja）以洛杉矶为例，指出洛杉矶"大文化区"是由众多城市内部的"小文化区"如同马赛克一样拼装成的。小文化区之间不一定是由功能结构联系起来的，也没有被文化"超有机体"覆盖。小区域是超越物理的空间、本体存在的，具有边缘性、差异性、开放性、批判性的空间，索加称之为第三空间（表征的空间）。每个区域不断突破原来空间结构赋予它们的地位或形象，从而将整个城市不断变为一个新的城市。第三空间是相对于第一空间（实践的空间）、第二空间（空间的表征）而言的。所有国家文化公园都是第三空间，小区域之间关系的混沌乃至矛盾，恰恰展现出真实的文化区。美国学者分析了历史建筑遗产的"原真性"概念，虽然在20世纪之前很少有人关注建筑的原真性，但到20世纪学者们开始强调，被定义、表达出来的历史建筑遗产原真性本质上是第二空间，它指导着人们在第一空间实践中如何保护历史建筑。在后现代主义看来，这样的空间互动是现代的、原教旨主义的和纯粹主义的实践，意在实现"建筑师初心愿景"（Architect's Original Vision），即在确定的"重要时期"内建筑呈现的理想状态，这种

① NAGAOKA M, "Buffering Borobudur for Socio - economic Development: An Approach away from Europeanvalues - based Heritage Management," *Journal of Cultural Heritage Management and Sustainable Development* 5, no.2(2021): 130–150.

② DEAR M, "The Postmodern Challenge: Reconstructing Human Geography," *Transactions of the Institute of British Geographers*, no.3(1988): 262–274.

不惜一切代价保留原始"结构的重要性"的实践很难实现①。因为随着时间的推移，历史建筑的使用功能、景观意义也在变化，且总处于新旧差异，甚至新旧矛盾的状态。以中国北京的天安门为例，在现代意义上，它的真实性就是明清两代京都皇城诸门之一，但是如今它更像是20世纪50年代扩建的天安门广场建筑群的重要元素。这种建筑与建筑群的尺度关系的不断变化是一个常态的真实。

尺度转换的方法无疑为国家文化公园的文化遗产保护提供了启示。第一，无论是何种小尺度向大尺度的转换方式，所有的小尺度文化遗产都能够在大尺度的组合之中寻找其文化意义，从而使得每个公园之内的文化遗产价值得到更多人的认同，有利于增强保护依据，实现辖域内不同文化遗产保护与开发的公平性。第二，从文化可持续的角度衡量，尺度转换的方法能够确保将文化遗产的小尺度意义嵌在文化公园的大尺度意义中，实现意义不冲突，使其更好地联合。这是今后国家文化公园突破线性文化遗产保护的必然选择。第三，尺度转换能够更好地阐释国家文化公园的文化象征性，使其概念更加完善。

四、尺度转换思路与国家文化公园管理机制

2019年发布的《长城、大运河、长征国家文化公园建设方案》标志着3个国家文化公园的建设正式启动②。此外，其他国家文化公园建设也将陆续提上议事日程，如2020年10月，《中共中央关于制定国民经济和社会发展第十四个五年规划和二〇三五年远景目标的建议》提出建设黄河国家文化公园③，但是目前还有很多问题需要讨论。运用文化地理学的尺度转换思路，探索解决上述4个国家文化公园在建设中遇到的问题是有价值的。

---

① LEVINE N, "Building the Unbuilt: Authenticity and the Archive," *Journal of the Society of Architectural Historians* 67, no.1(2008): 4–17.

② 人民日报：《中办、国办印发〈长城、大运河、长征国家文化公园建设方案〉》，https://baijiahao.baidu.com/s?id=1652077372909004185&wfr=spider&for=pc。

③ 新华社：《中共中央关于制定国民经济和社会发展第十四个五年规划和二〇三五年远景目标的建议》，http://www.gov.cn/zhengce/2020-11/03/content_5556991.htm。

（一）文化景观尺度转换——以长城国家文化公园为例

历代长城的遗存是长城国家文化公园建设的遗产基础，长城历经我国春秋战国、秦、汉、唐、明等历史时期，传承两千余年，总长度达21 196.18千米。范围涉及北京、天津、河北、山西、内蒙古、辽宁、吉林、黑龙江、山东、河南、陕西、甘肃、青海、宁夏、新疆15个一级行政区。它们是最具中华民族文化特色的线性文化遗产，具有时间范围广、种类繁多、建筑规模大、防御体系复杂、文化内涵丰富的特征①。从长城国家文化公园的国家认同意义来讲，长城的特殊性不言而喻，它凝聚了中华民族自强不息的奋斗精神和众志成城、坚韧不屈的爱国情怀，已经成为中华民族的代表性符号和中华文明的重要象征。换句话说，长城文化遗产本身，就具有凝聚民族认同和国家认同的强大力量②。

建立长城国家文化公园，用文化景观尺度转换思路有助于解决目前各段长城的保护措施存在差异的问题。现存历代长城在景观上各有特色，因此各地的长城景区都可以视为小文化区。长城国家文化公园建立后，可以制定统一的保护标准，从而形成一个景观保护水平一致的大区域。第一，将各区域的长城保护划入长城国家文化公园统一保护和活化利用，能够解决分割保护的弊端，如分布于地质较差、边远贫困地方的长城保护不足，地方基层文保力量薄弱，地方政府和公众对长城保护的意识不足。第二，对长城景观一致性的突出有利于强调长城的总体价值。第三，长城国家文化公园意味着通过建立整体性和系统性保护体系，由国家统一管理。这里要补充的是，虽然强调景观特征的统一，但不意味着修复标准的统一，有砖石长城，有土长城，还有建筑形态保存较好的长城，坚持长城景观和地方历史和自然层之间的联系，进行分类保护。因此，长城国家文化公园打破了"政出多门"的问题，实现不同年代不同区域的长城协同整合，串线成珠，构建一条长城文化景观带。

---

① 西北大学文化遗产与考古学研究中心：《西部考古》，三秦出版社，2013，第186-204页。

② 刘素杰、吴星：《建设国家文化公园，促进长城沿线区域绿色发展：以京津冀长城保护与传承利用研究为例》，《河北地质大学学报》2020年第5期，第135-140页。

（二）文化扩散的尺度转换——以长征国家文化公园为例

许多国家文化公园都面临空间范围难以划定的问题。以长征文化公园为例，长征路线共约二万五千里，主要以中国工农红军一方面军的路线为主，兼顾红二、四方面军和红二十五军长征线路，从江西瑞金至陕西延安，沿线共涉及贵州、江西、重庆、陕西等15个一级行政区[①]。长征路线上有众多大小不一的长征遗迹，以往长征线路上的红色旅游资源主要集中在瑞金、遵义、大渡河、腊子口、延安等地，但是红军长征路线沿途还有许多知名度不是很高的小的红色资源区，如祥云、小金、卓克基等。除此以外，还有很多不在长征主要路线上的小地方，这些地方也上演了与长征有关的可歌可泣的故事，例如贵州六盘水的龙场乡碗厂村。1935年4月，中国工农红军第九军团长征经过水城时，红军战士朱云先、王红军因病掉队。病愈后，他们已经赶不上大部队，后几经辗转来到龙场乡碗厂村，并领导碗厂群众组织"齐心会"继续革命。1939年，朱云先、王红军在一次抗击地方反动武装的战斗中壮烈牺牲[②]。龙场乡碗厂村虽然不在主要的红军长征节点上，但是这些地方所发生的历史同样是长征精神的生动反映——它们同样浸透了长征的文化意义。这些地方小尺度空间单元的意义都是长征红色文化传播的结果。

文化扩散的尺度转换思路可以用在长征国家文化公园的空间范围确定上。在江西赣州市下辖的瑞金市叶坪乡黄沙村，有一个自然村叫华屋，这里不是长征线路上的主要节点，但是它也与红军长征有密切关系，当年村里17位青壮年种下17棵松树，相约革命胜利之日回乡团聚。然而，他们中没有一人回来。在长征路线的沿途，有许许多多这样的小村子，红军大部队行进的线路虽然不经过它们，但是它们都是红军文化传播到的地方。如果可以将这些村子都纳入长征国家文化公园中，可以有两个好处：第一，国家公园单位的确定不一定受文物部门确定的红色文物的局限；第

---

① 钟灵芳，郑生：《线性文化遗产的保护研究：以红军长征路线为例》，《中外建筑》2018年第12期，第21-23页。

② 乌蒙新报：《龙场乡碗厂：要让红色历史代代相传》，https://www.sohu.com/a/472625148_369215。

二，包含的与长征相关的小村越多，长征文化被保留得越完整。

(三)结构功能主义尺度转换——以大运河国家文化公园为例

大运河国家文化公园可以分为不同的小文化区。首先，按照行政区可以划分为北京段、天津段、河北段、山东段、江苏段、安徽段、河南段、浙江段；其次，按照运河名称可以分为京杭大运河、隋唐大运河、浙东运河3个部分，下面又有通惠河、北运河、南运河、会通河、中（运）河、淮扬运河、江南运河、浙东运河、永济渠（卫河）、通济渠（汴河）10个河段。大运河的文化包括与之相关的物质性文化，如与水利、水运相关的闸、桥梁；与聚落相关的城市、商埠、码头等[①]。非物质的有大运河的传说，技艺如通州运河船工号子、田氏船模等。不同的文化区及其所包含的运河文化共同构成了大运河的文化意义[②]。

大运河在结构功能主义的视角下是一个被各个小区域组织的统一体。一方面，大运河的各部分可以看作一个个小尺度的文化区，有着各自的功能，它们共同组织了大运河整体功能的发挥，其中最重要的就是漕运功能。漕运主要的运输货物为粮食，北京作为明清两朝的都城需要大量来自南方的漕粮支撑皇家、官员和军队的需要。正所谓"天下大命，实系于此"，清道光时运河中断，故而威胁到了北京的粮食安全。在漕运的征收、运输、交仓环节，运河沿线各区域的职能各不相同且具有差异性。例如征收环节中，漕粮（正米）包括征自运河沿线各区域：江南江宁、安庆（上下江的范围）等十六府州征收粳糯粟米，苏松常镇太五府州征收粳米和糯米；浙江杭嘉湖三府征收粳米和籼米；江西、湖南、湖北等收稻米兼收糯米；河南、山东征收粟米和麦豆。在运输环节，漕船航行次序也有规定——主要依据是距京师的远近程度，山东、河南在前，两江、浙江居中，两湖、江西居后，继续细分，一省之内同样按各地离京师的距离排顺序。交仓环节，运河沿线往北不仅一路设置存储漕粮的水次仓，如临清、

---

① 连冬花：《中国大运河世界遗产的协同保护机制》，《系统科学学报》2017年第2期，第51-55页。

② 龚良：《大运河：从文化景观遗产到国家文化公园》，《群众》2019年第24期，第17-18页。

德州等仓——各地将漕粮就近运交粮仓，然后由官军分段运送，同时在漕粮的最终归宿地建设京通仓[1]。在漕运制度下，大运河运行的结构分明，除了朝廷设置的漕运总督，还有运河中的重要节点，包括码头和枢纽（如济宁）。各运河段的主要职能也不同，如流经河北、天津和北京的通惠河、北运河、南运河是京杭大运河北段的漕粮北终段，来自南方各省的漕粮最终经此段运至北京。另一方面，大运河联系了沿线自然水系和区域，它们之间的经济联系使其建立了整体性。以江南运河为例，它是大运河重要的一段，它穿越经济富庶地区，促进了沿线城镇的联系。因为江南运河流经雨量充足地区，运河段水面和水深都利于航运，故而运输成本低廉，使得明清到近代，这里的商贸运输多依仗水道。明清两代与运河相连的商业、手工业市镇开始兴起，如以产丝为主的乌镇，还有那些以茶、丝、湖笔、黄酒等行业为主导的大运河浙江段市镇。大运河促进了不同商业区之间的经济和文化交流。例如大运河中段的中运河连通了江苏北段、淮河流域沂沭泗水系。明清时期航线的通畅致使来自南方的徽商和来自北方的晋商将市场开拓至此。来自不同区域的商业活动也带动了本地人参与经商活动，大大刺激了本地商帮的发展[2][3]。

结构功能主义尺度转换能够有效地解决大运河国家文化公园中同质竞争的问题。结构功能主义尺度转换强调不同组成部分在整个大运河国家文化公园中的地位和功能。大运河国家文化公园在管理上，可以在各段强调不同的文化遗产功能的相互联系，突出不同节点城市、不同段的独特性，从而解决同质竞争的问题。这个方法还可以调动各地在文化遗产保护和利用上相互协同的积极性。

（四）超有机体主义尺度转换——以黄河国家文化公园为例

在4个国家文化公园中，黄河国家文化公园的文化资源最为分散。黄河被誉为中华民族的母亲河，是中华民族的根和魂。黄河国家文化公园涉

---

① 李文治：《清代漕运》，中华书局，1995，第50-268页。

② 郑民德：《明清运河区域的徽商及其社会活动研究》，《中原文化研究》2020年第3期，第108-116页。

③ 童小丽：《浅析明清时期京杭大运河对山西商人的影响》，《经济师》2016年第4期，第230-231页。

及黄河流经的9个省和自治区。黄河流域既有从马家窑文化到大汶口文化的早期人类活动遗址，又有像丰镐、长安、西安、洛阳、开封等闪耀文明之光的古城。这个区域中历史上曾有许多民族在此生活，而今这里还是中华民族大家庭中几十个民族共同生活的地方。本区域从上游开始，可以分为河湟文化区、陇右文化区、河套文化区、泾渭文化区、三晋文化区、齐鲁文化区、河济文化区、黄淮文化区等。这些次区域在空间上彼此也有交错。从文化类型上看，本区域还有农耕文化、水利文化、商业文化、艺术文化等。鉴于文化的多样化，人们很难找到一个表征（如图腾、文字）来体现这么丰富的文化，因此只有用"黄河"两字作为一个抽象符号，代表所有黄河国家公园中的文化。

超有机体主义的尺度转换思路针对资源分散的问题。黄河流域的小文化区，虽然被黄河干流和支流串联起来，但是它们之间并无明显的结构功能联系，因此不能像前面的大运河国家文化公园那样，采用结构功能主义尺度转换方法将它们联系在一起。而且这些文化在构建历史文化遗产网络上缺乏优势。因此在各种文化之上，我们可以用"超有机体"的"黄河精神"来统一各个文化。黄河精神可以解释为竭诚为民、社会奉献的人文精神，自强不息、勇于斗争的民族精神，以及顺应自然、协调发展的生态思想[1]。通过突出这样的"超有机体"理念，将极大丰富黄河国家文化公园内文化遗产的景观意义和精神内核。

结论

国家文化公园是文化遗产升尺度保护与开发的新模式。在我国文化遗产保护和利用面临着政出多门、边界不定、同质竞争、资源分散的问题，通过完善国家文化公园的文化遗产管理机制，能够解决这4类空间问题，进而实现文化遗产的有效保护、塑造国家象征、促进文化认同的目标。

文化地理学尺度转换方法能够为国家文化公园的文化遗产管理机制的改善提供新视角。基于上面介绍的5种尺度转换方法及其相关案例，归纳

---

[1] 袁升飞：《黄河文化的内涵与时代精神研究》，《中国民族博览》2020年第24期，第1—3页。

出4个结论。第一，文化景观尺度转换的思路有助于解决政出多门的问题，因为针对同样的文化景观，各部门联合出台一个管理文件就可以了。文化景观尺度转换还可以解决保护边界难定的问题，因为将同类景观所在的县级行政区所形成的大区域就是保护区的边界范围，这是基于县级行政单元是最低一级财政单元，可以承担文化保护的财政责任。第二，文化扩散的尺度转换思路可以用于确定国家文化公园的空间范围，其道理与前面的文化景观尺度转换思路有类似之处，但是用这个思路确立的国家文化公园范围内，不一定是完全相同的景观，可能有一些形态上的差异，但是文化主题是一致的。第三，结构功能主义尺度转换思路为人们提供了解决历史文化活化利用时的同质竞争问题，因为每个区域都可以找到自己文化资源的独特性，且可以将这种独特性与其他区域的文化资源建立起结构功能的联系。第四，超有机体主义尺度转换思路可以将多类型的文化统领在一个文化主题之下。

（作者系安倬霖、周尚意。安倬霖系北京师范大学地理科学学部博士研究生；周尚意系北京师范大学地理科学学部教授，博士生导师）

以黄河国家文化公园建设为契机
加快推动黄河城市群高质量发展

国家文化公园建设，是深入贯彻落实习近平总书记关于发掘好、利用好丰富文物和文化资源等一系列重要指示精神的重要举措。黄河国家文化公园承载的是国家记忆，是表达民族性格、保护民族文化的符号，国家"十四五"规划将黄河国家文化公园建设列入其中，凸显了黄河文化在中华民族传统文化中的重要地位。

黄河流经青海、四川、甘肃、宁夏、内蒙古、陕西、山西、河南、山东9个省（区），沿线大中小型城市超过60个，这些城市群由3个区域级城市群（山东半岛城市群、中原城市群和关中平原城市群）和4个地区性城市群（兰西城市群、晋中城市群、呼包鄂榆城市群和宁夏沿黄城市群）组成"3+4"的空间组织格局，各类黄河旅游景点超过100处，每年接待游客过亿人次。这些城市大多处于北方，全国区域经济发展现状是南北经济分化日益凸显，因此，推动黄河流域城市群高质量发展，对于解决我国南北经济发展差距扩大的趋势，打造一条资源高效利用和生态持续改善的绿色高质量发展示范带，促进全国区域经济协调和高质量发展，具有重要战略意义。

一、协同推进黄河流域城市群文化旅游高质量发展

城市群是推动经济高质量发展的重要支撑和战略载体。黄河流域城市群发展面临两大问题：一是城市群发育不足，与长三角、珠三角、京津冀城市群相比，发展质量不高，缺乏参与全球竞争和分工的巨型城市；二是

城市群发展受到保护黄河影响具有较强的约束。目前，黄河流域城市群高质量发展存在水的约束、沙的约束、资源禀赋及其利用约束等客观限制因素。因此，黄河流域城市群发展要以凝聚创造力为目标，打造智慧品质城市。沿黄城市群可共同策划设计和完善黄河文化旅游品牌标识系统，规划、实施并衔接区域性文化旅游产品体系，市场开发策略，资金、人才等产业要素流动机制，协同推进标准化黄河文化旅游服务体系建设，携手打造区域特征鲜明而又相互协调、联系紧密的黄河文化品牌形象，合力推进沿黄城市文化旅游资源要素优化配置，加快推动黄河流域文化旅游高质量发展。

在区域协调发展战略的总体格局下，未来在黄河流域城市群建设中，一是要以"文"化城，强调黄河流域城市群建设中的黄河文化作为城市发展文脉的延续。二是要以"业"兴城，推动黄河流域城市群建设中旅游业高质量发展。同时还要注重解决城市同质化现象突出、忽视城市文化内涵等问题。三是打造黄河历史文化地标城市。西安、郑州、济南、兰州等城市作为"一带一路"重要节点城市，应紧抓"一带一路"建设机遇，坚持国际化、特色化发展方向，通过整理挖掘当地黄河文化历史记载和历史故事，打造具有鲜明黄河文化特色的地标城市，展示中华文化新气象、黄河流域发展的新风貌。通过黄河地域文化的品牌塑造，推进西安、郑州、兰州等市构建文旅商融合发展等新格局，形成黄河文化新地标。以沿黄地区中心城市及城市群为主要载体，促进区域间文化旅游要素的流动，形成优势互补、高质量发展的区域经济布局。四是更好发挥中心城市的引领和带动作用。依托西安、郑州、济南、青岛、兰州等中心城市为引领的大都市圈正成为黄河区域高质量发展的突破口，这些中心城市要进一步提高能级，带动周边城市集群进行差异化功能定位，实现特色发展。五是建立实施黄河流域文化旅游交流合作联席会议制度，沿黄各城市定期或不定期轮流召集多种形式的联席会议，交流做法经验，研判形势趋势，会商合作路径。六是黄河文化传承与黄河旅游产业相互促进。要深入推进文化和旅游融合发展，分类推进历史文化、红色文化等旅游活化工作。七是充分发挥载体作用，为黄河文化展示、传播、弘扬提供坚实平台。采取多种措施和形式，开展黄河文化宣传，普及黄河文化知识，教育引导社会公众更好地了解黄河文化、理解黄河文化、把握黄河文化、弘扬黄河文化。

二、生态修复和保护贯穿黄河城市群高质量发展全过程

黄河国家文化公园在"国家标准、文化定位、线性遗产、精神价值"方面的特殊意义的基础上，按照"保护优先、文化引领、四大分区、五大工程"的总体要求，按照《黄河流域生态保护和高质量发展规划纲要》和《黄河国家文化公园建设实施方案》的要求，深化各地对黄河文化的认识和理解。以黄河国家文化公园建设为契机，快速推进黄河流域生态保护和高质量发展，找准旅游发展与黄河流域生态保护、脱贫攻坚、乡村振兴、城市建设等的结合点，做好文化旅游产业发展规划与生态保护、城乡建设、土地利用，以及其他产业发展规划的"多规合一"和"多规统一"。

黄河流域是我国重要的生态屏障。黄河流域的生态、经济、现代化地位是高质量发展重要战略，特别是生态地位是黄河流域协同发展的重中之重，黄河流域是我国重要的水资源区，生态价值极为重要，在高质量发展战略推动下，黄河流域生态环境得到修复和保护，有力支撑经济社会可持续发展。要强化黄河生态治理和城市区域生态环境综合治理研究，提升中心城市和城市群承载能力。应坚持系统思维及共建、共治、共享理念，统筹山水林田湖草综合治理，构建多元主体共同参与的一体化互惠共生协同治理体系。

由于经济发展水平和生态环境状态差别大，黄河流域城市群高质量发展应因地制宜，形成各具特色的发展模式。应坚持主体功能区建设思路，推进黄河流域城市群高质量发展。一是建立流域主体功能区实施机制，将黄河流域按照开发方式划分为优化开发区域、重点开发区域、限制开发区域和禁止开发区域四种区域，按照自然条件和经济发展水平的不同，来确定开发方式和高质量发展的目标和任务。二是建立和完善黄河水权市场。通过完善黄河水价形成机制和加强水权管理等，提升全流域水资源承载能力。三是建立黄河流域现代化产业体系。沿黄地区自然环境、要素禀赋各异，应坚持因地制宜原则合理布局产业分工体系。四是构建多元的财政支付转移体系。

三、用黄河文化筑牢黄河城市群发展之魂

保护传承和弘扬黄河文化是黄河城市群高质量发展的核心要素，以发展黄河旅游为主导，坚持文化引领、产业融合、生态优先、开放合作、创新驱动，走好黄河文化旅游发展的高质量发展之路，要把沿黄重点城市群打造成全球体验华夏历史文明的重要窗口，全球华人寻根拜祖的圣地，具有国际重要影响力的国际旅游目的地，探寻黄河文化的文化之旅，争做国家文化产业和旅游产业融合发展的示范区。

铸牢黄河文化这一文旅之魂，建设起全球知名的沿黄河城市群国际文化旅游核心板块。沿黄河很多城市因黄河而建，因黄河而兴，因黄河而美。在这些城市文化中必须突出黄河文化这一核心符号。沿黄河流域发展文化旅游，最大优势是依靠黄河文化，有最大竞争力、号召力和吸引力的也是黄河文化。

以建设黄河文化公园为契机，坚持"以文塑旅，以旅彰文"的新发展理念，加快建设体现中华悠久文明的黄河文化旅游带。进一步树立"大黄河"的理念，串珠成链，轴带贯通，通过在沿黄城市建设黄河国家文化公园、黄河国家博物馆、黄河文化遗址展示体验区，以及沿黄生态廊道和沿黄旅游风景道等，着力打造寻根之旅、爱国之旅、红色之旅、创业之旅、互鉴之旅。提高黄河乡村旅游的自我循环能力，突出乡音乡愁，抓好乡村文化旅游，塑造"乡土中国""黄河故土"旅游体验地，把乡村作为黄河流域旅游发展的重中之重，实现沿黄城镇对沿黄乡村的反哺。

以黄河生态文化带建设为抓手，推进黄河文化与旅游融合发展。以建设黄河文化国家公园为目标，整合串联沿线峡谷奇观、黄河湿地、地上悬河等旅游资源，整合串联沿线的考古遗址公园、文保单位等文化资源，加强道路交通等基础设施的联通，加强运营管理上的融通，规划建设一批文化旅游名城、名镇、名村，打造一条以黄河为轴线的具有国际影响力的黄金旅游带。紧紧抓住黄河流域生态保护和高质量发展的重大战略机遇，以黄河为大背景，全力整合文化旅游资源，刺激文化旅游消费潜力，深入实施黄河流域旅游发展战略，采取景区带动、项目拉动、乡村推动等多种新模式，积极探索黄河文化旅游与乡村建设深度融合新路径。利用黄河沿线

城市水利资源丰富、灌溉条件得天独厚、土壤肥沃等优势，积极推进引黄排灌工程，形成了覆盖沿黄流域的河渠网络。在发展传统农业的基础上，推动黄河文化与生态文明相融合，借助黄河良好的生态环境、丰厚的文化底蕴和优越的区位交通，大力推进现代农业深入发展。

四、协同打造黄河城市群特色文旅品牌

黄河地域面积广，文化遗产类别多、文化价值高，当前黄河文化还存在保护压力大和利用质量不高等问题，尤其是系统的深度开发和创新发展不够。黄河流域应推进黄河文化的创新发展，打造黄河特色文化品牌，培育具有黄河特色的文旅商融合发展新格局，形成黄河文化新地标。

一是培育黄河文旅品牌，为黄河流域发展提供文化支撑。培育黄河旅游品牌，建设一批文化旅游名城、名镇、名村、名景，谋划一批黄河主题公园、电影小镇，以黄河文化为主题的大型实景演出、精品剧目等，推出一批具有影响力、具有黄河文化特色的旅游产品，提升黄河文化的品牌影响力。开发和培育体现黄河历史文化、黄河特有风貌、古镇古村等特色的精品旅游线路。二是推动黄河文化保护传承和创新发展。统筹推进黄河文化历史遗迹、文博馆（院）等资源保护，统筹推进黄河文化的发掘、研究、保护和传承。三是推进黄河文化的融合发展，支持黄河文化走出去。促进黄河文化与旅游、教育、产业和国际商贸结合，强化文化产业化、特色化。支持黄河文化走出去，扶持黄河文化全方位开展国际文化交流合作，培育发展黄河文化对外传播平台建设和重点文化项目，支持举办有国际影响力的黄帝拜祖大典、公祭伏羲大典等活动，拓展黄河文化对外传播渠道。四是创新黄河文化传承方式。发挥黄河沿岸地域文脉相连的优势，统筹推进文化遗产系统性保护，构建特色突出、互为补充的黄河文化综合展示体系。

五、用"黄河故事""黄河艺术"推动黄河城市群高质量发展

突出创意、科技和时尚元素，强化"黄河故事""黄河艺术""黄河项目""黄河剧目""黄河节目"支撑，在黄河沿线城市集中推出一批带有黄河文化特色的"黄河味道""黄河礼物""黄河节目"。把培养各类文艺人

才作为繁荣黄河文化、中原文化的根本，加强文化产业投资、文化企业管理、媒体融合发展等方面复合型人才、紧缺型人才的培养引进；完善人才评价激励机制，探索艺术、科研、技术、管理等各类要素参与收益分配的办法。协同推进"数字黄河""智慧黄河"。以提升黄河治理开发与保护的系统化、数据化、智能化为目标，运用物联网、大数据、空间地理信息集成等技术开发"数字黄河"，实现黄河全流域的资源共享和智能管理，为黄河流域生态保护和高质量发展提供决策依据。在"智慧黄河"的基础上实现治黄现代化，使黄河治理开发、保护与管理的综合决策工作更加科学化、智能化。大力发展高科技产业。进一步加快5G网络部署和云计算数据中心建设布局，重点发展高端装备制造、信息与人工智能技术以及新能源汽车等行业。支持和引导济南、西安、青岛、郑州等市结合人工智能、区块链、生命科学等提升产业创新链、价值链，发展高端制造业。

黄河流域城市群须协同发展，深入发掘历史悠久、底蕴深厚、内涵丰富、禀赋独特的黄河文化资源，系统研究黄河文化的内涵外延、载体形式、历史脉络、精神实质，深入挖掘黄河文化的时代价值，讲好"黄河故事"，让黄河文化"动"起来，延续历史文脉，坚定文化自信，为实现中华民族伟大复兴的中国梦凝聚起磅礴的精神力量。以黄河文化为依托，将孙子文化、渤海文化、红色文化等深度融合。出台《黄河文化产业发展规划纲要》，拿出交通发展布局、产业振兴发展布局、黄河旅游发展布局、水资源高效利用发展布局、农耕村落文化修复保护发展布局等具体政策措施，既要做好历史足迹传承，又要紧跟时代步伐，奏响新时代黄河文化大合唱。

（作者戴有山系中央文化和旅游管理干部学院副研究员）

黄河文化是中华民族文化的根和魂

早期人类生存发展，地理条件十分重要。人的生存就需要合适的地理条件。人类最早产生不是在温带，是在热带非洲；人类为了进一步生存发展，从北非迁到了地中海，然后扩散到世界，此后在世界的几条大河流域产生了人类最早的文明。

人类最早的两河流域文明，就在现在的伊拉克、土耳其、叙利亚等地区，距今七八千年。然后是尼罗河流域的古埃及文明，距今五六千年。南亚次大陆古印度文明形成于印度河与恒河流域。中国古代文明形成于五千多年前的黄河流域。

有人说早期文明在草原地带，其实人类进入文明是从采摘到游牧，从游牧到农业。只要是传承下来的主体文明，一定要从游牧进入农业。农业是人类早期社会的基础生业，是第一生业。

关于人类古代文明历史发现说明，它们一般起源于大河流域中上游，西亚、古埃及、古印度、中华文明等分别形成于两河、尼罗河、印度河与恒河、黄河流域中上游或中游。

中国的大河流域古代文明形成于黄河流域中游，黄河文化成为中华民族的根和魂。自中国古代文明形成伊始，历史的发展在中国这样一个地域广阔的国家，不可能是"同步"发展着的文明史。就世界史而言，人类早期是"四大文明"，不是整个地球的各地同时形成各种各样的"文明"社会。中国古代文明不会像现在有些人所说的那样，各地"文明"同时出现、"互相碰撞"。

人类历史在八千年前到五千年前之间，世界的"文明"历史进程，不会在全世界同时全面开花，只是在西亚两河流域、北非尼罗河流域、南亚次大陆和中国先后出现。为什么世界文明发展是这样的，但是到我们研究中国文明史的时候就成了"同时"的、"遍地开花"的文明？历史不是人们假设的那样。既是几乎同时存在着几个地区的不同文明，也要研究那个文明是以后历史继承、延续、发展的文明，也就是人们所说的"中华五千年不断裂文明"。最近我出版了《五千年不断的文明史》一书，我就想讲"文明"是什么，为什么"中华五千年文明"不断裂，不断裂是针对断裂讲的。从人类社会历史来看，"断裂"就是老百姓眼中"断子绝孙"，也就是其"历史"割断了。从世界史角度来看，中国国家历史从未"断裂"，而世界上不少地区或国家的历史是"断裂"的。

不断裂的文明世界上其他地方也有，但是持续五千年不断裂的只有中国。中国之所以如此，就因为中华民族历史文化的"根"与"魂"一直存在，中华民族的今天仍然是在其固有的"根"与"魂"中发展。

中华民族文化的"根"与"魂"形成于黄河中游的中原地区。这里保存着中国境内最为重要、最具"中国历史文化特色"、最有代表性的中国"国家文化"的文化遗产，黄河流域中游是"中华五千年不断裂文明"的4200年之国家都邑、都城所在地，也就是国家政治中心、经济管理中心、文化礼仪活动中心、军事指挥中心所在地。

从一百多万年之前的旧石器时代早期蓝田猿人、三门峡市会兴沟遗址出土距今约50万年的石器，到旧石器时代晚期的大中原地区之许昌考古发现的"现代人"化石（距今10～8万年），以及郑州、灵宝、南召等地的旧石器晚期遗存，它们与此后这里的新石器时代早、中期之李家沟遗址（距今10500年）、裴李岗文化，新石器时代晚期仰韶文化、河南龙山文化等上下承袭。

世界四大文明均源于大河流域，一般而言，大河上游因其地势高不适宜人类生存；而中游比上游地势低，又比下游地势高，这对于人类历史的"幼年时代"是"宜居"的不高不低的地方。

中国上古时代人们意识到，就"管理社会"而言，要选址于"社会"所在地之"中央"。其一，"地"在"天"之下，二者之"中"相对是"最近"距离，这样更便于"天子"从与"天"的最近距离，得到"天"的

"指示"与"监督",这因为中国古代人们信仰"人权天授"思想;其二,"地"之"中"对东西南北四方而言是等距离的,这对于社会管理来说是最科学、最公平、最公正、最公允的选择。

"求中"思想应该起源很早,1987年河南省濮阳市西水坡考古发现了6400年前的古墓,其中墓主人的东西两边各有1个蚌壳堆塑的龙、虎形象,墓主脚底下踩着北斗形象的造型,北斗下部有一块骨头(周髀)。古人用它测"中",它反映了至少6400年前我们的先民已经开始追求"中"。

此后,战国时代出土的《清华简·保训篇》,记载了五帝时代的舜"求中"于"历山",即上面所说的今河南濮阳。又记载了王国时代的缔造者夏禹,让商汤的六世祖上甲微为其"求中"于河洛及其附近嵩山。于是"嵩山"成为五千年来的"天地之中",以至于被列为世界文化遗产,越来越被中国人所认同,也被国际社会所接纳。嵩山古建筑群申遗成功并被联合国教科文组织与世界遗产委员会命名为"天地之中:历史建筑群"即可佐证。这也就是王国时代的夏商都城为什么选址于黄河中游的大嵩山附近。

1963年陕西宝鸡发现的距今三千年的西周青铜器"何尊",器底的122字铭文的"宅兹中或"(即"宅兹中国")是出土文物中最早的"中国"之名佐证。这里的"中国"铭文实际上是指国家的都城要建立在国家的中央,这在先秦历史文献中也多有记载。其实这也就是延续了虞舜、夏禹、商汤以来的都城选址理念,并且成为此后历朝历代的制度,也就是《吕氏春秋》所说的"古之王者,择天下之中而立国,择国之中而立宫,择宫之中而立庙(宫庙)",《吕氏春秋》的"择中建都",体现国家相对"东西南北"的"中"这个位置的至高至尊,同时也表明了国家对"四方"的不偏不倚和公正。从《史记》记载的"五帝时代",经夏商周至秦汉、魏晋南北朝、唐宋时期的历代王朝都城均在"大中原"地区,这也就是"择中立国"的佐证。宋代以后金元明清历代王朝建都北京,仍然是"择中立国"的延续,大金王朝的都城就称为"中都",他们认为"燕京乃天下之中"。

中原就是过去的中州。为什么禹那时候设九州?如果是偶数,就没有中,只有奇数才有中,因此当时设了九州,豫州在九州之中央,因此也称

"中州"，中州地形是平原，故称这里为"中原"。

"中"的空间重要思想，从官方到民间都是被最崇尚的。比如从"民间"来说，中国人最重视家谱、祠堂，它们分别置于家中正房（堂屋）与村子的中心地方。当人们在家里举行家宴时，中国人的传统是主人（家长或长辈）要坐中间。过年时拍"全家福"时，长辈或"当家人"要坐中间；家中庭院（指"四合院"）房屋的分配是长辈，"当家人"住在"正房"（"堂屋"），它位于庭院东西居中、坐北朝南的尊贵位置。四合院中，堂屋在院落东西居中北端位置，堂屋南部东西两侧安排厢房，这体现了"家"之"中"的概念。"中"是一个礼制的符号，它贯穿于国家与百姓观念之中。

从国家都城来看，北京中轴线以太和殿为基点，由此至永定门之间形成一条南北向轴线，其间由北至南先后为太和门、午门、端门、天安门、正阳门，这就是明清北京城至高无上的"中轴线"。因此，"中"对于中国人来说是家喻户晓的事情，也是处处可以反映出来的，因而可以说是"中"是中国历史上"深入人心"的"文化基因"。

谈"中"就要具体到"中原"，谈中原就要谈到黄河。黄河文化是中华民族的"根"和"魂"。因为黄河在中国的大河大江中居于"中部"，黄河流域实际也主要在中游。中华史前文化，最主要的分布在黄河流域中游，从旧石器时代的河北泥河湾、陕西蓝田、山西芮城等地的古人类遗存，以及秦岭地区、河南许昌与郑州等地的"现代人"遗存，到新石器时代著名的裴李岗遗址、仰韶文化、河南龙山文化等。

黄河与其他江河不太一样。中国五岳有东岳泰山、中岳嵩山、西岳华山，南、北岳是衡山与恒山。五岳最重要的是东岳泰山、中岳嵩山、西岳华山。东岳是思想文化，中岳是国家文化，西岳是人文文化，因为我们的仰韶文化从西边过来，西边的仰韶文化时代更早一些。

为什么说黄河文化是中国的根和魂？中国有句话叫大好河山，河山是什么意思？河山就是国家。河就是黄河，山就是嵩山（唐代有人说是"华山"）。以"天地之中"、五岳之"中岳嵩山"为核心，从长安、洛阳到开封形成中国古代历史上最为重要的都城东西轴线，此外在"大嵩山"附近的中国王国时代最早、最重要的夏商周都城均在这里。

中华民族的"根"是什么？根是"中"，"根"是空间，"根"在国家、在中央。"魂"是什么？"魂"就是"华"，"华"是崇尚、信仰"华"（即"花"，北魏以前没有"花"字，"华"亦为"花"）的人群，也就是庙底沟文化的人群，他们也就是近代我们所说的最早的"华人"。因此，中国有"中华"之称。现在的"华山"也就是因庙底沟文化的花卉纹彩陶而得名。庙底沟文化的核心区在豫西、晋南、关中，这里是最早中国的"核心地"。

黄河称谓与黄帝的关系，我想讨论为什么"二者"都姓"黄"。黄河可能是很久远很久远出现的，但是叫这个名字，他跟黄帝有关系，他是在一个大的历史背景下产生的。

黄河在商代的时候，在《卜辞》里叫"高祖河"。何为"高祖"？高祖就是"国父"，每个王朝的第一个皇帝。当然，王国时代没有，就是帝国有皇帝了。秦国说不清楚，秦国是按阿拉伯数字计算，秦始皇、秦二世，这不好说。凡是不按阿拉伯数字计算的，比如汉代的汉高祖刘邦，其他的皇帝，全叫帝，惠帝、文帝、景帝、武帝、昭帝、宣帝、元帝、成帝、哀帝、平帝等等。同样，再换一个说法，唐代的第一个皇帝是唐高祖李渊，其后继者为唐太宗、唐高宗、唐中宗等等。

《史记》中称"黄河"为"大河"，大相对小，河太多了，谁是老大？他是老大，这里河也包括江。《水经注》称黄河为"上河"，上是什么？有上就有下，或者上中下，也就是上中下"三六九"等，九等就是上上、上中、上下、中上、中中、中下等等，不管是三等还是九等，他都是老大。《汉书·地理志》称"黄河"，这是最早见到关于"黄河"的正史记载。

回过来说，黄河为什么在这个时候得到认同？背景我下面再讲，讲之前我想谈谈为什么黄河一直引起重视。名字在中国的语言学和文字学里面非常有色彩，比如说"河山"代表国家，如"大好河山"，而国家是永恒的。"江山"是古代历史上的一代又一代的"王朝"，因此有"江山易改，本性难移"的成语。

中国的地理空间，河在中，江在南北两边。淮河以南基本叫江，长江、闽江、赣江、珠江等等。辽河以北有吉林的松花江、黑龙江、鸭绿江。在吉林以南，在淮河以北的都叫河。因此，"河"在中国的南北之中部，黄河又在中国的"河"之中间，其南有渭河、洛河、淮河等，其北有汾河、海河、辽河等。

黄河有分区，分为上中下游，中游，按照区位，主要是中原文化，当然，我说的是"大中原"。渭河是黄河最大支流，渭河流入黄河中游。这样的话，长安、洛阳、开封是一条线，丝绸之路是一条政治之路，因此它起点跟着首都走，首都到哪儿起点到哪儿。黄河主要是中原文化，它的山也以华山、嵩山为代表。黄河下游，主要齐鲁文化，主要是古代思想家的"摇篮"，有东岳泰山。黄河上游，主要是中外文化交流和中华文化的和合文化发展。

在去年光明日报 4 月 25 日登了一篇文章，转载了《科学》杂志文章，这个在国际上很有名的杂志他上面登了复旦大学学者写的一篇关于西藏人与藏缅语系的来源。这篇文章说：西藏人及使用藏缅语系的人群 5900 年左右来自黄河中上游，3900 年前，离开黄河从甘青地区南下到西藏去，文章的依据就是 DNA 与语言学研究的证据。

匈奴、鲜卑人认为黄帝是他们的祖先，考古学与遗传学研究得出蒙古人是鲜卑人的后代。鲜卑人认为他们是黄帝后代。黄河中游应该是中国的"人"和"文"发源地。因此我们称"黄帝"为"人文始祖"。南方人所具有的男人基因是哪儿来的？最新的 DNA 研究成果显示，主要是黄河中游地区的古代中原地区的人群，其基因在南方男性方面的 DNA 中占 80% 多。

关于黄河上游文明交流的问题，其实很早就有了东西交流，早期有青铜之路、玉石之路等。我们现在吃的牛、羊，用的铜、铁，基本都是通过黄河上游从地中海、中亚到了中国西部，从西部黄河上游传到内地。当然，传过来以后我们很快就把他中国化，而把技术发展到世界领先水平，包括宗教（佛教）也是通过黄河流域过来的。当然在魏晋以后又走长江一线，就是南方丝绸之路。但是主体是最早进入黄河流域的，因此中国古代最主要的石窟分布在黄河流域。

丝绸之路上游也很重要。为什么重要？一个是引进，一个是把我们介绍出去。也就是中国从丝绸之路走向世界，世界通过丝绸之路走进中国。

为什么用丝绸代表东西方文化交流呢？衣食住行，中国人认为衣是第一位的。中国人和动物的区别在衣不在食。为什么不在食？动物也吃饭。

为什么在衣？只要看看那腐败分子老百姓怎么说，衣冠禽兽。反推理，如果你不贪污，你就是人，不管穿的好坏都是人。只要穿上衣服不办人事，你就不是人，这就是"衣"的重要性。我谈这个文化，涉及蚕丝，涉及蚕的问题。首先，蚕在远古时代的中原地区已经存在（青台出土丝绸，双槐树出土牙雕蚕），中原地区有着五千多年的蚕历史与丝绸历史。

黄河上游丝绸之路，尤其是甘青段，非常重要，对多民族国家的形成非常重要。

山东的黄河下游，那里东周时代出了许多思想家、哲学家、军事家，如孔子、孟子等，虽然是思想库，但是在那儿发挥不了作用，他们往中原去，孔子到魏国，居魏十三年。为什么到魏？魏在哪儿？魏在豫北。在濮阳，离这儿近。过了这儿就到了中原。进入中原腹地，下一步奔哪儿？下一步奔洛阳。洛阳是什么地方？洛阳是东周都城所在地。孟子到大梁，就是开封。开封在洛阳东边。为什么最后都往首都跑？思想家要想使自己的思想成为国家的主导思想，你只有到国家平台上才能发挥作用。汉武帝的时候就启用了董仲舒，他提出独尊儒术。因为守天下的时候，百家不是每家都一样，各有各的用途，但是最后都要通过中原、通过都城来实现。

黄帝和黄河，一个是人，一个是自然，人离开自然就没法发挥作用。黄帝的平台就是黄河，没有黄河也就没黄帝。但是没有黄帝，也不能称黄河文化是中华民族的根和魂。因此，黄河是因为黄帝成为中国的一条母亲河，黄河又使黄帝成为中国的人文始祖。五帝的活动区域主要在黄河。

刚才介绍了从八千年的裴李岗到后继历史中黄河文化的发展，构成文明的三要素——城市、金属器、文字都在中原地区最早出现。

为什么黄河与黄帝二者都"姓黄"？因为"黄"是中国最尊贵的。出现在什么时间？我说，"黄河"与"黄帝"的"姓名"基本都出现在同一个时期，就是春秋战国到秦汉时期。这个时期，是从王国到帝国的发展时期。中国的进一步发展需要进一步强化国家的尊严。这个光求"中"不行，然后就出现了"五方"，只有通过"东西南北"的"四方"才能衬托出"中"的重要。"五方"空间的物质文化"实体"是"五行"：金、木、水、火、土。"五行"之中"土"最重要，因为"土"是承载"人"的，又是其他"四行"的"立足"之地。按现在的观点，五行当中"金"最值钱，但是中国人把"土"定成"中"。"中"就是所谓"五色"之"黄"。其实黄色不是太好看，也不是太醒目，但还是把黄色定为"中"。就是因为"五行"之"土"是黄色的。"黄帝"与"黄河"之"黄"实际上表示黄帝与黄河均居"五方""五行"与"五色"之"中"。关于"黄帝""黄河"出现的最早考古与文献材料基本在战国秦汉时代。我们的很多生态学家说黄河是因为到了汉代黄河水浑了，才改名字。其实他不理解，黄河所在的黄土高原可不是现代形成的。获得中国科技大奖的刘东生先生，他说黄河至少有几千万年的历史，黄河历史也有三百万年多长。

"黄河"和"黄帝"代表着我们的国家，他们（它们）是中华民族"根"和"魂"的象征。

（作者刘庆柱系国家社会科学专家咨询委员会委员，中国社会科学院学部委员，中国社会科学院历史学部原主任、郑州大学历史学院院长）

黄河文化的文旅融合发展研究

河流是人类步入文明社会的孕育者，也是文化不断前进的引导者，更是社会变迁的见证者。当前我国经济发展供给侧的结构性矛盾突出，低端产品大量充斥，高质量产品供给不足，亟须符合新时代意识形态与思想高度的文化产品和理论，在坚持生态优先的基础上，增进民生福祉，促进产业融合，优化产业结构，打破区域合作阻隔，提高产业效率，完善公共文化服务体系，推动高质量发展，推进文化体制改革的继续深化。黄河文化开发所产生的整合力和影响力，将加快提升产业结构和文化经济效率；整合相关产业优势，引领文化产品向高端内涵式方向发展，推动经济发展方式转变和结构优化，转换增长动力，形成新发展格局下经济转型的新增长点，培育新的增长极。

一、加快整理千年积淀的黄河文化资源内容和单体

（一）黄河文化资源的分类

黄河流域是打赢脱贫攻坚战的重要区域，保护黄河是事关中华民族伟大复兴的千秋大计。黄河的开发利用是习近平总书记倡导的国家发展的战略方向之一，2019年至今，黄河文化的深入研究尚需系统性的成果。"十四五"发展阶段，将是我国全面高质量发展的重要时期，东西部地区发展差距以及贫富差距因精准扶贫会降低，但是在很长一段时间内将仍然存在。黄河流经九省区，多数是我国的民族地区，对沿黄文化遗产保护、开发与传承弘扬是实现西部民族地区发展的重要机遇，也是缩小贫

富差距，刺激消费，增加收入，实现乡村振兴的重要路径，更是国内大循环发展格局下东西部经济、社会及文化资源交融发展的机遇。因此，挖掘黄河文化蕴含的时代意义，借鉴国内外流域经济发展的经验，依托现代科学技术和理念，传承和保护黄河文化遗产，既是时代命题，又是历史发展的需要。

黄河流域的人们所创造出来的文化知识体系，是与黄河共生的文化知识体系。黄河文化是中华民族留给后人的重要文化遗产，黄河流域沿线9省区要联合起来，从多方面加快摸清黄河文化资源的内容。举凡黄河流域各地特有的黄河文化资源之外，黄河流域共有的生态文化资源、人文资源、历史文化资源，以及黄河文明等，都可以在宁夏开发利用。

表1 黄河文化资源分类表

大类	亚类
黄河自然资源	地形、地貌、矿藏、气候、降水、河曲、湖泊、流域分界、土壤、植被、森林、动物、可再生资源等
黄河生态科技资源	河名演变、河曲成因、信仰和祭祀文化、治水传说、泥沙、灾害、改道、沙丘、沙地和岗地、水土流失、荒漠和沙化土地、黄土高原、黄河三角洲、耕作和抛荒土地、防洪体系、堤防、水库、桥梁、湿地、水污染、古代都城文化遗产、历代治黄文献及方略、古生物化石、治黄遗址、水文化遗产、引黄灌溉工程、河防图等
黄河历史文化资源	历史丛书、黄河志、王朝更替中的黄河、非物质文化遗产、考古遗址、农业文化遗产、黄河故道、水利工程、远古人类活动遗迹
黄河人文资源	鱼鳞册经济、民间水利组织、河道图、黄河号子、黄河交通工具、黄河流域杰出人物、民族、风俗、文学、艺术、建筑、宗教、生产工具、农耕技术、农业生产系统、诗词歌赋、服饰、饮食、医学、商业、社区、节日、禁忌文化、黄河组织等
黄河文明	物质文明、精神文明、制度文明

黄河文化的挖掘与传承，是见证天、地、人之间的各种规律与法则的过程①。某种程度上可以说，一部黄河文化生成的历史就是中华民族形成的历史。黄河文化内涵丰富，五个大类的资源体系中，涵盖的亚类数量众多。具体的载体数量庞杂，摸清这些载体的情况，就是巨大的工程。因此，需要联合9省区共同整理黄河文化资源，在理清共性的基础上找出各自的优势资源，整合、提升资源开发品级。

(二)宁夏独有的黄河文化名片

在开发借用黄河全流域文化资源的同时，要重点梳理和开发利用宁夏独有的黄河文化资源，丰富宁夏黄河文化研究成果，为实现宁夏文化产业、旅游产业和公共文化服务业的高质量发展及融合发展提供基础。

1. 独特的治水文化

宁夏黄河的相关文化资源，是宁夏黄河独特性的重要见证。宁夏397千米黄河流经地区，在历代的治水实践中，积累了丰富的治水、用水、管水经验。

表2 宁夏黄河独特的治水文化资源

名称及内容	时代
激河浚渠	汉代
灌溉制度	北魏
卷埽技术	西夏
木闸、滚水坝控水	元代
石闸布设、刻字"水则"	明代
飞马报汛、埋没准底石、闸坝砌筑、植柳固堤、"封""俵"轮灌、渠道岁修、插杠挡闸等	清代
拦河建坝、兴建水库、扬水分流等	近现代

---

① 李记全、国庆忠、谭泽媛：《依智慧性内涵传承发展黄河文化浅探——以济南市为例》，《科技风》2019年第8期，第237–238页。

2. 覆盖全区的黄河沟渠系统

河流是远古人类步入文明社会的孕育者，也是人类文化不断前进的引导者，更是人类社会巨大变迁的见证者[①]。黄河流域是我国乃至世界最早开发的地区之一，先辈们最早从黄土高原开始发展，生存在适合农耕文明早期萌芽的干旱地区，农耕技术发达以后，逐步开疆拓土，逐渐开发了长江、珠江流域，并最终发展成为世界上第一人口大国[②]。开宁夏农业灌溉之先河的秦渠，始于秦汉时期，是宁夏古老农业文明的象征，至今宁夏有效灌溉面积达400万亩[③]。今日宁夏灌区共有14条干渠、近千条支渠，最著名的如开凿于周朝至秦朝的秦渠，旧渠长71千米，新中国成立后裁弯取顺后长45千米，它流经青铜峡、吴忠和灵武三市；开凿于汉武帝太初三年（公元前102年）的汉延渠，旧渠长119千米，新中国成立后裁弯取顺后全长80千米。汉渠，流经青铜峡、永宁、银川和贺兰；而最大的唐徕渠干渠长154千米，流经青铜峡、永宁、银川、贺兰、平罗、石嘴山等6市县。著名科学家郭守敬改建的唐徕渠、汉延渠及秦家渠等12条干渠和68条支渠，为宁夏水利史写下了光辉的一页。清朝时的黄河灌区面积由明代中叶的130余万亩扩大到200余万亩，灌溉农业达到新中国成立前整个历史时期的顶峰，清代宁夏大米曾位居"贡米"之列[④]。新中国成立后，1960年青铜峡水利枢纽大坝成功通水。阡陌纵横的沟渠系统，成为造福宁夏人民的重要水利设施，也书写了2000年的黄河故事，新时代宁夏的黄河故事也将继续书写和传承。

3. "天下黄河富宁夏"的黄河之利

宁夏，坐落于我国西北地区东部，在中国版图上呈南北状，地形整体以丘陵、平原、山地和沙地为主。接近于南北走向的贺兰山脉，将内蒙古的漫天黄沙阻隔，贺兰山以东便是宁夏平原。水的存在，孕育了生命，传

[①] 彭岚嘉、王兴文：《黄河文化的脉络结构和开发利用——以甘肃黄河文化开发为例》，《甘肃行政学院学报》2014年第2期，第92-99、13页。

[②] 李小鹏：《从黄河文明到"一带一路"》（第一卷），中国发展出版社，2015，第21-45页。

[③] 汪一鸣：《宁夏人地关系演化研究》，宁夏人民出版社，2005，第455页。

[④] 汪一鸣：《宁夏人地关系演化研究》，第459页。

承了历史，"黄河百害而一利"是历史对黄河的评价，黄河"一利"孕育
了宁夏平原的风土人情，成就了"天下黄河富宁夏"的美名，孕育了从古
至今的黄河农业文明和黄河文化。万里黄河从甘肃和宁夏交界的黑山峡进
入宁夏的中卫市沙坡头区，一直向西后向北蜿蜒而上，沿着腾格里沙漠的
东南边缘进入宁夏平原，途经青铜峡，最后从石嘴山进入内蒙古的乌海
市，流程397千米。在黄河径流的地质作用下，不仅成就了"天下黄河富
宁夏"的特例，更造就了宁夏"塞上江南"的美名。银川平原农业发达、
物产丰富，这最早可追溯至秦始皇时期，隋、唐以后，"塞上江南"之美
誉历经千年而不衰，这正如习近平总书记2020年6月考察宁夏时所指：宁
夏是个好地方。宁夏的河流均属于黄河水系，黄河流经中宁县和中卫市沙
坡头区后主流向北折转，向南则形成了清水河、葫芦河、苦水河、泾河、
茹水河等支流，从而成为南部黄土高原的重要水源。

　　4. 人类文明诞生的全球独特名片

　　黄河流域是中华民族的主要发源地，自旧石器时代起，黄河流域就延
续着人类进化和活动的轨迹。到了新石器时代，黄河流域最先崛起了由东
向西联系密切的文化区域，同时在繁衍生息过程中不断汲取相邻地区的文
化因素，最终中国社会逐步开始朝着构建国家文明的方向发展[①]。作为新
石器时代人类繁衍生存的考古证据，很多就发现于宁夏，其中水洞沟遗址
距今已3万年。截至2019年末，水洞沟遗址已被挖掘6次，其考古文物和
遗迹对全球科学家研究人类新石器时代的生活具有重大意义——这是宁夏
在全球最独特的文化名片。

　　5. 世界农业灌溉工程名片背后的时代重托

　　世界灌溉工程遗产是与世界文化遗产、世界自然遗产及世界农业遗产
同等重要的世界遗产，是人类文明几千年传承的智慧结晶。截至2021年7
月底，我国已成功申报世界灌溉工程遗产23处、世界文化遗产38项、世
界自然遗产14项、世界自然与文化双遗产4项。2017年10月11日，宁夏
引黄古灌区成功列入世界灌溉工程遗产名录，填补了宁夏申报世遗的空

---

① 范毓周：《从考古资料看黄河文明的形成历程——兼论中原地区文化的地位与作用》，
　《黄河文明与可持续发展》2013年第1期，第15—20页。

白，也在我国黄河流域主干道上产生了第一处世界灌溉工程遗产，宁夏向世界亮出了"塞上江南"的超级闪亮名片。正如国际灌溉排水委员会的评价：宁夏引黄古灌区2200余年来农业发展是宁夏平原的里程碑。这份响当当的名片和中卫沙坡头——"全球治沙500强单位"的荣誉，共同为宁夏缔造了一份时代责任——将宁夏建设成为"黄河流域生态保护和高质量发展的先行区"，这既是时代要求，也是发展目标。宁夏引黄古灌区作为世界灌溉工程遗产和水洞沟作为新石器时代的典型遗址，以及贺兰山岩画享有的盛誉，是宁夏区别于黄河流域其他省区最重要的身份标志，也是宁夏黄河文化开发过程中的保护之重。宁夏黄河生态环境的保护和黄河流域的高质量发展在全国具有特殊意义，黄河流经的9省区中，唯有宁夏被黄河唯一穿越全境。"天下黄河富宁夏"的实践经验在今天新冠肺炎疫情肆虐全球、伤害人类生命安全的时候，是实现高质量发展的生态屏障保护。这既是我国经济发展方式转型的实践要求，又是当前国家对宁夏的重托。

二、黄河文化资源的文旅融合开发路径

（一）业态融合——文化产业和旅游产业的融合发展

在文旅融合发展中加入公共文化服务业，实现"能融则融、易融则融"的目标。主要的融合路径和方法包括：（1）黄河文化资源与旅游产业融合，形成"黄河文化+"系列的文化和旅游产品。（2）文化产业和旅游产业融合发展。通过产业"边界"融合，形成"黄河文化+产业"的新业态和价值链。（3）文化产业、旅游产业与公共文化服务业融合发展，文化产业、旅游产业和公共文化服务业之间逐步实现融合发展。（4）黄河沿岸居民的生产、生活与旅游产业融合。鼓励黄河沿岸居民通过抖音、快手、哔哩哔哩、西瓜视频等知名直播网站分享自己的生产、生活场景，丰富宁夏旅游资源和旅游产品体系，拓展黄河文化传承与创新的空间，增加文化产品的辨识度和温度，增加产品的文化内涵。（5）网红参与构建下的黄河文化和旅游产业融合。网红以参与者身份，一起开发和构建宁夏黄河文化和旅游产品，吸引潜在消费者参与产品生产和消费。（6）大时空构建下的黄河文化和旅游产业融合，延伸黄河文旅融合的时空范围，突出黄河文化

旅游在大历史和大空间视角下的深度融合，与黄河沿线其他8省区合作开发黄河文化旅游。（7）耦合区域内多部门力量，协同推进产业融合发展，充分调动文化资源向旅游载体进行依附，实现广泛的、可持续的、影响深远的文旅融合发展。

（二）生产融合——全视角开发黄河文化产品

1. 宁夏全域旅游线路产品的重新布局

宁夏全境中目前知名的旅游线路全部是南北线，东西线几乎是空白的，黄河在已有的旅游线路中也没有足够的地位。开发以黄河为起点的东西向旅游线路若干条，突出"黄河是中华母亲河""黄河孕育宁夏平原"和"黄河灌溉文化"三个主题，设计新的线路产品。

2. 多业态融合促进黄河文化的文旅产业联动发展

宁夏的葡萄产业、稻渔空间、农业生态系统、星空、沙漠、岩画等，在全国都具有一定辨识度和知名度。以黄河生态环境建设和沿黄城市带的发展为契机，借助新兴业态对宁夏传统行业进行改造，加快新媒体、新行业、新兴数字信息技术的发展和融合，最终以"传统产业+文化+新兴产业"的模式，实现新盈利，并通过沿黄城市带的产业辐射，整合文化和旅游产业的全产业链，构建网络经济与实体经济协同发展格局，促进文旅经济发展更加全面。

（三）销售融合——打造无边界产业发展格局

（1）开发黄河文化产业及旅游产业的新业态，细分文化市场、旅游市场，文化产品、旅游产品及公共文化产品等。（2）开发新的文化市场和旅游市场，构建黄河文化产品和旅游产品体系。（3）构建消费者参与下的宁夏文化及旅游开发方式，逐步实现文旅产品与实景、实物、数字相融合，模糊文化产业、旅游产业和公共文化服务业边界，扩展黄河文旅融合发展的地域空间和产业空间。（4）通过线上与线下、消费者与目的地居民，以及数字化与非数字化产品和内容体系的构建，打造无边界的文化产业、旅游产业和公共文化服务业区域发展格局，既深入平民生活，又精准定位消费者，同时又结合高端科技开发产品。

（四）全民融入——共建立体化的媒体体系

通过各地市的工会、学校、单位，组织开展"我和黄河的故事"视频大赛，通过评选转载和点赞率最高的人气奖，推动质量最好的视频作品在网络传播，全方位挖掘宁夏故事，让人民从视频中体会家乡美的内涵，体会生态环境保护的重要价值。同时，向全社会常年征集黄河文化相关研究成果和黄河文化创意产品的研发策划和成果，从每年文化产业的专项资金中预留一部分发放到民间，打造全民参与的文化创意氛围，重点鼓励大型原创作品的开发和推广。

三、开发的原则和底线

（一）生态产业化原则

生态产业化就是将"绿水青山"转化成"金山银山"的过程。习近平总书记一直在讲生态产业化、产业生态化以及如何推进生态资本深化。2015年通过的《生态文明体制改革总体方案》，强调应树立自然价值和自然资本的理念，认识到保护自然就是为自然价值和自然资本增值的过程。2018年5月召开的全国生态环境保护会议，明确了生态保护和经济社会协调发展的方向。生态产业化是社会现代化、人类对自然资源更好利用的标志，其宗旨是产业为生态添绿，生态为产业增值。强调生态资源的转化与应用，重点在于盘活生态资源，连接第一、第二、第三产业，通过市场化的手段实现生态资源的保值、增值。

黄河是我国生态环境最为敏感的地段，保持生态与产业的均衡发展，构建低碳循环与绿色经济体系，调节环境与发展之间的关系，是黄河文化、旅游和生态融合发展的目标。水资源质量优化下的生态产业化是文化和生态有机融合的重要表现。首先，在开发过程中，充分发挥自然资源对消费者的吸引力，开发生态类文化旅游融合的产品（线上+线下、实体+虚拟），将黄河人文文化与自然生态融合，形成具有生态知识的文化产品，提升黄河文化旅游融合发展的内涵。其次，根据生态文明建设需要，培养企业构建生态产业的意识，建设生态产业基地，维持产业生态化的成长，设计系列的黄河生态文化旅游产品，这是黄河流经地区经济与自然和谐共生的关键。以生态产业化和产业生态化作为黄河文旅融合发展的原则，推动生态文明与经济发展相融合，深入挖掘黄河文化资源，实现经济、文化、社会、生态和意识形态目标，让世人在享受高质量黄河文旅产品的同时，实践和担负起生态文明建设的责任和义务。

（二）产业生态化原则

产业生态化是对自然规律的服从和尊重，在产品和服务供给的同时为自然资源的恢复和再利用留下空间。产业生态化是对原有产业发展形式的一种修正，是一种对自然生态发展方式的模仿与借鉴。产业生态化主要包括自然生态和文化生态两个方面。黄河是我国实现生态优先、绿色循环低碳发展和供给侧结构性改革的重点区域。必须将生态文明建设贯穿于黄河文化旅游融合发展的始终，以生态标准革新生产条件和环境、设计生产方式和产品，以生态质量作为优化和维护文化和生态资源开发的标准。融合发展的各相关主体和当地人民低碳的生产生活，使社会与自然得以延续和发展，同时引导消费者的消费习惯和行为，强化生态道德意识，逐步将低碳理念应用到生活中，进而通过发展黄河文化旅游融合的相关产业，实现产业向生态化发展，实现生态质量的整体优化和提高。

（三）可持续发展原则

首先，黄河是生态环境极为敏感的地区，生态保护是首要任务，其次才是黄河的开发利用。黄河水资源总量有限，合理分配和高效率的循环使用是产业发展的限制性条件和底线。黄河作为中华母亲河，在历史长河中绵延流长，我们当代人的开发方式和开发区域不能以牺牲后代人的利益和享受为出发点。

其次，目的地居民是对该地区生态和文化拥有深厚感情的人，既是文化传承的重要依托，也是产业发展的目标所在，更是生态保育和文化生态完整的先行保障，也是传承文化"活"的载体。生态与环境之间平衡的保持，有赖于所在地区人民具有的长期的历史观察和经验，他们能够用传统的民族文化知识保护生态环境并对消费者行为起到监管和警示作用，并能通过自身传承的知识和对家乡的热爱保护生态环境。

因此，必须以可持续发展为底线，保证当地居民在区域文化旅游融合发展中的高参与率，并划定核心保护区和缓冲区予以保护，在融合发展过程中对可开发区的开发行为提出约束机制和奖惩措施。所有开发和消费行为必须遵守环境容量限制、保持生态道德，坚守生态红线和文化开发底线，最大限度地降低和减轻人类行为对黄河流域自然和文化的影响和破坏。

（四）文化安全原则

网络的发展、技术的进步，都昭示着我们正身处最好的时代。对黄河宁静宽阔的自然风光和深厚的文化内涵的开发利用，既能满足人们回归自然的需要，又在精神深处寻找中华文化之根。研究成果付诸实践之后，将会用新时代的黄河文化精神和产品，增进中华民族的文化认同和自豪感，为再造21世纪中国的"新黄河大合唱"精神贡献智力。但是，物质产品和精神产品在不断地刺激着我们的感官，让人们沉浸在"娱乐"世界的同时，"娱乐至死"的丧钟也在提醒我们：文化是脆弱的。这要求设计的黄河文化旅游产品必须时刻坚守政治站位，提高政治觉悟和政治底线。文化旅游产业的发展，必须始终在文化中坚持内容、在科技中坚持效率，绝不能让资本绑架文旅产业的发展，在任何时候人民都需要文化安全，国家更需要文化安全。21世纪，随着黄河文化的复兴，新的文化绝响将会撼动人们内心深处热爱祖国、感恩祖国、感恩大自然的力量，这种力量将会让"五星出东方"的中国再次在世界熠熠生辉。

（作者杨学燕系宁夏大学回族研究院副教授、硕士研究生导师。研究方向为旅游管理、文化产业及民族社会学）

黄河国家文化公园
空间生产机理及其场景表达研究

黄河文化作为大河文明的重要一支，是中华民族的根和魂。习近平总书记明确提出要"深入挖掘黄河文化蕴含的时代价值，讲好'黄河故事'，延续历史文脉，坚定文化自信，为实现中华民族伟大复兴的中国梦凝聚精神力量"[①]。2020年，中国共产党第十九届中央委员会第五次全体会议审议通过《中华人民共和国国民经济和社会发展第十四个五年规划和2035年远景目标纲要》，首次将黄河国家文化公园纳入国家文化公园建设体系。黄河国家文化公园本质上属于复合型公共文化空间，而场景理论将空间看作建立在消费基础上、以文化舒适物为测度载体的消费符号的价值混合体[②]，故本文基于场景理论，结合黄河文化及区域特征，提出黄河国家文化公园场景维度指标体系，并采集园区内41个主要地市文化舒适物数据，将定量分析与定性比较相结合，探求其场景模式特征及维度内条件组态，以期从宏观上把握黄河国家文化公园运行的内生动力，为后续发展和规划提供新的理论支持和实证数据。

一、国家文化公园、空间生产与场景理论的研究梳理

国家文化公园建设是我国在新时代文化大繁荣背景下作出的重大战略

---

① 张玫：《建设黄河国家文化公园弘扬黄河文化》，《中国旅游报》2021年8月27日第3版。

② 吴军：《场景理论：利用文化因素推动城市发展研究的新视角》，《湖南社会科学》2017年第2期，第175–182页。

部署，是谱绘我国大国文化图卷的重要手段。作为原生性概念，国家文化公园与欧美国家的"国家公园"等概念差异巨大，且分析理论工具也须结合国家文化公园特质进行适应性调整。

（一）国家公园与国家文化公园的概念与内涵

美国在1832年最早提出"国家公园"（National Park）的概念，并于1872年成立世界上第一个国家公园——黄石国家公园[①]。美国现有国家级公园除4个直接以"国家公园"命名外，其余公园分别归属于国家历史公园、国家战场、国家纪念地等8个国家公园子系统[②]。"国家公园"主要依据"遗产廊道"（Heritage Corridor）理论体系，依托自然生态资源和历史文化遗产资源，形成汇聚经济中心、旅游业发达、老建筑用途活化、娱乐和环境优化等特征的特殊文化资源型线性景观[③]。与美国以自然环境和遗产整体价值为主的"廊道式"建设不同，欧洲在一体化发展的背景下，欧洲委员会于1987年宣布"欧洲文化线路计划"，依赖自然地理要素和非物质文化要素，发掘具有欧洲统一象征意义的历史文化符号，进行主题式文化旅游线路开发，强调对区域的集体记忆唤醒和身份识别构建[④]。

我国在新时代发展背景下，2017年首次在《国家"十三五"时期文化发展改革规划纲要》中提出"国家文化公园"的概念。目前，我国在建的国家文化公园包括：长城、大运河、长征、黄河和长江五大国家文化公园体系。国家文化公园是基于历史视野而形成的城市文化标识和地域文化符号[⑤]，在建设过程中，应遵循以国家主导的宏观格局为顶层设计，以文化带来的情感关联为本质属性和以权属清晰、空间明确的复合功能为组织管

① 吴殿廷、刘宏红、王彬：《国家文化公园建设中的现实误区及改进途径》，《开发研究》2021年第3期，第1-7页。

② 龚道德：《国家文化公园概念的缘起与特质解读》，《中国园林》2021年第6期，第38-42页。

③ CHARLES FLINK, ROBERT SEARNS, *Greenways* (Washington：Island Press, 1993) p.167.

④ 李飞，邹统钎：《论国家文化公园：逻辑、源流、意蕴》，《旅游学刊》2021年第1期，第14-26页。

⑤ 程惠哲：《从公共文化空间到国家文化公园公共文化空间既要"好看"也要"好用"》，《人民论坛》2017年第10期，第132-133页。

理根源的基本逻辑，在不改变子系统文化基因的前提下，构建地域间具有强大包容性的文化圈层，有机联结文化子系统内的文化主体和文化表征符号，增进区域内文化自觉，进而形成对主题文化的认同①。刘晓峰、邓宇琦和孙静从省域管理体制的角度研究大运河国家文化公园建设②；田林基于景观营造认为大运河国家文化公园滨水景观分为城镇型、乡村型、郊野型三类，并从整治景观环境、营造展演空间、打造景观节点、营建亲水平台四方面提出针对性营造策略③；王秀伟、白栎影从文化记忆和空间生产的视角提出大运河国家文化公园可依托表征空间构建集体记忆，并通过记忆场推进空间生产实践和空间表征的传达④；李西香和高爱颖在《国家文化公园视域下齐长城的文化内涵与时代价值》中就齐长城的文化内涵与时代价值进行了分析。"国家文化公园"作为具有工具理性特征的实验性实践，对实现中华民族的伟大崛起和中华文明的伟大复兴有着积极重大的意义⑤。国家文化公园建设须从"国家"和"人民"两方面入手，从"空间"和"内容"两方面发力，才能实现高质量发展⑥。

（二）空间生产理论及应用

在西方经典社会理论中，"空间"多被作为时间的附属物，20世纪中后期，以列斐伏尔为首的新马克思主义者将社会关系融入空间，使空间成为一种社会建构，空间生产理论转向研究空间本身的生产。列斐伏尔在《空间的生产》中将空间生产归纳为"空间实践""空间表象"和"表征性

① 李飞、邹统钎：《论国家文化公园：逻辑、源流、意蕴》。

② 刘晓峰、邓宇琦、孙静：《大运河国家文化公园省域管理体制探略》，《南京艺术学院学报年第美术与设计期，第》2021年第3期，第45—49页。

③ 田林：《大运河国家文化公园滨水景观营造方法探究》，《美术观察》2021年第10期，第8—10页。

④ 王秀伟、白栎影：《大运河国家文化公园建设的逻辑遵循与路径探索——文化记忆与空间生产的双重理论视角》，《浙江社会科学》2021年第10期，第72—80页。

⑤ 彭兆荣：《文化公园：一种工具理性的实践与实验》，《民族艺术》2021年第3期，第107—116页。

⑥ 程遂营、张野：《国家文化公园高质量发展的关键》，《旅游学刊》2022年第2期，第8—10页。

空间"①。在此基础上，大卫·哈维的"空间修复理论"和爱德华·苏贾的"空间本体论"从不同的角度对空间生产进行了补充，谢尔兹、埃尔登、麦瑞菲尔德、施米德等也进一步丰富了列斐伏尔的"空间三元论"的内涵。

空间生产理论引入我国后，应用研究主要从城市、乡村和虚拟空间三个方向展开。首先，城市空间生产研究主要聚焦行政区域及社区的空间生成与再造，关注政府部门等管理主体对社区单元的塑造，参与主体对空间的重塑；城市空间正义与"人本逻辑"实践，强调在城镇化进程中资本逻辑导致空间正义性消解，须构建以人为本的城市空间生产伦理，复归人文关怀，增益文化自信；具象化城市文化空间生产，大多将"空间实践"作为研究的案例载体，分析物理空间优化、空间内精神文化符号的界定和发掘，以及机制空间创生。其次，乡村空间生产研究侧重于乡村空间价值增值，多认为在乡村振兴背景下，乡村发展须在物理空间强化产业间融合，精神空间凸显多元价值，机制空间强化规划设计，以达到综合赋能空间生产的目的；乡村文旅空间演变，研究者基于空间生产基础理论，立足于我国乡村实际，创新提出旅游驱动下乡村文化空间生产的"三元辩证"内涵，旨在推动乡村旅游和乡村社会的可持续发展。最后，陈波《虚拟文化空间生产及其维度设计研究——基于列斐伏尔"空间生产"理论》、周逵《虚拟空间生产和数据地域可供性：从电子游戏到元宇宙》等文章，在互联网及元宇宙兴起的时代背景下研究了虚拟文化空间生产的维度和虚拟空间的再地域化。

（三）场景理论及场景表达

21世纪初，以特里·克拉克和丹尼尔·西尔为代表的新芝加哥学派对全球大都市展开大规模实证研究，提出了场景理论，认为场景可以由区域、空间及网络要素组成，但其中最核心的是文化，特别是美学的影响②。场景理论借用元素周期表思维，在主观认识方面构建真实性、戏剧性和合

---

① 亨利·列斐伏尔：《空间的生产》，刘怀玉等译，商务印书馆，2021，第58-59页。
② 特里·N.克拉克：《场景理论的概念与分析：多国研究对中国的启示》，李鹭译，《东岳论丛》2017年第1期，第16-24页。

法性3个主维度，各包含5个次维度，以赋值计算测度特定区域的场景特征①。

中国学者基于客观载体（即文化舒适物，如物质结构、文化设施、城市乡村形态等）和主观认知（即场景维度构建与评测），从城市与乡村两大主线对场景理论的本土化阐释和应用做了大量研究，以解构人地共生所营造出的文化空间。在城市场景研究方面，温雯和戴俊骋在《场景理论的范式转型及其中国实践》中认为现有成果主要集中于文化空间创设、文化消费促进、城市更新思路、创意社区营造等方面，吴军认为场景为城市的发展与转型提供了新的文化动力，陈波等在《场景理论视角下的城市创意社区发展研究》中分析了城市创意社区发展模式和城市街区公共文化空间维度②，周详、成玉宁从空间感知切入，提出在保持原真性的基础上进行消费升级是历史系城市景观的可持续发展方向③。乡村场景研究侧重于乡村公共文化空间构建、乡村文旅游客满意度④等，以论证我国乡村由生产生活型乡村向文化型乡村转型过程中文化及文化消费的形塑作用。

空间生产相关研究目前涉及政治、文化和社会等领域，在理论创新、实践应用和研究方法上取得了丰硕的研究成果；而场景理论作为在空间生产基础上衍生出的对城市发展和社会评价的理论体系，也在营造城市社区、促进文化消费和乡村振兴等方面得到了具体的落地，虽成果斐然，但仍存在可补足之处：第一，理论应用层面，现有研究多聚焦于某一特定城市、社区或乡村进行文化空间或场景的分析，案例分析类型较为单一，缺少从更大时空维度综合进行空间生产和比照式场景模式的研究；第二，研究方法层面，目前对空间生产理论和场景理论的应用研究多以质性研究为主，系统性的量化研究范式尚未形成。此外，有关国家文化公园的基础理

① 特里·N.克拉克：《场景：空间品质如何塑造文化生活》，祁述裕、吴军、刘柯瑾等译，中国社会科学出版社，2018，第378-379页。

② 陈波：《基于场景理论的城市街区公共文化空间维度分析》，《江汉论坛》2019年第12期，第128-134页。

③ 周详、成玉宁：《基于场景理论的历史性城市景观消费空间感知研究》，《中国园林》2021年第3期，第56-61页。

④ 黎玲：《乡村文旅融合对游客满意度的影响研究——基于场景理论的实证分析》，《技术经济与管理研究》2021年第4期，第102-106页。

论研究较为薄弱，且缺乏对黄河国家文化公园局部空间的深入研究，亦鲜有基于场景理论对国家文化公园展开分析。因此，本文以黄河国家文化公园为研究对象，基于空间生产理论构建具有黄河特色的场景分析维度及文化舒适物体系，通过德尔菲法打分赋值，得到黄河国家文化公园内各地市场景得分矩阵，据此探索黄河国家文化公园场景模式特征及各场景一级维度内的条件组态，从理论工具和研究方法上对黄河国家文化公园建设提供优化思路。

二、黄河国家文化公园的空间生产结构与机理

黄河国家文化公园内各省地缘相接，相邻省份自然环境相似度较高、历史发展接续性强、社会文化亲缘明显，文化表征符号的共性较为突出，作为开放性的新型公共文化空间，黄河国家文化公园从空间上关注人或物的个体及其形成的关系网络，在时间上关注人与社会文化的互动与传承。

（一）黄河国家文化公园空间生产的内涵

黄河国家文化公园建立在黄河流域强大的自然和文化资源基础上，囊括了自然（景）区、特色动植物资源、世界遗产地、多层级的物质遗存、非物质文化遗产、历史名村名镇、民俗节庆及精神文脉等；凸显了黄河作为中华民族根和魂的文化共同体价值，构建了中华文化的时空立体形象①。黄河国家文化公园是指黄河流域整体空间内的自然物和物理设施，及人们在日常生活中所创设的社会化场景的综合，诸文化因子在空间中组合成文化符号，经过特定链接，构建起特色化的黄河象征意义系统。

具体来看，黄河国家文化公园主要涵括四层内涵。第一，"黄河"。这一概念既对地理空间范围进行了整体性限定，也说明了文化符号的核心本源。第二，"国家"。福柯认为空间为权利提供运作基础的同时，也展现了权力，尽管权力具有差异性，但为了实现特定的集体目标，权力被作用于物质的空间，从而在集体中实现社会秩序的建立。建设国家文化公园是党中央构建人类命运共同体在我国的创新性实践，充分体现了保护我国优秀

---

① 钟晟：《文化共同体、文化认同与国家文化公园建设》，《江汉论坛》2022年第3期，第139–144页。

传统文化、打造中华文化重要标识的决心，具有明显的国家意志性。第三，"文化"。黄河流域文化资源丰富，文化遗存、非物质文化遗产、历史文脉资源富集，黄河文化已融入本地群众的文化基因；同时，与文化人类学"自者"与"他者"理论相印证，黄河国家文化公园建成后随着文化旅游业发展，游客与本地居民在交往中有意或无意地对自身的文化进行二次认知，形成文化认同。第四，"公园"。黄河国家文化公园实施公园式活态管理机制，其建设注重整体的半开放性和受众群体均等性，多重空间的融合形成了黄河国家文化公园的"多棱镜式"空间形态①。

（二）黄河国家文化公园的功能

国家文化公园建设旨在通过建设管控保护、主题展示、文旅融合、传统利用4类主体功能区，打造汇聚中华文化符号、承载国家记忆、创新开放的公共文化空间，发挥保护传承利用、文化教育、公共服务、旅游观光、休闲娱乐、科学的研究功能，协调推进保护传承、研究发掘、环境配套、文旅融合、数字再现5项关键领域基础工程建设。据此，黄河国家文化公园的功能主要体现在三个方面（图1）。

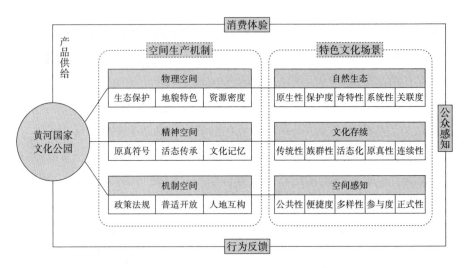

图1　黄河国家文化公园空间生产机制及场景表达示意图

① 郭文、王丽：《文化遗产旅游地的空间生产与认同研究——以无锡惠山古镇为例》，《地理科学》2015年第6期，第708—716页。

首先，优化空间基础设施建设，提升文化资源保护和传承力度。黄河流域是先民生产生活的主要区域，历史上区域内水患频发，长期的经济社会活动也加剧了生态环境的破坏。黄河国家文化公园建设基于流域水文和地理环境实际，通过黄河流域自然生态整体治理、新建或更新区域内文化设施等，生成可持续发展机制，实现涵育水土、保护动植物繁衍生息、开展科学研究等生态维护和科研支撑功能。

其次，打造新型公共文化空间，强化群众可休憩、社会可发展的公共文化服务体系建设。通过文化旅游深度融合、文化舒适物有机搭配和文化公共服务效能提升等，营造便捷、均等和开放的文化消费和体验氛围，以实现黄河国家文化公园休闲娱乐和公共服务的功能。黄河流域沿线各地发展水平不一，综合提升区域内文旅开发程度和公共服务水准，将对周边城镇形成辐射效应，实现一定的经济转化功能。

最后，构建地标性文化符号，增强文化自信和文化认同。黄河国家文化公园内汇聚了代表性的文化基因和文化景观，通过黄河国家文化公园建设，标识性文化符号得到进一步具象化展示，从而实现宣传教育功能和文化传承功能。此外，这一精神家园的营造，对提升黄河文化的影响力和号召力、形成文化认同、促进国家文化软实力提升意义重大，进而助益2035年社会主义文化强国目标的实现。

(三)黄河国家文化公园空间生产机理

根据列斐伏尔提出的空间生产"三元论"和黄河流域文化地理现状，本文将黄河国家文化公园空间形态分为"物理空间—精神空间—机制空间"(图1)，三者虽指向重点不同，但其相互嵌合，共同推动了空间的运转和空间效能的形成。

物理空间是黄河国家文化公园的物质载体，是空间内民众文化消费、文化活动的物理环境基础。物理空间既包括黄河流域特色的水文水利、地质地貌、自然气候、动物植物资源，也包含流域内先民在发展生产、保护和改造自然的过程中形成的物质文化集合。精神空间是黄河国家文化公园的文化内核，是黄河文化作为一种隐性基因的表征性呈现，是唤醒文化记忆、构建文化认同的符号来源。精神空间主要包括黄河流域传承的民俗和宗教、流传的传说和故事、绵延的探索和抗争精神、接续的民间技艺和审美所组成的超有机体。机制空间是黄河国家文化公园内物质元素和精神元素深度融合的活动及其保障和延伸，包括与黄河国家文化公园建设相关的参与主体、文化活动、政策法规和保障措施等，综合反映了黄河国家文化公园在宏观上的公园制现代化运营，和微观上的流域内"人—地—事"互动关系。

三、黄河国家文化公园的场景识别分析

若将"场景"视为一种实证分析工具，可视为分析区域文化舒适物的最佳组合，破解"模型化"发展困局；若将"场景"视为一种思维导向，场景将成为统合文化生产与消费、激活多方主体参与的动力机制。本文基于文化舒适物数据，论证空间生产过程中的不同场景表达模式及各维度的组合效能。

（一）场景理论的宏观构架

在场景理论相关文献中，着重关注与场景相关的物质载体（即舒适物）、区域内的活动主体（即人和有关组织）及其精神价值。因此，将其适配于黄河国家文化公园，可分为以下三个维度。

首先，文化舒适物的实体承载性。文化舒适物是场景理论中空间文化的基础承载物，主要包括空间中能够为人们带来愉悦感受且具有较高文化和商业价值的有关设施。在实践操作中，文化舒适物的范围除与字面直接相关的设施（如图书馆、文化站、博物馆等）之外，还应囊括与人们密切相关的生产、日常生活、娱乐、文化服务、教育培训等方面的建筑设施[①]。黄河国家文化公园涵盖地域广泛，园区内文化遗产遗址众多，城市与乡村、自然景观与人文景观相互交织，本文以黄河国家文化公园空间生产机制为基础，结合区域特色场景表达的实际需求和现有建设基础，构建场景维度及舒适物评价体系。

其次，建设内涵的文化赋能。明确的文化标识和鲜明的场景特征可以

---

① 陈波、林馨雨：《中国城市文化场景的模式与特征分析——基于31个城市文化舒适物的实证研究》，《中国软科学》2020年第11期，第71-86页。

规避"模式化"陷阱，区域标志性文化是由特定地理区域所承载的自然资源、社会经济背景和文化历史所形成的有别于其他地域的可识别符号，它可以依托具有标识性的实体物进行呈现，也可通过可知可感的文化形象进行传达。同时，基于场景理论的"文化赋能"不是简单的"文化+"，而是具象的以文化舒适物为载体、多样性人群或组织及其实践所形成的价值增量。黄河国家文化公园是基于黄河文化记忆，在赓续历史且朝向当下的导向下成立的空间形态，是一个囊括了"几何空间、社会生活空间和文化符号象征系统的综合场域"[①]。其建设无法独立于文化记忆唤醒和文化空间生产而运转，也不能仅单纯地重建历史，而应是结合了文化资源可持续与文化消费需求增长，基于场景文化动力的多元组合的创新与创造。

最后，受众感知和公共性。场景理论通过反映区域内个人或群体对当地特有文化的感知来分析其在消费、择居和就业等方面的决策[②]。人们在空间中将文化记忆与在地感知进行综合，在自我与他人的交往中实现对地方认同的建构，而场景正是通过对文化舒适物的科学调配，直接作用于人的身体感知。凯文·林奇认为，环境意向的结构是在物理设施与人、设施与设施互构的过程中建立起的空间或形态上的关联[③]，人们在空间中通过光景、声景等直观感知，激发或重构意向，从而生成空间意向链条，黄河国家文化公园"要创造的是人的环境，一切物质建设是以人的需要为前提，物为人用，因人而存在，因人而昌盛，因人而变化，因此这个环境要有人情味，有意境有艺境，这既是出发点又是归宿"[④]，因此，黄河国家文化公园场景表达的根本落脚点为"人"的获得感和归属感。

① 傅才武：《文化空间营造：突破城市主题文化与多元文化生态环境的"悖论"》，《山东社会科学》2021年第2期，第66–75页。
② 陈波、林馨雨：《中国城市文化场景的模式与特征分析——基于31个城市文化舒适物的实证研究》，《中国软科学》2020年第11期，第71–86页。
③ 刘承恺、钟香炜：《艺术介入社区更新的身体感知研究》，《装饰》2021年第1期，第102–106页。
④ 吴良镛：《广义建筑学》，清华大学出版社，2011，第45页。

作为开放性空间，黄河国家文化公园充分肯定公民的公共权力。汉娜·阿伦特关于公共领域（Public Realm）公开、公正和透明的界定，以及哈贝马斯的公共领域（Public Sphere）中自由社会交流的论述，都对公共空间的真实性和公共性作出了判定。黄河国家文化公园在规划和建设中对空间的公共性和可达性提出了更高的要求，即在物理空间上人们可以自由进出（Physical Access），在视觉空间上有吸引物并能够引发感知（Visual Access），在空间内活动的过程中可以产生象征意义的构建。

（二）黄河国家文化公园场景指标体系构建

黄河国家文化公园以黄河为轴心，囊括青海、四川、甘肃、宁夏、内蒙古、陕西、山西、河南和山东9个省区。本文采集黄河流经的41个重点地市的文化舒适物进行分析。

1.黄河国家文化公园场景维度特征

如前所述，本文根据黄河国家文化公园空间生产机理及场景表达框架，设计文化场景测度的3个一级维度和15个二级维度，具体维度及其内涵如表1。

表1　黄河国家国家文化公园场景维度表

一级维度	一级维度定义	二级维度	二级维度定义
自然生态	构成黄河国家文化公园的物质基础和存在本源	原生性	未受过多商业侵染的固有环境样态
		保护度	自然风貌、生态环境的涵育程度
		迷人性	黄河流域典型自然景观的吸引度
		系统性	生态系统的可持续程度
		关联度	资源关系的紧密度及开发利用的科学性
文化存续	黄河国家文化公园蕴藉的文化兴味及文化符号	传统性	具有现实影响力的历史渊源
		族群性	鲜明的黄河流域文化符号和族群特质
		活态化	对文化资源的创新开发与传承
		原真性	文化形态较少受到外来文化影响
		连续性	文化或其表现形式的存续不曾间断

续表1

一级维度	一级维度定义	二级维度	二级维度定义
空间感知	黄河国家文化公园的道德判断及感知程度	公共性	具有公众的普适性、肯定公共权力
		便捷度	高度开放，可自由进出，吸引物易感知
		多样性	文化舒适物种类多样、承载内涵多元
		参与度	文化活动、体验项目丰富，可知可感
		正式性	存在仪式化和标准化的引导

2.黄河国家文化公园场景维度指标体系

文化舒适物是进行场景维度测定的基础信息[1]。本文基于黄河流域的文化、地域特征和物质载体属性，与场景维度的3个一级维度相对应，按照整体适用性和可操作性的原则，最终确定三大类黄河国家文化公园特色舒适物，共计34种。通过大众点评网对文化舒适物数量逐一抓取，并结合高德地图检索确认（表2、表3）。根据场景理论分析策略，本文采用德尔菲法，请7位专家对文化舒适物进行两轮独立打分。为保证最终得分的科学性，根据专家对场景理论、黄河文化和国家文化公园的综合了解程度，对打分结果赋权重（3名专家分别为0.2，另外4名各0.1，权重总和为1），加权平均后得到各项文化舒适物的场景得分。某地在具体二级维度的场景得分是由该地各文化舒适物的数量与本维度得分乘积之和，除以该地文化舒适物的总数；以此得到41个地市在15个文化场景二级维度的得分矩阵，共615个数据点，据此对黄河国家文化公园场景展开分析。二级维度场景得分计算公式如下：

$$S_{id} = \frac{\Sigma N_x f_x}{\Sigma N_\pi}$$

（S_{id}为i地在维度d的场景得分，x为文化舒适物，N_x为舒适物的数量，f_x为舒适物在维度d的得分）

① 傅才武：《文化空间营造：突破城市主题文化与多元文化生态环境的"悖论"》，《山东社会科学》2021年第2期，第66—75页。

表2　黄河国家文化公园内主要地市文化舒适物数量统计表

黄河国家文化公园主要地市		文化舒适物总量（个）	文化舒适物类目及数量（个）		
			地域生态	文化符号	时代风貌
青海	果洛藏族自治州	158	60	81	17
	黄南藏族自治州	126	31	69	26
	海南藏族自治州	172	70	79	23
	循化撒拉族自治县	417	38	346	33
四川	阿坝县	91	27	52	12
甘肃	兰州市	1 461	61	935	465
	白银市	466	70	296	100
	临夏回族自治州	493	26	314	153
	甘南藏族自治州	296	92	98	106
宁夏	银川市	1 195	45	835	315
	中卫市	359	43	233	83
	吴忠市	417	44	292	81
	石嘴山市	371	37	276	58
内蒙古	呼和浩特市	1 147	31	850	266
	包头市	996	62	772	162
	乌海市	234	38	158	38
	巴彦淖尔市	479	29	360	90
	鄂尔多斯市	1 120	94	764	262
山西	忻州市	1 019	62	685	272
	吕梁市	857	87	582	188
	临汾市	895	53	615	227
	运城市	835	41	524	270
陕西	榆林市	989	50	751	188
	延安市	699	47	448	204
	渭南市	992	85	612	295

续表2

黄河国家文化公园主要地市		文化舒适物总量（个）	文化舒适物类目及数量（个）		
			地域生态	文化符号	时代风貌
河南	三门峡市	620	54	424	142
	洛阳市	1 641	88	1 039	514
	济源市	272	51	159	62
	焦作市	758	47	484	227
	郑州市	2 361	87	1 058	1 216
	新乡市	1 041	37	633	371
	濮阳市	416	8	250	158
	开封市	801	14	585	202
山东	菏泽市	1 151	39	855	257
	聊城市	1 068	23	819	226
	泰安市	1 176	61	855	260
	济南市	2 203	103	992	1 108
	德州市	1 098	17	831	250
	淄博市	1 453	55	927	471
	滨州市	1 056	28	820	208
	东营市	822	23	611	188

表3 黄河国家文化公园文化舒适物分类说明

种类	核心内涵	具体分类
地域生态	黄河国家文化公园的自然形态	山地峡谷、河流景观、森林公园、沙漠、草原草甸、湿地公园、特色动植物、自然博物馆
文化符号	标志性的黄河文化宏大叙事	文物古迹、古村古镇、崖/壁画、宗教庙宇、博物馆、会展中心、非遗展示中心、地方特色餐馆、遗址公园、特色民俗及艺术形态

续表3

种类	核心内涵	具体分类
时代风貌	黄河流域人地互动关系的呈现	古渡口、纪念馆/园、古代陵寝、水利设施(水坝)、游乐场、黄河特色 民宿/农家乐、民俗体验馆、剧场/实景演出、图书馆、美术馆、艺术馆、数字文化体验馆、科技馆、特色夜市、文创街区、文化广场/口袋公园

注：1.因本文分别对41个地市的34种文化舒适物进行采集，数据量较大，故根据黄河国家文化公园空间生产机理将其归为3类进行数据呈现，并对具体类目附表说明。2.因黄河国家文化公园尚在建设中，故仅就现有文化舒适物进行统计分析。3."地域生态"类文化舒适物中，"特色动植物"因具体数量统计易引起最终统计结果偏差，故统计值为黄河流域特色动植物的种类。

表4 黄河国家文化公园内主要地市文化场景描述

文化场景维度		黄河国家文化公园内主要地市文化场景得分描述				
一级维度	二级维度	最大值	最小值	平均数	标准差	变异系数
自然生态	原生性	0.560	0.370	0.477	0.033	0.070
	保护度	0.548	0.426	0.456	0.028	0.062
	其特性	0.622	0.544	0.565	0.016	0.028
	系统性	0.530	0.427	0.457	0.025	0.054
	关联度	0.542	0.516	0.533	0.004	0.008
文化存续	传统性	0.514	0.474	0.497	0.008	0.017
	族群性	0.600	0.552	0.579	0.010	0.018
	活态化	0.466	0.424	0.438	0.008	0.018
	原真性	0.590	0.489	0.530	0.018	0.035
	连续性	0.501	0.446	0.466	0.013	0.027
空间感知	公共性	0.592	0.565	0.582	0.006	0.011
	便捷度	0.617	0.552	0.597	0.018	0.030

续表4

文化场景维度		黄河国家文化公园内主要地市文化场景得分描述				
一级维度	二级维度	最大值	最小值	平均数	标准差	变异系数
空间感知	多样性	0.509	0.474	0.489	0.008	0.017
	参与度	0.544	0.489	0.529	0.014	0.026
	正式性	0.517	0.397	0.422	0.018	0.043

变异系数可以表现出同一维度内数据的差异化程度，通过对黄河国家文化公园内主要地市在各维度内得分进行变异系数计算，可以发现，变异系数最大的三个二级维度为原生性、保护度和系统性，均属于"自然生态"维度，说明黄河流域内整体生态环境区分度较大；"文化存续"维度整体变异系数较小，说明黄河文化在空间内存续情况良好，各地市文化标识的完整性较高，能够从整体上诠释黄河文化的内涵。变异系数最小值为公共性维度，说明黄河国家文化公园的开放性和普适性得到了很好的体现。

（三）黄河国家文化公园场景模式的实证研究

本文首先采用Ward法对黄河国家文化公园内主要地市进行分层聚类分析，在与主成分分析（Princi-ple Component Analysis，PCA）结果相互验证的基础上使用SIMCA 14.1进行正交偏最小二乘判别分析（Orthogonal Partial Least-squares Discrimination Analysis，OPLS-DA），从而判别不同地市场景模式。OPLS-DA通过预设分组来去除自变量和分类变量无关的数据变异，实现多因变量对多自变量的回归建模，挖掘组间差异程度[1]。经permutation test检验，R2和Q2值均高于0.7，说明模型拟合度较好。此外，采用单因素方差分析比较各二级维度差异，通过事后多重比较得到存在显著差异的组别。

其次，本文采用定性比较分析（Qualitative Comparative Analysis，QCA）探索导致特定一级维度结果发生的各二级维度共同起作用的条件组

---

[1] JOHAN TRYGG, SVANTE WOLD, "Orthogonal Projections to Latent Structures," *Journal of Chemometrics* 16, no.3 (2002): 119-128.

合。李永发在《定性比较分析：融合定性与定量思维的组态比较方法》中认为QCA包括清晰集（csQCA）、多值集（mvQCA）和模糊集（fsQCA）三种模式，本文基于研究目的和研究对象，选择csQCA作为研究方法。

1. 黄河国家文化公园场景模式分析

从文化场景得分的分层聚类结果与PCA结果（图2）来看，二者对黄河国家文化公园内主要地市的场景划分结果一致。综合二者可得到如下信息。

首先，黄河国家文化公园内主要地市的文化场景可以分为三类：第一类包括循化撒拉族自治县、甘南藏族自治州、果洛藏族自治州、黄南藏族自治州、海南藏族自治州和阿坝县；第二类为郑州、济南、濮阳、新乡、兰州、淄博、泰安、银川、鄂尔多斯、包头、聊城、滨州、开封、菏泽、东营、呼和浩特和德州；第三类为运城、济源、渭南、三门峡、白银、洛阳、中卫、延安、焦作、吕梁、吴忠、忻州、临夏回族自治州、乌海、临汾、榆林、石嘴山和巴彦淖尔。其次，三类文化场景模式主要在PCA第一主成分上形成差别，组内差异主要体现在第二主成分上。其中，第一类地市在第二主成分上得分较高，显著区别于其他地市组，且组内差异度较高，以循化撒拉族自治县最为突出；而第三类地市在组内则存在一定的同质化问题。

2. 不同地市文化场景模式确认及特征维度筛选

在文化场景模式初步区分基础上，本文采用OPLS-DA（得分图和载荷图）筛选各场景的特征性维度（图3）。得分图（a）与载荷图（b）象限相对应，如第二类地市群（郑州、兰州、济南等）对应到载荷图上，体现为"公共性""便捷度"和"参与度"对该类场景的贡献度比较高。

表5列出了载荷图中PQ1和PQ2的值，用其绝对值表示各维度在文化场景模式区分上的重要性。此外，因各组内样本数量不同，本文采用Scheffe雪费事后检验，以得到两两之间存在显著差异的组别（用1、2、3分别代表三类地市组团，"-相连"表示二者具有显著性差异）。

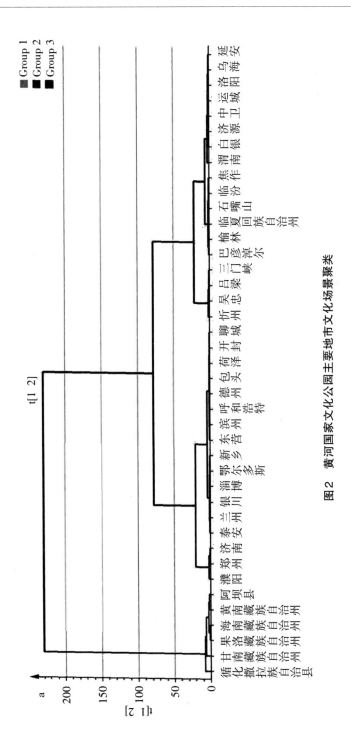

图 2 黄河国家文化公园主要地市文化场景聚类

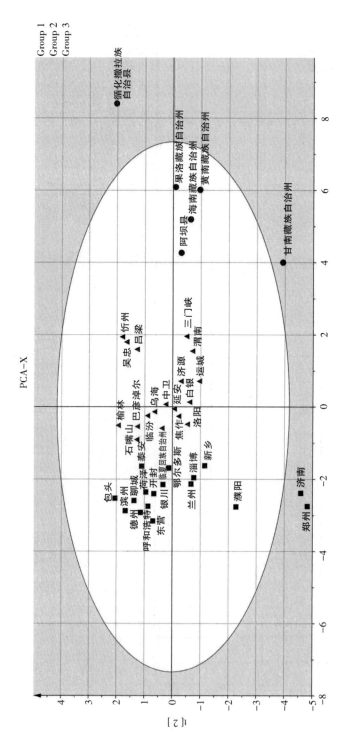

续图 2 黄河国家文化公园主要地市文化场景聚类

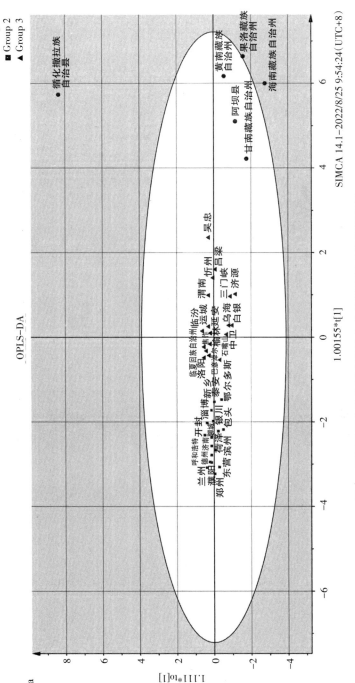

图3 黄河国家文化公园主要地市文化场景模式特征性变量

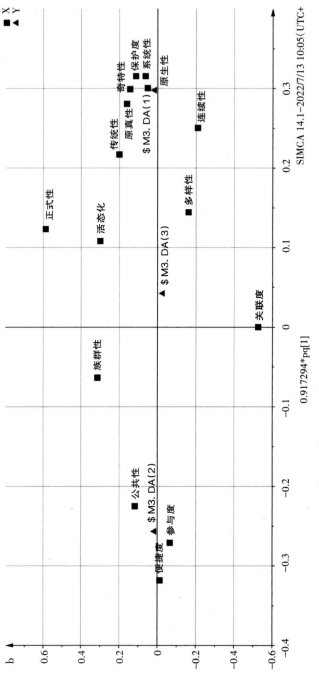

续图3 黄河国家文化公园主要地市文化场景模式特征性变量

表5 黄河国家文化公园主要地市文化场景模式的特征维度

一级维度	二级维度	OPLS-DA		单因素方差分析		
		PQ1 载荷	PQ2 载荷	F	p	Post-hoc tests
自然生态	原生性	0.300	0.052	59.526	1.9547E-12	1-2;1-3;2-3
	保护度	0.315	0.114	182.401	3.3048E-20	1-2;1-3;2-3
	其特性	0.299	0.146	73.225	9.2095E-14	1-2;1-3;2-3
	系统性	0.315	0.064	137.033	4.2188E-18	1-2;1-3;2-3
	关联度	−0.000	−0.524	0.420	0.660	
文化存续	传统性	0.217	0.201	13.323	0.000041	1-2;2-3
	族群性	−0.064	0.311	2.919	0.066	
	活态化	0.108	0.299	3.980	0.027	1-2
	原真性	0.280	0.160	31.739	7.8489E-9	1-2;1-3;2-3
	连续性	0.250	−0.209	24.614	1.3915E-7	1-2;2-3
空间感知	公共性	−0.225	0.115	15.024	0.000016	1-2;1-3;2-3
	便捷度	−0.318	−0.013	123.998	2.2134E-17	1-2;1-3;2-3
	多样性	0.145	−0.162	5.907	0.006	1-2
	参与度	−0.271	−0.065	70.249	1.7172E-13	1-2;1-3
	正式性	0.123	0.586	3.105	0.056	

从表5可知，除关联度、族群性和正式性维度外，其余各二级维度的显著性水平p值均小于0.05，具有非常显著的统计学差异。在此基础上，以OPLS-DA载荷绝对值大于0.29且单因素方差分析结果显著为标准，筛选黄河国家文化公园场景的特征性维度，可以发现，第一主成分重要变量依次为便捷度、系统性、保护度、原生性和奇特性，主要归属于"自然生态"维度；第二主成分重要变量为活态化，属"文化存续"维度的指标。而事后多重比较结果显示三类场景模式在原生性、保护度、奇特性、关联度、原真性、公共性和便捷度上统计学差异非常显著。

3.各维度内组态分析

基于黄河国家文化公园场景模式分类和特征维度，以平均数作为csQCA的二分赋值依据，用"1"表示存在，"0"表示不存在，赋值形成真值表，并导入软件Tosmana。经检验（图4—图6），仅出现"0""1""R"图例内容，说明不存在矛盾组态，可以通过布尔运算进一步得到复杂解、中间解和简约解。本文选取中间解和简约解进行结果的解释。

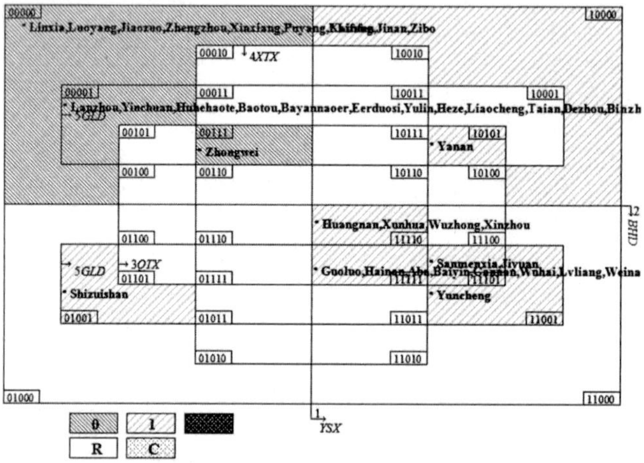

	路径1	路径2	路径3	路径4
原生性		●	●	●
保护度	●		●	⊗
奇特性	⊗	●	●	⊗
系统性	⊗	⊗	●	⊗
关联度	●	●		⊗
一致率	1	1	1	1
原始覆盖率	0.111	0.167	0.667	0.056
独特覆盖率	0.111	0.167	0.667	0.056
解的覆盖率		1		
解的一致率		1		

注：●表示条件存在，⊗表示条件不存在。大的●或者⊗表示核心条件，小的●或者⊗表示外围条件。空白表示"不关心"的情况，其中因果条件可能存在或不存在。

图4　黄河国家文化公园场景"自然生态"维度组态分析

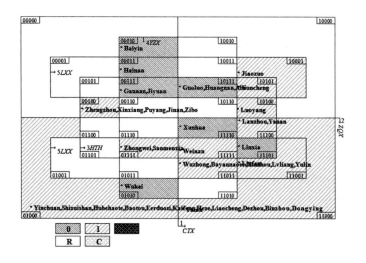

	路径1	路径2	路径3	路径4	路径5
原生性			●	●	
保护度	⊗	●	⊗	●	●
奇特性	●	⊗		⊗	●
系统性	⊗	⊗	⊗		●
关联度	⊗	⊗	●	●	●
一致率	1	1	1	1	1
原始覆盖率	0.194	0.387	0.065	0.194	0.097
独特覆盖率	0.161	0.355	0.065	0.194	0.097
解的覆盖率			1		
解的一致率			1		

注:●表示条件存在,⊗表示条件不存在。大的●或者⊗表示核心条件,小的●或者⊗表示外围条件。空白表示"不关心"的情况,其中因果条件可能存在或不存在。

图5 黄河国家文化公园场景"文化存续"维度组态分析

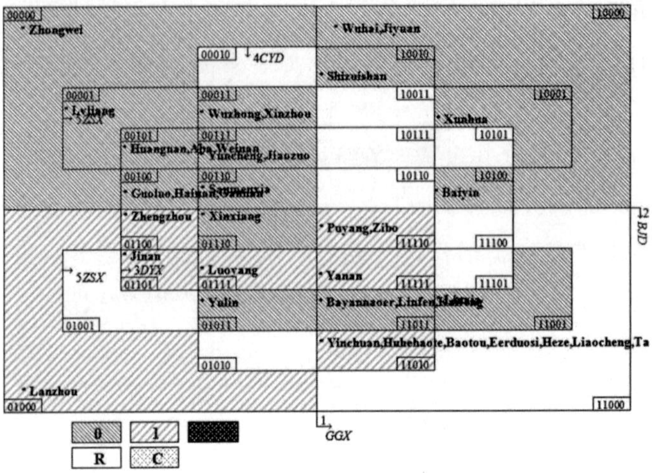

	路径1	路径2	路径3	路径4
原生性	⊗	●	⊗	
保护度	●	●	●	●
奇特性			●	●
系统性	⊗	●		●
关联度	⊗	⊗	●	●
一致率	1	1	1	1
原始覆盖率	0.118	0.706	0.118	0.118
独特覆盖率	0.118	0.706	0.059	0.059
解的覆盖率		1		
解的一致率		1		

注：●表示条件存在，⊗表示条件不存在。大的●或者⊗表示核心条件，小的●或者⊗表示外围条件。空白表示"不关心"的情况，其中因果条件可能存在或不存在。

图6 黄河国家文化公园场景"空间感知"维度组态分析

在"自然生态"维度，条件组合分析结果形成4条组合路径，整体覆盖率和一致率为1。路径3构成了影响"自然生态"维度结果最有力的条件组合，可以解释66.7%的案例。由路径可知，原生性和保护度发挥主导性作用，奇特性和系统性发挥类似作用。落实在空间生产机制上，主要体现为黄河国家文化公园的物理空间保持固有的自然环境样态不受过多商业侵蚀至关重要，而黄河地域特色、生态涵育和生态可持续须在原生环境基础上进行有机综合，即重点对山川草原、森林湿地等自然物进行原生态保护。

"文化存续"维度共生成5条路径，整体一致率和覆盖率为1。路径2解释38.7%的案例，其中非原真性与非连续性在该维度内起主导作用，非活态化和族群性发挥类似作用。路径1和路径5形成了参照组，以"传统性缺失、活态化必备"为前提，族群性、原真性和连续性构成了一组相反条件，且在各自路径内须同时存在。在空间生产机制上主要体现为黄河文化符号通过不间断的存续所建构起的象征意义系统在当下和未来的时间维度投射；即重点关注"文化遗产及其民族语言文字、舞蹈、音乐、图案与雕塑、装饰与服饰、图像与景观等生活场景"[1]，以及其组成的价值观体系和族群记忆的传承、原真维系；或对文化符号进行创新性开发，转化路径可以分为突出原有族群特征和大胆进行普适化更新。

"空间感知"维度条件组合形成4条路径，覆盖率和一致率均为1。路径2解释率达到70.6%，其中公共性、多样性和非正式性起主导作用，参与度辅助感知实现。路径2-4中，公共性与正式性均互斥。当正式性作为核心要素时，甚至导致公共性要素缺失。在空间生产机制上表现为群众在交流与互构过程中，通过肯定公共权力和使用多元文化设施，形成"自我—事件—记忆"关联，具象化族群文化认同和归属的唤醒机制，塑造文化身份；机制空间的设计要厘清公众开放普适和特定标准化引导之间的侧重问题。

四、主要结论与建议

城镇化持续推进和社会经济发展引起个体表达意识强化、乡村依附性、城乡间人口较大规模流动，此类问题不断冲击、解构和重塑着我国社会的基本形态，产生大量的非适应性问题，须从文化认同出发，应用场景强大的架构能力，打造"有温度"的空间集合体。黄河国家文化公园作为

---

① 傅才武：《论文化和旅游融合的内在逻辑》，《武汉大学学报》（哲学社会科学版）2020年第2期，第89-100页。

涵育黄河生态和打造黄河文化地标的重要举措，有助于增进区域合作，强化民族文化认同，有力推动文化强国总目标的实现。

空间生产与文化场景嵌合形成了黄河国家文化公园运行的内生动力，从内部结构看，"物理空间"对应"自然生态"，关切大尺度的黄河流域生态环境涵育和基础设施优化；"精神空间"对应"文化存续"维度，探究黄河文化象征符号的具像表征和活态存续；"机制空间"对应"空间感知"，着重"人—地—事"互动进程中的多元关系和自我身份建构。从外部结构看，国家文化公园从本质上为群众提供了不同层次的公共文化消费产品，客观的物质环境和设施通过活动参与进入群众的感知系统，与其前见及想象融合产生文化共鸣，进而形成个体特有的主观情绪和态度，外化为行为反馈，并反作用于黄河国家文化公园的后续发展。本文以空间生产内生动力和场景表达外在承载的齿轮结构解析了黄河国家文化公园的运行框架，通过数据实证，得到了场景表达的特征维度及其效能组态。

（一）黄河国家文化公园场景特征

黄河国家文化公园凝集从许家窑遗址到陶寺遗址的文明曙光，汇聚了郑州、西安、洛阳、开封等历史名城，聚居着藏族、回族、蒙古族、汉族等诸多民族，见证了中国历史演进的重要节点。

1.黄河国家文化公园的历史叙事

黄河文化分为三秦文化、中州文化（狭义上的中原文化）、齐鲁文化三个核心文化区和三晋文化、燕赵文化、河湟文化三个文化亚区（或称次文化区）①，具体到黄河上游又分为"河湟文化、陇右文化和河套文化"②。各文化区内地理环境、语言、民俗艺术、宗教信仰、道德规范和心理性格相似度高，文化特性具有强认同性和趋同性；而文化区之间边界模糊，动态变化，彼此交融。从黄河国家文化公园主要地市文化场景模式聚类来看，三类地市群与文化区存在一定的重叠关系。第一类地市群主要

---

① 徐吉军：《论黄河文化的概念与黄河文化区的划分》，《浙江学刊》1999年第6期，第134-139页。

② 张祝平：《黄河国家文化公园建设：时代价值、基本原则与实现路径》，《南京社会科学》2022年第3期，第154-461页。

集聚于河湟文化区，主要位于青海省内；第二类除兰州、银川、鄂尔多斯、包头和呼和浩特外，主要集聚于齐鲁文化区和中原文化区（部分），位于山东省和河南省东部黄河沿线区域；第三类主要集聚于河套文化、三秦文化、三晋文化和中原文化的交汇区，位于内蒙古、陕西省、山西省和河南省西部黄河沿线。因此，黄河国家文化公园可将代表性文化符号化归于三类文化区进行具象化解读，以此反映黄河文化的交融演进，形成传统文化向现代表达的时间过渡。

2. 黄河国家文化公园的时代特征

受黄河自然形态的影响，黄河国家文化公园整体呈现出条带状、散点式和开放性的特征，辽阔的流域面积、区域间较大的经济发展差异和横跨的多个文化区都加大了一次性统一建设的难度。根据文化场景模式特征性维度分析，黄河国家文化公园内主要地市文化场景模式可归为：自然生态型场景（第一类地市群）、便捷参与型场景（第二类地市群）和传统赓续型场景（第三类地市群）三类。各类场景组团内部文化和社会结构相似度高，可打破行政地理边界限制，以文化场景核心要素为引领，区域内加强跨省合作，共享客源、共享收益、共担风险；区域间差异化发展，根据不同场景表达特征维度，持续强化代表性文化符号，形成黄河国家文化公园内"和而不同"的文化表征系统。而以城市群为依托，明确各组团功能定位，也暗合了习近平经济思想的基本内涵①。

（二）黄河国家文化公园场景优化的三个维度

黄河国家文化公园作为公共文化空间形态的新探索，是新时代弘扬黄河优秀传统文化，打造黄河精神标识，推动文化强国建设的重大工程之一。其场景表达各维度组态分析显示，原真性、保护度、活态化、公共性和多样性成为建设重点方向，而这也体现出我国公共文化服务体系高质量发展的核心宗旨。

1. 高度凝练文化符号及认同体系

黄河国家文化公园主要包括两方面核心资源：一是黄河水文地理资

---

① 周韬：《习近平经济思想的全新内涵与特质》，《特区经济》2018年第10期，第14-19页。

源，二是黄河精神资源。黄河带给先民的福祉与苦难，人类在与自然共进中的坚韧与开拓，历史长河中形成的社会仪规、日常起居、风土民俗和价值取向都内化成为民众的文化基因，而在此基础上形成的文化认同也就有了一种"超我"式号召力。因此，构建黄河国家文化公园，应优先在有合作基础、场景表达相似的组团内部构建文化共同体子系统，明确文化场景特征，将文化生态、文化遗产与地市群性格及其在公园整体建设中承担的功能结合起来，形成差异化优势。

2. 多元优化舒适物的场景布局

文化场景的表达是对文化舒适物的有机调试和组合搭配。首先，深度推进黄河水文及周边环境治理；其次，改善基础设施条件，打通区域间交通路网体系，区域内各点要结合标志文化符号形成统一标准，建立一套视觉基础识别、园区服务、业务操作等规范化手册。此外，构建各地市组文化舒适物数据库，持续优化舒适物类目，同时打造虚拟场景云端，一体覆盖多种数据，集成多元业务，并成立统一的后台管理系统，共建、共享、共同维护相关数据。

3. 精准锚定居民及游客获得感和幸福度

消费主义导致的空间同构及碎片化问题日渐凸显，须在有限的物理空间内呈现富有特色的文化符号，以激活消费者的空间感知并完成其自我身份建构。黄河国家文化公园内存在两组感知主体：即本土居民和外来游客，二者参与空间生产的目的不同也决定了其感知重点有异。首先，对本土居民而言，黄河国家文化公园是其日常生产生活的基本空间，特色民俗及文艺形式亦是其常规化的娱乐或祭祀方式。居民的感知重点更多侧重于对美好生活的需求、对高质量公共文化服务的需求、对自我身份建构和文化认同的需求。因此，关注本土居民的获得感，加快弥合城镇化带来的非适应性和空间安全感弱化问题是建设的重中之重。须通过从"功能性导向"向"文化性导向"转向，丰富公共文化服务供给形式，以黄河国家文化公园建设为契机，发挥文化集聚效应，打造特色文化形象，创新产业形态，优化居民收入结构，提高其经济营收能力，使文化真正发挥地区发展的引擎作用。其次，对外地游客而言，黄河国家文化公园是新型文化消费空间，区域内具有原真性的"黄河气质""民族记忆""文化符号"是形成旅游者感知的重点，并依赖于文化舒适物得以呈现。随着我国国民素养的普遍提高，"宏大叙事"的场景营造模式自是题中要义，但也对"小微空间"的精细化营造提出了更高的要求，可通过定制化的消费形式、差异化休闲内容来精准匹配消费者的需求，以高质量场景及智慧化服务来增强游客的主观感受，进而形成黄河文化的感召力。

本文对空间生产和场景理论在我国国家文化公园中的应用研究做出了补充，并以黄河国家文化公园为研究案例提出了新的研究框架和数据实证。但受限于国家文化公园作为新概念在理论研究上尚处于起步阶段，且黄河国家文化公园并未建设完成，本研究需进一步深化以下三方面内容：一是需要深化细化理论逻辑链条；二是随着黄河国家文化公园的建设，基础数据需持续更新优化；三是对"空间感知"还需要进一步从群众感知的角度加以完善。

（作者系陈波、庞亚婷。陈波系管理学博士，武汉大学国家文化发展研究院教授、博士生导师；庞亚婷系武汉大学国家文化发展研究院博士研究生）

黄河国家文化公园建设探究

　　黄河是中华民族的母亲河，孕育了璀璨悠久的华夏文明。华夏始祖炎帝、黄帝兴起于黄河流域。黄河流域曾是夏、商、周、秦、汉、唐和北宋的建都地，在中华民族漫长的文明史中，黄河流域有三分之二以上时间是我国的政治、经济、文化发展中心。儒家、道家、法家等中华传统思想在这里形成和发展；从第一部诗歌总集《诗经》到绚丽多彩的唐诗宋词，从司马迁的《史记》到司马光的《资治通鉴》，许多不朽的经典著作源源不断地在黄河两岸呈现；丝绸之路的开启，使茶叶、丝绸、瓷器等产品行销海外；"四大发明"等科技成果的涌现也与黄河的哺育密不可分[①]。

　　保护、传承和弘扬黄河文化，是建设文明中国的根基，是实现中华民族伟大复兴的重要标志。在黄河的历史文化流域范围内，围绕具有时代价值的黄河文化特质，选择具有地域特色的文化主题，建设一园多区、一干多支的黄河国家文化公园，可为黄河流域生态保护和高质量发展凝聚精神力量。

一、黄河河道的历史变迁

　　黄河发源于青藏高原，穿越黄土高原、华北平原两大阶梯，注入渤海。其现行河道流经青海、四川、甘肃、宁夏、内蒙古、山西、陕西、河南、山东九省区，全长5 464千米，流域总面积79.5万平方千米，从河源到入海口水面总落差4 480米。

[①] 陈梧桐、陈名杰：《万里入胸怀：黄河史传》，华东师范大学出版社，2019，第2页。

黄河形成于距今10万至1万年间的晚更新世。历史上，黄河河道多次变迁，如黄河上游河套平原内蒙古河段，中游汾渭平原的龙门至潼关河道摆动也较大，但改道主要发生在下游。根据历史文献记载，黄河下游发生过1500多次的决口泛滥，引起20多次较大的改道①，泛滥的范围除今河南、山东两省外，向北包括河北和天津的大部分地区，向南涵盖安徽和江苏的大片地区。

史籍中记述，最早的黄河下游河道称禹河，即"大禹治水"以后自然漫流的河道②。这个时期，黄河从今孟津流出峡谷，在孟州和温县一带折向北流，经沁阳、修武、获嘉、新乡、卫辉、淇县（古朝歌）、汤阴及安阳、邯郸、邢台等地东侧，流入大陆泽，出大陆泽后，分为多条支流散流进入渤海。

春秋时期，齐国于公元前685年开始，在黄河下游低平处修堤防洪，其他诸侯国先后构筑堤防，黄河下游漫流区域日益减少，散乱的分支汊河逐渐归于一条河道。黄河从土质疏松的黄土高原带来大量泥沙，进入平原后流速变缓，泥沙沉积于堤防之间，抬高河床，易引起决口。周定王五年（公元前602），黄河在黎阳宿胥口（今河南浚县西南新镇附近）决口改道，这是古籍中记载的黄河第一次大改道③。改道后，下游河道改向偏东北方向，经今濮阳、大名、冠县、临清、平原、沧州等地于黄骅入海。这条河道一直到西汉时期才改变，故后人称其为西汉故道。

和禹河同样的命运，经过长期淤积，西汉故道在西汉时决溢增多，最终于公元前132年在瓠子（今河南省濮阳市西南）发生大决口，河水向东南冲入巨野泽，泛滥23年后才堵住决口。公元11年，黄河在魏郡元城（今河北大名县东）又发生大决口，此后近60年，黄河泛滥于今河北、山东、河南、安徽、江苏等地，最终造成黄河第二次大改道。

公元69年，东汉明帝派王景治河，主要是将河、汴分流。自荥阳（今河南荥阳市东北）至千乘（今山东高青县东北）海口筑堤，长500多千米，

---

① 水利电力部黄河水利委员会：《人民黄河》，黄河水利出版社，1959，第32页。
② 程有为：《黄河中下游地区水利史》，河南人民出版社，2007，第45页。
③ 张含英：《历代治河方略探讨》，黄河水利出版社，2014，第6页。

对防御黄河向南泛滥起到了较好的作用①。这一时期的下游河道称东汉故道，流路自今濮阳市西南西汉故道的长寿津改道东流，经河南濮阳、范县，山东的莘县、阳谷、东阿、茌平、滨州等地，在今利津东南境入海。至北宋初期大致维持东汉以来的河道，称京东故道。后河道淤高，至1048年，河决商胡（今河南濮阳市东北栾昌胡村附近），改道北流，新河夺永济渠至今天津东入海，时称北流，这是黄河的第三次大改道②。1060年，黄河自大名决河东流，于沧州境入海，时称东流（二股河）③。

1128年冬，为防御南下的金兵，东京（今河南开封市）留守杜充挖开卫州（今河南卫辉市和滑县东之间）的黄河南堤，黄河从此向南泛滥进入淮河④。决水东流至梁山泊之南，主流大致沿菏水故道入泗，当时称为新河。经过金末元初近百年间（1209—1296）的自然漫流，黄河于1343至1349年间在白茅堤（今山东曹县西白茅集一带）多处决口，洪水向北经安山、会通河，侵入大清河河道流入大海⑤。1351年，元朝贾鲁治理黄河，新河道流经今封丘、长垣、东明集、曹县、商丘、单县、夏邑、砀山、萧县、徐州，至邳州流入泗水，并入淮河入海⑥。

明成祖迁都北京后，为防止黄河决口影响漕运，采取了"北岸筑堤，南岸分流"的防御方略。1391年，黄河向南决溢，主流夺颍入淮，此后一百多年黄河经常在南岸决口，沿淮河支流南下入淮。晚明时期，万恭、潘季驯提出了以治沙为中心的治河思想，实行"以堤束水，以水攻沙"⑦的方针。1578年，潘季驯主持在徐淮之间修筑300千米长的南北大堤，使黄河与淮河合流入海，至1855年于兰阳铜瓦厢（今河南兰考县境内）决口改

① 黄河水利委员会黄河志总编辑室：《黄河流域综述》，河南人民出版社，2017，第19页。
② 黄河水利委员会黄河志总编辑室：《黄河流域综述》，第19页。
③ 黄河水利委员会黄河志总编辑室：《黄河流域综述》，第19页。
④ 黄河水利委员会黄河志总编辑室：《黄河流域综述》，第20页。
⑤ 黄河水利委员会黄河志总编辑室：《黄河流域综述》，第20页。
⑥ 黄河水利委员会黄河志总编辑室：《黄河流域综述》，第20页。
⑦ 陈隆文、张睿文：《明代前期黄河南泛与贾鲁河的形成》，《中原文化研究》2019年第5期，第73-80页。

道①。这就是后人所谓的明清故道。

黄河的现行河道便是 1855 年在铜瓦厢决口，向东北方向改道而形成。黄河决口后，经约 20 年的大范围漫流，朝廷才陆续在新河两岸顺河修筑河堤，直到 1885 年，新河堤防才基本建立起来②。民国年间，黄河河南段的决口逐渐增多。1938 年 6 月，国民政府扒开花园口黄河南堤，以水代兵阻止日军西犯，黄河向南改道，经沙颍河、涡河进入淮河，在河南、安徽、江苏三省的大片地区泛滥达 9 年之久，形成黄泛区③。抗日战争胜利后，1947 年 3 月 15 日花园口决口被堵住，此前下游废弃经年的堤防已经修复，黄河回归铜瓦厢决口后形成的故道。

二、黄河文化的发展历程

黄河是中华民族精神的象征，塑造了中华民族自强不息的民族品格。在漫长的历史岁月中，黄河两岸的先民在改造自然、追求幸福、保家卫国的过程中，形成了勤劳智慧、齐家忠国、兼容并蓄、坚韧不拔、威武不屈的民族品格。基于这种品格，中华民族创造了昌盛发达的中华文明，挫败了外族入侵和各种黑暗势力的侵袭，成为世界上唯一不曾中断的文明。

（一）古代黄河文化的形成与发展

1. 远古时期黄河文明的曙光

远古时期，黄河流域气候比现在温暖，很大一部分处于亚热带，气候条件优越。黄河上中游黄土高原和下游冲积平原的土壤质地疏松肥沃，易于发展原始农业。在新石器时代晚期出现了铜器，铜石器并用时代距今 5000 至 4000 年，远古的黄河流域先民由母系氏族公社进入父系氏族公社④。这个时期，黄河流域的文化遗存主要有分布于北京地区的雪山第二期文化，中原地区的河南龙山文化，山东部分地区的龙山文化，陕西境内

---

① 黄河水利委员会黄河志总编辑室：《黄河流域综述》，第 20 页。
② 黄河水利委员会黄河志总编辑室：《黄河流域综述》，第 21 页。
③ 黄河水利委员会黄河志总编辑室：《黄河流域综述》，第 21 页。
④ 陈梧桐、陈名杰：《万里入胸怀：黄河史传》，华东师范大学出版社，2019，第 70 页。

的客省庄第二期文化，影响范围在泾河和渭河上游以西、黄河上游龙羊峡以东、宁夏清水河流域以南、四川以北的马家窑文化，黄河上游及其支流的半山文化和马厂文化、齐家文化[①]。这个时期，石器制造技术达到顶峰，出现了井灌农业。半地穴式房屋逐渐被淘汰，圆形地面建筑普遍采用，聚落不再局限于河流旁边的台地，坡地、山冈也出现原始聚落。部落联盟出现，中心聚落进一步发展，有许多用夯土或石头筑成的城邑，如陕西榆林神木石峁，山西南部临汾盆地的陶寺、河南登封市告城镇的王城岗等城址。

关于人类的起源，我国古籍记载的盘古开天地和女娲抟土造人、炼石补天传说，在甘肃、山西、陕西、河北、河南等地广为流传。关于黄帝、炎帝氏族起源的传说很多，其中比较流行的一种说法认为，他们都发祥于黄河的支流渭河流域，黄帝氏族崛起于姬水，炎帝氏族兴起于姜水[②]。关于黄帝氏族的发祥地，还有甘肃临夏说，或据《史记·帝王本纪》等古籍的记载而持河南新郑说或山东寿丘说[③]。炎帝氏族的发祥地还有陈（今河南周口市淮阳区）、华阳（今河南新郑市）、烈山（又称厉山，今湖北随县）等几种说法，甚至还有说是在今湖南省[④]。在河南三门峡黄帝铸鼎塬，留有黄帝部落联盟的大量文化遗址，相关文献也表明其曾在陕西西北部、大荔、朝邑一带及汾河谷地生息，最后进入今河北涿鹿附近[⑤]。炎帝部落联盟曾在今河南西部、豫东地区和湖北一带迁徙。相传黄帝部落为争夺生存空间，在阪泉通过三次大战战胜了炎帝部落，炎黄部落结盟，形成华夏族的雏形。九黎族人定居在山东曲阜，在蚩尤的领导下与炎黄部落联盟发生战争，在豫东、河北展开激战，最后在涿鹿、冀州进行决战，黄帝取得

---

① 陈梧桐、陈名杰：《万里入胸怀：黄河史传》，第71页。
② 陈梧桐、陈名杰：《万里入胸怀：黄河史传》，第76页。
③ 陈梧桐、陈名杰：《万里入胸怀：黄河史传》，第78页。
④ 陈梧桐、陈名杰：《万里入胸怀：黄河史传》，第77页。
⑤ 《史记·封禅书》记载："黄帝采首山铜，铸鼎于荆山下。"首山即今河南襄城县首山，荆山即今河南灵宝荆山。《史记·黄帝本纪》记载，黄帝杀死蚩尤后，"邑于涿鹿之阿"。参见：司马迁：《史记：评注本》，甘宏伟、江俊伟注，崇文书局，2009，第164、1页。

最终胜利。一部分九黎族人融入炎黄部落，一部分南下融入苗蛮之中。黄帝以后，黄河流域又出现了尧、舜、禹等杰出的部落联盟首领。这一时期，黄河流域的先民已经筑城造屋、开凿水井、缝制衣冠、制造舟车弓弩、炼石为铜、创制乐律、发明文字和医药等①。

2. 夏商周时期黄河文化的孕育

夏朝曾定都阳城（今河南登封市告城镇），其统治中心在黄河中游的河南西部和山西南部。夏朝统治期间，黄河流域已经进入了青铜时代。商灭夏后，商朝定都亳（今河南商丘市北），后多次迁都。公元前14世纪，商王盘庚迁都到殷（今河南安阳市西小屯村），商朝的疆域广阔，已经南达江南一带，东北至辽宁省，是当时世界上的一个大国，但主要治理区域还在中原一带②。

周为商的西方属国，居于岐山之下的周原（今陕西宝鸡市境内），在渭河流域发展。公元前1046年，武王在姜尚和周公旦的辅佐下在牧野（今河南新乡市牧野区）与商军的决战中打败商纣王，商灭。周朝定都镐京，实行两京制，以洛邑（今河南洛阳市）为东都，洛邑由沣水、渭水、黄河、洛河与关中的镐京连接起来，成为黄河文化发展的中轴地带，一直延续到秦、汉、唐这个相当长的历史阶段。夏商周时期，黄河流域最突出的成就是青铜器制造，出现了比较成熟的文字——甲骨文。

春秋时期，黄河中下游地区成为诸侯争霸的主要战场。经过长期的兼并战争，到春秋末年，诸侯国从原有的100多个减少到20多个③，最后形成秦、楚、燕、韩、赵、魏、齐"七雄"并立的局面。战国七雄除了楚国位于长江流域外，其余六国都在黄河流域。这一时期，黄河流域生产力发展的一个重要标志是铁器的使用，当时采用的生铁柔化处理技术，在欧洲直到公元初罗马才能偶尔用于生铁生产④。中华民族发明的冶金技术，直到明朝一直居于世界领先地位。社会大变革反映到意识形态领域，形成了

---

① 陈梧桐、陈名杰：《万里入胸怀：黄河史传》，第80页。
② 陈梧桐、陈名杰：《万里入胸怀：黄河史传》，第88页。
③ 陈梧桐、陈名杰：《万里入胸怀：黄河史传》，第108页。
④ 陈梧桐、陈名杰：《万里入胸怀：黄河史传》，第117–118页。

诸子百家争鸣的局面。"学在官府"的传统被打破，私学兴盛。齐国在临淄设稷下学宫长达150多年，聘请各诸侯国的诸多名士学者讲学，收徒授业，著书立说。儒、墨、道、法和兵等诸子百家竞相提出自己的主张，形成了朴素的唯物论和辩证法思想。在这一时期，黄河流域还涌现了《周易》《诗经》等对中华文化发展和民族性格塑造影响深远的典籍。

3. 秦汉时期黄河文化的兴起

秦汉时期，黄河流域形成了以关中平原为中心的西部经济区和以华北平原为中心的东部经济区，咸阳、长安和洛阳形成稳定的政治中心轴，将两大经济区紧密连接起来，使秦朝、西汉和东汉保持大一统的格局。秦汉王朝建立了君主专制的中央集权制度，统一了文字、货币、度量衡与车轨制度，调动千军万马开拓边疆，巩固年轻的统一的多民族国家。汉朝和欧洲的罗马帝国约处于同一时期，都是当时世界上最先进的文明大国。汉朝经济繁盛，科技发达，以儒家文化为代表的汉文化圈正式成立，华夏族自汉朝以后逐渐被称为汉族。

秦汉时期，黄河流域是全国的经济重心，形成了关中地区、三河地区（河东、河内、河南，今山西西南部、黄河以北、河南洛阳以西一带）和齐鲁地区三个发达经济区。铁制农具普遍采用，以精耕细作为主要特征的农业传统在黄河流域形成。手工业规模扩大、部门齐全、工艺技术进步，冶铁业成就最为突出。河南古荥镇冶铁遗址发现的炼铁高炉高6米，有效容积50立方米左右，估计日产铁可达1吨左右[1]。东汉初年，杜诗（河内汲人，今河南卫辉市）发明了水力鼓风的"水排"。炼铁已经开始用煤。商业日益兴盛，咸阳、长安、洛阳都是当时人口在50万以上的全国大城市[2]。秦汉时期，黄河流域交通十分发达，秦始皇大修驰道，汉代继续扩展。水路交通主要是继续利用先秦原有的黄河水系和鸿沟进行航运，渭河、汾河、湟水等许多黄河支流也可行船。

这一时期，造纸术的发明是黄河流域一项最重大的科技成果。东汉张衡（南阳西鄂人，今河南南阳市石桥镇）发明了浑天仪。医学方面，《黄

---

[1] 陈梧桐、陈名杰：《万里入胸怀：黄河史传》，第164-165页。

[2] 陈梧桐、陈名杰：《万里入胸怀：黄河史传》，第166页。

帝内经》《神农本草经》编成。"医圣"张仲景（南阳涅阳人，今河南南阳市西南）所著《伤寒杂病论》，至今仍是中医理论和临床治疗的重要典籍。司马迁（左冯翊夏阳人，今陕西韩城市）著《史记》，所创纪传体为后世史家继承，被鲁迅称赞为"史家之绝唱，无韵之《离骚》"。

随着封建社会大一统局面的形成，黄河母亲以积极开放、兼容并蓄的阔阔胸怀，迎来了全方位发展对外经济文化交流的时代。横贯欧亚大陆的丝绸之路以张骞出使西域为标志正式开通，我国丝绸大量西运，黄河流域的铁器、漆器、纸张以及井渠技术等在西域流传开来，西方的畜产品、珍禽异兽、植物、乐器、烹饪饮食、宗教艺术等不断东传进入黄河流域。西汉时期的海上丝绸之路以南海航线为主线，将黄河流域的经济文化中心与东南亚及印度洋沿岸连接起来。海陆丝绸之路使黄河流域的物质文明和精神文明以空前的规模远距离传播，也使黄河流域大量引入和吸收外来的物质文明与精神文明成果。

4. 魏晋南北朝时期多元文化的纷争与融合

据著名气象学家竺可桢的研究，三国两晋南北朝时期，气温下降，年均气温比现在低1至2摄氏度[1]，是我国历史上的一个气候寒冷期。受气候等因素影响，谷物产量减少，草原萎缩，北方和西北地区牧场枯竭，游牧民族纷纷进入中原，建立政权，造成了近400年的混乱和分裂。战乱迫使大量中原汉族人移居江南地区，使南方的少数民族融合到汉族之中。南北的民族大融合为汉族输入了新鲜血液，注入了新活力，为实现南北统一创造了条件，从而迎来隋唐时期社会经济的大发展和文化的高度繁荣。

魏晋南北朝时期，社会思想和学术文化相对自由，各种思想学说乘间而起，人们对儒学的信仰发生了动摇，形成了儒、玄、佛、道并立的格局。文学、音乐、绘画、书法、灌溉、瓷器烧制、数学、医学等领域也取得了一些进步。如在文学领域，曹丕、曹植、陶渊明、谢灵运等文学家的作品千古流传。在书法绘画领域，出现了锺繇和王羲之、王献之父子，以及顾恺之、戴逵、杨子华、曹仲达等对后世产生极大影响的书法家与画

---

[1] 竺可桢：《竺可桢文集》，科学出版社，1979，第475-497页。

家。在科学、数学和农学等领域，马钧创造了指南车，刘徽完成《九章算术注》，祖冲之创制了《大明历》等。北魏末年，杰出的农学家贾思勰所著的《齐民要术》是一部综合性农学著作，也是世界农学史上最早的专著之一，是我国现存最早的一部完整的农书。

5. 隋朝至北宋时期黄河文化的鼎盛

开皇元年（581），隋文帝杨坚建立隋朝。此后五个半世纪是我国封建社会的鼎盛和再发展时期，隋唐和北宋都是统治时间比较长的统一王朝，只有五代十国时期半个世纪的短暂分裂割据，政治中心长期稳定在黄河中游的长安、洛阳和下游的东京（今河南开封市），黄河流域迎来其经济和文化发展的黄金时代。

唐太宗李世民在经济上实行均田制与租庸调制，减轻徭役赋税负担；在军事上整顿府兵制；在文化上实行"以文德绥海内"，提倡儒学，选贤任能，不问出身，唯才是举，为唐朝的强盛奠定了基础。武则天、李隆基继承唐太宗的政策，选贤任能，迎来了"开元盛世"。"开元盛世"是唐朝的全盛时期，政治安定，经济繁荣，国库充裕，文化发达。唐朝在军事上灭突厥，降吐谷浑，统一北方，经营西域。宋太祖赵匡胤建立宋朝后，定都东京开封府，以洛阳为西京，经过一段时期的发展，开封成为人口上百万、商业繁荣、文化昌隆的世界大都会[1]。

隋、唐、北宋时期，对外高度开放，在积极与周边各民族开展经济文化交流的同时，还通过海、陆两条丝绸之路与远方各国进行频繁的经济文化交往，迎来我国历史上第二个全方位对外开放的时代[2]。

这一时期，在黄河流域的广阔土地上，以精耕细作为主要特征的农业生产获得空前的发展。耕犁作为当时农业生产中最重要的工具不断完备，兴修了许多水利工程，耕地面积不断扩大，桑麻、药材、茶叶的种植得到很大发展。黄河流域手工业也发展到一个新高度，河南、河北、山西是唐朝的丝织业中心之一，直到北宋时期黄河流域仍占据丝织业高地。瓷器的生产获得了迅猛发展，北宋时期逐渐形成定、汝、钧、哥、官五大名窑，

---

[1] 陈梧桐、陈名杰：《万里入胸怀：黄河史传》，第224页。
[2] 陈梧桐、陈名杰：《万里入胸怀：黄河史传》，第229页。

其中除哥窑外都在北方。冶铁业也取得很大进步，铁的产量从唐元和元年（806）的207万斤增至北宋元丰元年（1078）的550万斤①。煤炭在北宋时期广泛开采，开采技术先进。

随着封建经济的空前繁荣，政治环境宽松，思想文化、科技学术领域开放自由，黄河流域的文化积极吸收外来文化精华迅猛发展，登上了封建文化的高峰，处于当时世界的前列。儒学得到新的发展，史学高度繁荣，古典诗歌出现唐诗和宋词两座高峰，古文运动摒弃了以往只重形式的文风，绘画、雕塑、书法繁花似锦，名作频现。科技方面，指南针、活字印刷和火药均发明于这一时期。

6. 元明清时期黄河文化的相对式微

历史上，黄河流域发生过多次人口南迁。西晋后期，黄河流域屡遭战争破坏，人口开始大量外迁。唐末五代时期，黄河河道屡次决溢，北方地区连年混战，民不聊生。而南方政治安定，气候适宜，经济迅速发展。北宋时，开封的粮食需要通过漕运从南方供应，开始出现政治、文化中心与经济中心分离的现象。北宋灭亡后，长江流域确立起全国经济重心的地位。辽、金、元、明、清均建都北京，政治文化中心北移，南北方经济主要通过京杭大运河联通，黄河流域在全国的地位逐渐下降②。

（二）黄河"革命文化"的发展历程

革命文化是近代特别是五四新文化运动以来，在党和人民的伟大斗争中培育和创造的思想理论、价值追求、精神品格，展现了我国人民顽强不屈、坚韧不拔的民族气节和英雄气概③。其实，古代黄河流域的先民就勇于用鲜血和生命同腐朽统治和入侵的外来民族展开英勇斗争。早在西周共和元年（公元前841），由于周厉王的残暴统治，镐京发生"国人暴动"。秦二世元年（公元前209），为反抗秦朝的残暴统治，陈胜（阳城人，今河南登封市）、吴广（阳夏人，今河南太康县）发动农民起义，动摇了秦朝

---

① 陈梧桐、陈名杰：《万里入胸怀：黄河史传》，第244页。
② 陈梧桐、陈名杰：《万里入胸怀：黄河史传》，第272页。
③ 汤玲：《中华优秀传统文化、革命文化和社会主义先进文化的关系》，《红旗文稿》
  2019年第19期，第31-32页。

的统治基础。唐咸通十五年（874），王仙芝（濮州人，今山东鄄城县北）在长垣（今属河南）发动起义，黄巢（曹州冤句县人，今山东曹县西北）起兵响应，起义军最终攻破长安，建立大齐政权。李自成领导的明末农民大起义，一度占领了北京，推翻了大明王朝，将我国古代农民战争推向了顶峰。

面对外来民族的压迫，黄河儿女奋起反抗，表现出崇高的民族气节。出生在渭水之滨的苏武（杜陵人，今陕西西安市东南）于汉武帝天汉元年（公元前100）出使匈奴，被囚禁19年之久，仍誓死不辱汉节，体现了为国家和民族尽忠守节的浩然正气。岳飞（相州汤阴人，今河南汤阴县）自幼誓言精忠报国，他带领的岳家军军纪严明，令金军闻风丧胆。抗倭名将戚继光（登州人，今山东烟台市蓬莱区）面对倭寇的横行，曾慷慨赋诗曰："封侯非我愿，但愿海波平。"他为明朝边防的稳固立下了汗马功劳。近代以降，我国人民遭受了帝国主义列强侵略和清朝政府与北洋军阀以及国民党的腐败统治，黄河流域儿女奋起抗争，这片黄土地上先后爆发了捻军起义、陕甘回民起义、义和团起义等。

正是蕴含着不屈不挠的民族精神的中华优秀传统文化，在革命斗争中传承、转化和发展而形成了革命文化。植根于中华优秀传统文化的革命文化，蕴含着丰富的革命精神和历史文化内涵。近代中国，国家积贫积弱，人民饱受磨难。中国共产党成立后，团结带领人民经过28年浴血奋战和顽强奋斗，建立了中华人民共和国。1936年，中央红军经过二万五千里长征到达陕北。我们党在黄河流域建立了陕甘宁、晋察冀、晋冀鲁豫、晋绥等抗日根据地。中华民族以不怕牺牲、不畏强暴的英雄气概，经过14年艰苦卓绝的斗争，取得了抗日战争的伟大胜利。全面内战爆发后，在党的领导下，全国解放区军民奋起自卫。在广大黄河儿女的支持下，解放军于陕北取得青化砭、羊马河、蟠龙镇等战役的胜利。在山东，解放军于泰安、临沂、蒙阴、沂蒙等地英勇抗敌，取得孟良崮等战役的胜利。各路解放军的大举进攻，迫使国民党转为全面防御。黄河儿女英勇奋战，出东北，战淮海，过长江，国民党军队兵败如山倒，黄河流域的各省相继解放。举世瞩目的革命圣地延安、西安事变旧址、山西武乡县八路军总司令部旧址、平型关战役遗址、刘胡兰故乡山西文水县云周西村等一大批革命纪念地，正是党和人民在伟大斗争中孕育的革命文化的缩影。

中华人民共和国成立70多年来，在党的领导下，黄河沿岸军民治理黄河，发展经济，经过艰苦奋斗，取得了显著成绩。黄河伏秋大汛岁岁安澜，黄河流域在我国经济社会发展和生态安全方面的地位得到大幅提升。黄河流域是我国重要的能源、化工、原材料和基础工业基地。黄淮海平原、汾渭平原、河套灌区是农产品主产区。黄河流域九省区总人口、地区生产总值超过了全国的四分之一，粮食和肉类产量占全国三分之一左右，煤炭、石油、天然气和有色金属资源丰富，煤炭储量占全国一半以上[①]。在经济社会发展的同时，黄河文化遗产保护受到国家和社会各界的高度重视。博大精深的黄河文化是中华民族的宝贵精神财富。改革开放以来，黄河文化作为旅游和教育资源得到了一定程度的开发。比如，甘肃武威市出土的铜器文物"铜奔马"，其形象被确定为我国旅游业的图形标志。目前，国家批准公布的134座历史文化名城中，有27座位于沿黄各省[②]。沿黄各省区的太原、呼和浩特、济南、青岛、区郑州、洛阳、西安、兰州、西宁等城市已被列为国家重点旅游城市[③]。

三、建设黄河国家文化公园的路径思考

黄河流域生态保护和高质量发展是国家重大战略。《黄河流域生态保护和高质量发展规划纲要》明确提出，深入研究规划建设黄河国家文化公园[④]。党的十九届五中全会对建设长城、大运河、长征、黄河等国家文化

[①] 习近平：《在黄河流域生态保护和高质量发展座谈会上的讲话》，《求是》2019年第20期，第4-11页。

[②] 笔者根据相关资料整理。参见：赵展慧：《让城市文脉融入现代生活——国务院公布134座历史文化名城、875片历史文化街区、2.47万处历史建筑》，《就业与保障》2019年第14期，第9-10页。

[③] 《2021年度全国重点旅游城市星级饭店经济指标汇总表》，http://zwgk.mct.gov.cn/zfxxgk-ml/tjxx/202204/t20220415_932490.html。

[④] 《黄河流域生态保护和高质量发展规划纲要》，《人民日报》2021年10月9日第1版。

公园作出战略部署①。黄河国家文化公园是讲好中国故事的重要载体，是文化强国的重要标志。结合黄河河道的历史变迁和黄河文化的发展历程，建设好黄河国家文化公园，应注重以下几个方面。

（一）围绕黄河文化特质，选好黄河国家文化公园主题

围绕黄河文化具有的时代价值特征，选择黄河国家文化公园的主题。这些特征主要包括：创制发端的根源性、领先发展的创造性、自强不息的持续性、家国情怀的统一性、积极吸收外来文化的包容性、摧毁反动腐朽统治和反抗外来压迫的革命性等。

一是根源性。黄河是中华文明的源头，华夏始祖在黄河流域兴起。历史上，我国的政治经济文化中心最早在黄河流域形成，早期的城市、文字、青铜器、礼法制度、传统思想体系等都发端于黄河流域。正是以黄河文化为根源和核心，不断融合周边民族文化，吸收域外文化精华，才形成了博大精深的中华文化。

二是创造性。黄河流域的先民在开垦耕地、治水兴利、追求幸福生活的过程中，创造了独具特色的语言文字，留下了浩如烟海的文化典籍；产生了影响深远的发明创造，长期在瓷器、丝绸、冶炼、造纸等方面领先世界；诞生了异彩纷呈的文学艺术，充满智慧的中国哲学和完备而深刻的道德伦理，形成了有别于草原游牧文化和长江流域稻鱼文化的先进农业文明。

三是持续性。黄河文化既强调尚老崇祖、尊重传统，又追求自强不息、变革图强，塑造了中华民族勤劳、智慧、仁爱、包容、务实、勇敢的精神气质。正是先进厚重而传承不绝的黄河文化，保证了中华文明在长达五千多年的历史中历尽劫难而绵延不绝。

四是统一性。大一统思想源于黄河流域，几千年来逐渐内化为中华文化的核心理念之一。"普天之下莫非王土，率土之滨莫非王臣"，黄河文明的早期就形成了文化的向心力。通过秦始皇的书同文、车同轨和汉王朝400年的巩固，消除群体和地域之间的纷争与差异、追求国家统一，成为

①《中共中央关于制定国民经济和社会发展第十四个五年规划和二〇三五年远景目标的建议》，《人民日报》2020年11月4日第1版。

各族人民共同崇尚的理想，由此产生了强烈的国家认同感、文化向心力和强大的凝聚力。

五是包容性。赵武灵王倡导的"胡服骑射"改革，开启了向少数民族学习的先河；西汉张骞出使西域，开辟丝绸之路，促进了东西方的经济文化交流；北魏孝文帝倡导汉化改革，给黄河文化融入了游牧民族勇武豪放的元素；盛唐长安百胡云集，万邦来朝，引进和输出了大量的经济文化成果；北宋海上丝绸之路兴盛，我国的瓷器、丝绸、纸张等行销海外；直到元明时期，中外交流仍然畅通无阻。黄河文化的包容性超越了民族、种族、地域、国界，成为各族人民共同的心理特质。

六是革命性。从国人暴动到李自成领导的推翻大明王朝的农民起义，从卫青、霍去病驱逐匈奴到岳飞抗金，几千年来人民反抗腐朽统治和外族入侵的斗争不断在黄河两岸上演，推动了历史的发展。在革命战争时期，黄河文化在马克思主义的指导下不断发展，形成了以人民为中心、以民族复兴为目标，艰苦奋斗、不怕牺牲的革命文化。陕甘宁边区和晋冀鲁豫等革命根据地，在抵抗侵略、争取民族独立和人民解放的过程中，滋养了伟大的延安精神、西柏坡精神、沂蒙精神等，为黄河革命文化增添了新的重要内涵。

黄河国家文化公园建设，应围绕黄河文化的个性特质进行梳理与升华，挖掘出具有时代价值的主题。加强对不同历史时期黄河文化的研究，提炼出核心文化要素与文化精神，寻找贯通古今的线索，根据人们的不同需求，发挥历史文化遗迹、典籍文献、民俗礼仪等不同载体的作用，以喜闻乐见的形式，潜移默化地传承和弘扬黄河文化。

(二)着眼黄河的历史文化流域,规划国家文化公园的总体布局

现行的黄河河道是1855年黄河在铜瓦厢决口后，夺大清河入海形成的，只有160多年的历史。黄河国家文化公园的研究范围不能受当前黄河地理流域局限，应将古代黄河两岸一直处于黄河文化圈的地域纳入建设范围。以大汶口文化和龙山文化为代表的黄河下游早期文化，均分布在黄河故道中。故黄河国家文化公园的范围应包括现有黄河（1855年以来）及古代黄河流经地区，主要包括禹河故道（大禹治水到公元前602）、西汉故道

（公元前602—公元11）、东汉故道（69—1048）、北宋故道（1048—1128）、南宋和元故道（1128—1368）、明清故道（1368—1855）。现行河道从黄河上游到入海口涉及青海、甘肃、四川、宁夏、内蒙古、山西、陕西、河南、山东九省区，古代黄河还涉及今河北、天津、安徽、江苏以及北京等地。

在黄河的历史文化流域范围内，选取具有重大文化历史意义和时代价值的主题，以黄河为纽带，以黄河河道变迁和流域自然环境变化为脉络，结合黄河文化从诞生到发展，从强盛到相对式微的历史过程，梳理流域范围内的文化遗产和文化资源，整合具有黄河特色的文物和文化资源，建设一园多区、一干多支的黄河国家文化公园，以保护、传承、利用为核心，融合发展文化教育、旅游观光、休闲娱乐、科学研究等公共服务功能。

黄河文化遗产，像明珠一样散落在流域四处。建设黄河国家文化公园，就是要通过系统保护、挖掘、传承和弘扬，使散落的黄河明珠以黄河文化生态廊道为轴串在一起。全面调查认定黄河流域具有重大意义的文化遗产，沿黄河及其重要支流、故道建设文化遗址保护廊道和有国际影响力的黄河文化旅游带。以文化名城为依托形成河湟文化（西宁）、丝绸之路文化（兰州、敦煌）、民族融合文化（太原、银川）、草原文化（呼和浩特）、关中文化（西安）、河洛文化（洛阳、安阳、开封、郑州）、齐鲁文化（济南、曲阜、临淄）、燕赵文化（邯郸）等辐射中心，统领辐射周边地区，将重要文化遗产纳入国家文化公园系统保护，通过归纳展示、创作演艺、数字再现等方式，讲述黄河故事，打造具有国际影响力的黄河文化旅游带。建议在郑州设立黄河国家文化公园中心园区，其功能是通过相对集中地建设博物馆、文化广场、文化体验走廊等，系统展示黄河流域自然遗产与文化遗产的全貌，围绕黄河今昔、中华文明之根、中华民族之魂、黄河文化的兴盛、复兴之路等主题，开展研究和创作，全方位地展示黄河文化的全貌，分析黄河文化的兴衰规律，挖掘黄河文化的精髓和时代价值，传承和弘扬黄河文化。

(三)系统开展保护传承弘扬,促进文旅融合发展

1. 推进黄河文化的系统性保护

文物古迹、文化典籍、风土人情、非物质文化遗产以及治河工器具等文化载体,是祖先留给我们不可再生的宝贵资源,要全方位开展系统保护,防止这些宝贵资源在不经意间消失于历史的长河中。一是全面开展黄河文化遗产资源调查统计工作,摸清黄河文化遗产的分布情况,将成果绘制在黄河文化资源地图上,服务于系统性保护。二是黄河流域的历史资料极为丰富,考古发掘出了大量的遗迹遗产,要以历史发展逻辑为轴线系统梳理,根据其重要性和稀缺性,进行整体规划和保护。三是积极组织物质和非物质文化遗产的申报,调动各方面积极性,动员广大干部群众参与文化遗产的保护和传承。

2. 实施黄河文化项目带动工程

语言文字、文化典籍、科学工艺、哲学思想、道德伦理、礼法体系、文学艺术等共同构成了黄河文化的基本要素,茶文化、酒文化、饮食文化、服饰文化、建筑文化、婚葬文化等,都是黄河传统文化的重要分支。应运用黄河文化的基本要素和重要分支,围绕文化主题推出精品力作,实施一批黄河文化项目带动工程,将黄河国家文化公园打造成国家形象和民族符号。一是以"水"作为主线,为世界文物保护和文化传承提供中国方案。系统地梳理黄河沿线的重大文物和文化资源,遴选一批能够彰显中华民族根和魂的黄河文明标识,构建黄河文化的系统性保护体系、主题展示体系、文化旅游体系等,将黄河国家文化公园打造成为保护、传承、弘扬黄河文化的重要平台。二是以黄河下游历史流路变迁为脉络,助力黄河流域生态保护和高质量发展。以文化展示带建设推动黄河干支流及故道、重要山脉等生态保护与治理提升,整合黄河国家文化公园沿线的各类资源,形成复合型文化旅游和生态廊道,成为助力黄河流域生态保护和高质量发展的重要引擎。三是彰显集体智慧,揭示国民性格和民族精神,讲好"黄河故事"。提炼地理景观、文明起源、姓氏寻根等黄河文化标识性符号,结合新时代特点讲好"黄河故事",打造中华民族共有精神家园。通过一系列业态和手段,向公众阐释民族性格和民族精神

形成的原因，展示中华民族集体智慧的结晶，强化中华民族共同体意识，使其成为激发爱国情怀、增强民族自豪感和文化认同感、凝聚中国力量的重要纽带。四是规划一批重大文化线路，布局一批文旅融合重点区和重大工程项目。从中华民族培根铸魂的战略高度，规划一批重大黄河文化线路。比如，治水安邦之旅（体现国家治理体系的优越性）、早期中国之旅（彰显黄河文明的连绵不断）、中华古都之旅（坚定大国崛起的文化自信）、姓氏根亲之旅（铸牢中华民族共同体意识）、华夏经典之旅（弘扬中华优秀传统文化）等。同时，以文旅融合重点区和重大工程项目为依托，进一步推动可持续发展。

（作者谢遵党系黄河勘测规划设计研究院有限公司副总经理、正高级工程师，主要研究方向为勘测规划设计、黄河历史文化等）

黄河文化品牌建设下的对外推广策略研究

习近平总书记在2019年9月的黄河流域生态保护和高质量发展座谈会上提到，黄河文化在中华文明中占据了主要部分，更是中华民族的根与魂。陕西位于黄河中下游，是黄河途经的重要省份，为能够实现黄河文化品牌的高效建设与对外推广，讲好"黄河故事"[①]，并结合《2020年陕西省黄河文化保护传承弘扬工作计划》中提出的重要指示，该文阐述黄河文化品牌建设背景与对外推广的重要意义，深入分析陕西省黄河文化的具体表现，对陕西省黄河文化品牌进行SWOT分析，提出黄河文化品牌建设下对外推广的有效策略。

一、黄河文化品牌建设背景与对外推广的重要意义

(一)黄河文化品牌建设背景

随着我国文化传承、弘扬的重要性越来越凸显，黄河文化品牌建设成为黄河流域相关省份考虑的热点话题。为能够进一步贯彻和落实习总书记在黄河流域生态保护和高质量发展座谈会、中央财经委员第六次会议的讲话精神，同时结合陕西省委、省政府部署与黄河流域生态保护与高质量领导小组的相关要求，真正落实陕西省黄河文化保护传承弘扬工作，陕西省文化与旅游厅出台了《2020年陕西省黄河文化保护传承弘扬工作计划》，该文件针对黄河文化的保护，分别从黄河文化保护传承弘扬规划体系的健

[①] 周奉真、张景平：《从区域视角讲好"黄河文化"》，《光明日报》2020年5月12日第4版。

全、加强黄河文旅融合项目建设、优化黄河流域公共文化服务机制、加大黄河文化艺术创作展演的力度以及加强相关院校对专业人才的培养等方面进行了论述，为陕西省接下来的黄河文化品牌建设与推广提供了政策支撑，也为其注入了一针强心剂。

（二）对外推广的意义

首先，基于黄河文化建设品牌并大力对外推广，能够让黄河文化产业得到蓬勃发展，通过挖掘和整合黄河流域文化资源，积极构建具有文化特色的品牌形象，能够有效促进陕西省黄河文化经济发展。其次，着力塑造黄河文化品牌，并全力对外推广是弘扬和传承黄河传统文化的有效途径[①]，并在产品的设计和销售中有力传播以黄河文化为核心的品牌特色，使得更多的人能够对中国传统文化萌生认同感，逐渐构建起跨文化交流与融合的框架体系。最后，随着国内外竞争日趋激烈，也加剧了文化竞争强度。陕西省应在黄河文化的基础上构建具有特色的品牌形象，并以弘扬文化为契机推广品牌，进而推动该地文化产业发展进程，并提升陕西省的国际知名度，以省文化带动国家文化对外输出，最终有效应对国内外竞争。

二、陕西省黄河文化的具体表现

地处于黄河流域的陕西省积淀了深厚的黄河文化，其文明发展也是历经远古时代的满天星斗，到历史时期大一统民族国家的形成，再到近现代红色政权星火燎原，最后走向民族复兴迎接光明。历史车轮碾过的每一寸土地都留下了可歌可颂的文化精神，并以此为动力推动着社会主义新时代的蓬勃发展，为实现中华民族的伟大复兴提供文化自信和保障。地理文化方面，陕西省内留有先民的足迹，见证着古人类演化进程，先是蓝田人，接着便是大荔人和黄龙人的化石与遗迹被发现，对探索中华古人类起源起着重要的作用。位于陕西北部的延安发现的芦山峁新石器时代城址，代表着此地已经迈入古国时代，中华古人类早期文明的曙光已经照耀着黄河两岸。处于民族国家大一统的秦汉时代，其九州共贯的气势绵延几千年，修

---

① 韩佳佳：《山东省黄河文化品牌塑造与对外推广模式研究》，《人文天下》2017年第22期，第27-30页。

筑贯穿全国的驰道，横通黄河，促进经济文化交流，维护国家统一。隋唐时期为贯通国内经济，也大力开凿水渠，过潼关入黄河，绵延三百余里，成为连接国内交通的重要路线。

历史文化方面，中国黄河文化逐渐走向开放，其丝绸之路从洛阳出发，沿着古老的黄河流域形成了文明中心地带，也是迄今为止形成规模最大的洲际文化路线，使得华夏文明得以走向世界，促进与其他国家或文明的长久互动。其中陕西的渭河作为黄河最大的支流，是孕育彩陶文化的地方，也是最早发明和使用彩陶的文化区，进而推动着中国文明发展进程，其丰厚的文化遗产，值得我们弘扬与传承。都城和陵寝这类礼制建筑的出现让大国文明可以具象地表达，也是从古国到大国文明进化的表现，进而丰富了社会文化内涵①。由北宋到清末，儒学思想在陕西得到了传承与发展，诞生了重要的学派关学，并为关学发展奠定了坚实的政治与经济基础。另外，随着历史的传承与发展，陕西省黄河流域留存有各类非物质文化遗产，如陕北民歌、剪纸、安塞腰鼓、凤翔泥塑等，这些特色非物质文化遗产都彰显着当地居民勤劳勇敢、自强不息的精神理念。

红色文化方面，陕西黄河不仅是古文明的摇篮也是孕育新中国的重要基地，延安是中国革命精神的培育和发扬之地，在革命抗战时期形成的红色文化资源凝聚为延安精神，也是中国特色社会主义道路建设的精神动力②。2015年习近平总书记来陕视察，并对陕西省源远流长的文化价值做出极高的评价，为此，我们应深入探究陕西省黄河文化的历史意义和时代机制，并积极弘扬和延续黄河文化。

三、陕西省黄河文化品牌SWOT分析

SWOT分析是20世纪80年代美国的韦里克教授提出的一种可以对现实情况进行客观分析，并做出相对准确预判的方法。该分析方式需要首先确立研究对象，对其优势（Strengths）、劣势（Weaknesses）、机会（Opportu-

---

① 韩建武、李大伟：《陕西省黄河文化价值的思考》，《三秦都市报》2020年10月13日第3版。

② 魏如昱、余佳：《黄河故道流域文化旅游品牌打造与开发策略研究》，《知识经济》2019年第2期，第31-31页。

nities）与威胁（Threats）因素进行客观分析，发挥其自身的优势，同时把握机遇，明确未来的发展方向，在不断改进自身不足的情况下发展。对于潜在的部分威胁因素则要预先想出解决措施，以完成最终的发展目标。该文以陕西黄河文化的品牌建设推广为切入点，对如何发挥陕西区域优势，弘扬黄河文化，打造一流的文化品牌进行了阐述。

（一）黄河文化品牌建设与推广优势

1. 世界文化遗产数量方面

根据陕西非物质文化遗产网的数据统计显示，截至2019年陕西总共拥有秦始皇陵兵马俑、长城（陕西段）等3项9处世界文化遗产，至少占到黄河流域世界文化遗产总量的30%。

2. 黄河文化遗产方面

从黄河文化遗产方面来看，非物质文化遗产占据了较大比例，其随着黄河而生，在两岸民间代代相传，可以说是大河文明绵延不绝的血脉相承。目前，陕西省被列为非物质文化遗产的有西安鼓乐、中国剪纸和中国皮影，共3项，属于国家级非遗名录的包括秦腔、华阴老腔与安塞腰鼓等，共计70多项，数量占到9个省区的第四，在黄河流域文化遗产总量中占比为10%左右。

3. 文物遗迹保存方面

从文物保护单位、文化名城等遗迹的保存数量分析，陕西省目前的国家级重点文物保护单位有212处。另外，陕西黄河流域还坐落着阿房宫遗址、半坡遗址等古遗址，还有七星庙、姜氏庄园、玉华宫遗址与大雁塔等，共34个古建筑。同时，陕西也是历代名人的埋葬之地，如司马迁墓和祠、永陵、乾陵与霍去病陵等，共15个古墓葬。而陕西闻名全国乃至世界的莫过于西安的"大唐不夜城"，该地美轮美奂的灯光、宫殿，为人们再现了大唐盛世的繁荣景象。

（二）黄河文化品牌建设和推广的劣势

1. 文化品牌定位需求掌握不到位

品牌建设的前提是要对市场的品牌定位需求有充分掌握，继而凸显自身特色①。如果对市场发展动态掌握不足，将会丧失文化品牌推广的先机。虽然陕西省在黄河文化品牌的建设方面已经小有成就，不过在对市场的把握方面却有着极大的欠缺，对市场需求未能深入分析。例如，目前很多黄河文化的产品尽管已经走出了国门，不过民族特色还是不够鲜明，很难完全得到其他人的理解。除此之外，因为黄河文化具有分散性的特点，从中挖掘陕西特色的文化品牌，犹如大海捞针，需要一定的时间。若这种情况持续发展，就会致使黄河文化品牌的生存力与发展性变弱，失去市场活力。

2. 文化品牌市场化程度有所不足

目前黄河文化的相关省份虽然已经意识到了黄河文化的重要作用，不过却对其经济性有所忽视。大部分人认为黄河文化的品牌塑造与推广应该是政府部门的任务，黄河文化品牌的建设只是将发展当地文化创意产业与经济产业作为根本目的。依实际而言，陕西省的黄河文化品牌建设和推广如果想要达到最佳效果，需要完善的市场机制作为保障。在市场机制完善的情况下，品牌宣传和维护才会更加便捷，并且确保资本、产品和品牌运营可以实现协调发展。依笔者了解，目前陕西省的黄河品牌市场运作程度有所欠缺，品牌建设的理念无法渗透于各个环节，进而使得陕西省的黄河文化品牌推广难度不断加大。

3. 文化推广与受众群体情感有所剥离

黄河文化品牌的建设与推广需要相关人员采用多种传播活动，将品牌的信息及时、准确地传递给受众群体，让受众群体可以从情感上认同文化品牌的理念，进而便于其接受品牌。尽管现在部分黄河文化产品已经在国内外获得了良好口碑，不过与受众群体的联系还是缺乏紧密性，需要更具针对性的策略。通过针对性对策的实施，文化品牌的内涵可以逐渐走入受众群体内心，进而让受众群体可以产生共鸣。目前的文化推广和受众群体之间明显被剥离，受众群体需求难以满足，而黄河文化品牌生命力也难以维系。

---

① 张自龙：《黄河文化的历史与时代价值研究——评《黄河与中华文明》》，《人民黄河》
2021年第4期，第169-170页。

(三)文化产业品牌战略的机会

党中央对我国文化产业的发展高度重视，在党的十七大报告中指出我国要大力发展文化产业，国务院也出台了支持文化产业发展的纲领性文件《文化产业振兴规划》，从国家层面为我国文化产业的发展创造了有利的宏观环境，文化产业的发展迎来了时代的机遇。同时随着信息技术的快速发展，数字技术、新媒体技术等在文化传播领域不断推广和应用，已经改变了文化产业发展的生态。一方面，由于制作技术、表现形式方面的创新，文化产品内容更加丰富、形式更加多样，催生了众多的新兴文化业态；另一方面，文化产品的传播、营销手段不断丰富和创新，为文化产业的快速发展创造了新的历史机遇。

(四)文化产业品牌战略的威胁

我国实行对外开放政策四十年来，经济取得了举世瞩目的成绩，文化产业发展也在同世界其他国家的交流和碰撞中迎来了新的发展机遇，但同时也面临着国外文化产业的冲击和挑战。随着我国改革开放政策的落实，国外文化产业进入中国，很多国外的文化产品迅速占领了中国市场，并且受到受众群体的喜爱，我国本国文化产业的发展受到激烈竞争，发展之路受到强烈冲击，面临着外国文化产业的巨大威胁。

四、黄河文化品牌建设下对外推广的有效策略

(一)找准定位,满足市场实际需求

如上文所述，文化品牌建设想要在激烈的市场中脱颖而出，自身特色是出奇制胜的"不二法宝"，也可以促使其在受众群体心中的位置显著提升，促使文化产业的竞争力得到提升。对此，笔者认为结合陕西省的品牌建设与宣传的实际情况，要找准市场定位，使其最大化满足市场需求。具体来说，可从下列几方面入手：第一，开展市场调研，明确可以被受众群体认可、具有明显优势的品牌特点，同时要对品牌蕴含的理念和价值观进行总结，进而和受众群体能够产生共鸣，就此创造出特点显著的品牌形象；第二，黄河文化建设中所包含的内容应该可以体现创建者的价值观，

所以这就要求必须坚持黄河流域文化不动摇，让国外的受众群体能够领略到其魅力，进行差异化品牌定位；第三，黄河文化品牌在推广的过程中，相关人员需要考虑受众群体是否可以接受，要让其具有一定的文化价值，由此让文化品牌能够更具普适性，防止受众群体因为文化差异，逐渐失去了解黄河文化品牌的兴趣想法，进而使其可以更好地体会到黄河文化品牌的理念。

(二)加大力度,获取受众群体认可

黄河文化的推广应该将受众群体作为需求考虑的核心，力争能够从对外传播过程中获得受众群体的认可，进而打造出更加符合当地文化发展的文化品牌。具体而言，笔者认为可从下列几点展开。第一，剖析受众群体，创建市场数据库。兵家有云"知己知彼，百战不殆"，文化品牌的建设与推广同样如此，相关部门需要了解当前市场需求，对受众群体进行充分了解，以此为基础，构建相关的品牌内容，从而完善产品信息与服务。第二，了解受众群体的内在情感。受众群体是品牌推广需要重点考虑的一个因素，在了解的过程中可以产生情感上的共鸣，促进当地文化品牌的文化传播。第三，削弱语言障碍，通过宣扬核心价值观，让黄河文化品牌可以打入国际市场，对文化内涵进行深化与传播，实现文化的融合与输出。

(三)优化创新,延续文化品牌生命力

为打造"世界强国"，我国近些年始终强调优化创新的重要性。创新不但能够改善当前现状，让原本墨守成规的格局有所转变，也可以让文化发展有更加鲜活的动力和有效路径，这将是文化品牌塑造与推广的内在动力。所以，陕西省相关部门在打造黄河文化品牌时，就要坚持"在保护中求发展，在发展中不断创新"的原则，让黄河文化品牌理念能够深入人心。具体可从下列两方面入手。一方面，优化文化品牌建设和推广当中固有的传统理念，用大胆与创新的视角重新审视文化特质，让黄河文化价值观和受众群体的生活能够充分结合起来，让文化内涵成为人民群众生活的一部分。另一方面，相关部门坚持黄河文化理念不动摇的情况下，也要秉承"求同存异"的原则，做到取其精华。通过国内外文化的融合和创新，让黄河文化品牌内容更加丰富，成为其中不可缺少的一部分，打响其在世界文化领域的"第一炮"。

结语

综上所述，基于陕西省黄河文化来建设和推广品牌，不仅能够促进黄河文化产业发展，还能有效弘扬中华传统文化，提高我国的软实力，进而有效落实中华民族伟大复兴战略。但是当前国内黄河文化品牌还处于起步阶段，有待完善、创新与磨合，因此，积极探究黄河文化品牌建设下对外推广的有效策略变得至关重要，如与地域特色、市场需求进行有效融合、持续创新以此来延续品牌生命力、加强文化精英人才和创意团队的培养、充分利用新媒体推广品牌文化，以此来有效推动品牌发展和文化建设。

（作者王晶系山西孝义人，博士、讲师，研究方向为视觉传达设计）

对黄河水利文化及黄河国家文化公园
建设的思考

2019年9月18日，习近平总书记在河南郑州主持召开黄河流域生态保护和高质量发展座谈会，在讲话中特别将"保护、传承、弘扬黄河文化"作为黄河流域生态保护和高质量发展的五项主要目标任务之一，指出"黄河文化是中华文明的重要组成部分，是中华民族的根和魂"，要求"要推进黄河文化遗产的系统保护，守好老祖宗留给我们的宝贵遗产。要深入挖掘黄河文化蕴含的时代价值，讲好'黄河故事'，延续历史文脉，坚定文化自信，为实现中华民族伟大复兴的中国梦凝聚精神力量。"建设黄河国家文化公园，是保护、传承、弘扬黄河文化的具体举措，也是黄河流域高质量发展的精神与文化支撑。

黄河在中国的大江大河中有其独特的重要地位，在世界范围的大江大河中也有其突出特点。黄河由于泥沙含量高，以善淤、善决、善徙而著称，给中华民族带来频繁水患的同时也带来丰富的水与土壤资源。历史上黄河频繁决口、多次改道，在黄淮海平原泛滥漫淤，影响范围覆盖中国东部平原的大半，也对历史上的济水及海河、淮河水系，以及大运河与漕运畅通产生极大影响。习近平总书记特别指出："'黄河宁，天下平。'从某种意义上讲，中华民族治理黄河的历史也是一部治国史。"黄河防治洪水灾害、开发水利的问题多、难度大，历史上国家在治理黄河上的投入远远高于其他江河。黄河与中华民族发展的紧密关联、在中华文明中的突出地位，突出体现在除水害、兴水利的治河历史过程中，至今依然如此。深入挖掘和系统把握黄河水利文化特征与价值，是黄河国家文化公园建设的重点。

已有研究中对黄河文化的解析及其保护传承的讨论较多，对黄河国家文化公园建设的探讨也有一些，但对黄河水利文化、水文化及其与黄河国家文化公园建设的关系研究较少。本文拟在分析解构黄河水利文化的基础上，对其如何支撑和融合黄河国家文化公园建设进行探讨。

一、黄河水利文化

准确把握黄河文化的内涵与特征，深刻理解黄河治理在中国历史发展进程中的重要地位与广泛影响，深入挖掘黄河水利文化的特征内涵及其构成体系，树立水利文化在黄河文化体系中的核心位置，对黄河文化公园建设具有重要指导意义。

（一）水利文化在黄河文化中的特征地位

涉及"黄河文化"的研究很多，对其准确的概念定义学界尚无统一结论。大部分关于黄河文化的论述，都是从区域文化视角将其界定为产生于黄河流域的文化，描述为黄河流域不同地区不同形态文化的集合体。习近平总书记基于黄河流域在中华文明史上的重要文化地位对黄河文化给予高度评价："在我国5000多年的文明史上，黄河流域有3000多年是全国政治、经济、文化中心，孕育了河湟文化、河洛文化、关中文化、齐鲁文化等，分布有郑州、西安、洛阳、开封等古都，诞生了'四大发明'和《诗经》《老子》《史记》等经典著作。"[1]已有相关研究论述大都充分肯定黄河文化在中华文化中的重要乃至主体地位，不同学者从不同维度、不同视角分析了黄河文化的丰富内涵、突出特征、发展脉络、体系结构、内容要素、时空范围、与其他文化的关联关系及传播影响、历史与时代价值等。部分学者关于黄河文化空间的讨论对确定黄河文化公园的建设范围有所启发。徐吉军提出黄河文化区是一个动态的文化地理概念，讨论黄河文化生存空间时不能单纯按照黄河干流及支流流经地区来界定[2]。牛建强等提出

---

[1] 习近平：《在黄河流域生态保护和高质量发展座谈会上的讲话》，《求是》2019年第20期，第4-11页。

[2] 徐吉军：《论黄河文化的概念与黄河文化区的划分》，《浙江学刊》1999年第6期，第134-139页。

不能以现代黄河流域的划定作为黄河文化研究对象的绝对分界标准①。有些学者关注到了黄河流域水患及治水历史对黄河文化的特征及其在中华文化中的地位产生的深刻影响。张自龙指出中华民族在治理黄河水患时塑造了顽强拼搏、不屈不挠的民族精神，中华民族独特的智慧、坚韧的精神得以形成②。李新宇等论证了黄河治理与黄河文化发展的辩证关系③。赵虎等提出黄河文化遗产不宜宽泛化，应以体现千百年来人与黄河共生共存的历史过程为主线，以黄河水系的水利工程遗产为基础，水利工程遗存是与自身属性密切相关的，要围绕黄河水利特性构建黄河文化遗产体系④。

黄河文化是黄河文化公园要系统保护和展现的主体内容，是包括水利文化在内的黄河流域各类物质与精神文化的总和。黄河的水利问题及治理无疑在中国历史上占据非常显著的地位。习近平总书记指出，黄河"长期以来，由于自然灾害频发，特别是水害严重，给沿岸百姓带来深重灾难""从大禹治水到潘季驯'束水攻沙'，从汉武帝'瓠子堵口'到康熙帝把'河务、漕运'刻在宫廷的柱子上，中华民族始终在同黄河水旱灾害作斗争"⑤。黄河水利文化在黄河文化体系中的特殊重要性，也是彰显黄河文化与其他大河文化差异的"表征性"内容，主要体现在如下几个方面：

（1）黄河流域水旱灾害频次高、问题突出。黄河以"善淤、善决、善徙"著称，洪水一直是中国的心腹大患，至今依然是流域的最大威胁⑥。历史上黄河三年两决口、百年一改道。据统计，从先秦到新中国成立前的2500多年间，黄河下游共决溢1500多次、改道26次。除了干流决溢洪水灾害频繁之外，黄河支流洪水、流域局部地区短时暴雨造成的水灾也不

---

① 牛建强：《关于黄河学与黄河文化研究的思考》，"黄河学"高层论坛论文集，2009，第16-18页。

② 张自龙：《黄河文化的历史与时代价值研究——〈评黄河与中华文明〉》，《人民黄河》2021年第4期，第169-170页。

③ 李新宇、孙东敏：《黄河事业发展与黄河文化发展的辩证关系》，《科技信息》2009年第20期，第299页。

④ 赵虎、杨松、郑敏：《基于水利特性的黄河文化遗产构成刍议》，《城市发展研究》2021年第2期，第83-89页。

⑤ 习近平：《在黄河流域生态保护和高质量发展座谈会上的讲话》。

⑥ 习近平：《在黄河流域生态保护和高质量发展座谈会上的讲话》。

少，今年河南地区暴雨洪水就是一次典型。除了水灾，黄河流域旱灾也很频繁，近500年发生气象干旱249次，自春秋至1990年的2760年间发生大旱灾的年份有236年，特大干旱时赤地千里、粮食绝收、人相食，对经济社会政治稳定产生极大影响，商汤大旱、崇祯大旱、光绪大旱及1942年中原大旱等在中国历史上留下深刻印记。由于黄河流域整体缺水严重，水资源总量不到长江的7%，人均占有量仅为全国平均水平的27%，目前水资源开发利用率已高达80%。随着社会经济发展，当前流域缺水问题更为突出。

（2）黄河流域水患影响区域范围广且长期是中国社会经济文化的核心地区。黄河下游河道在历史上变迁频繁，决溢泛滥影响黄淮海平原约25万平方公里土地，北至天津、南至淮河，这一区域长期是中国的主要经济区和政治文化核心区。目前黄河下游干流作为"悬河"实际是海河与淮河流域的分水岭，下游自然流域面积仅2.3万平方公里，但其决溢威胁的范围很大。黄淮海平原历史上曾是黄河流域的组成部分，是历史时期黄河泛滥变迁的影响区域和目前黄河下游防洪保护区，也是黄河水利文化的直接分布区、黄河文化的重要影响区。

（3）黄河流域水利问题复杂，黄河下游水系关系复杂，历史变迁影响深远。黄河是世界上泥沙含量最多的河流，多年平均输沙量16亿吨，河流平均含沙量为37.8千克/立方米，且水沙异源特征显著、年际变化大、年内分配不均。习近平总书记在讲话中也特别指出，黄河水少沙多、水沙关系不协调是黄河复杂难治的症结所在，水沙关系调节是保障黄河长久安澜的"牛鼻子"[1]。正是由于多沙河流的特性，黄河下游河道淤积严重成为悬河，频繁决溢、改道并对黄淮海平原河湖水系产生极大干扰，加之运河的营建，在自然与人工双重作用下使黄淮海平原河湖水系成为关系最复杂、变迁最剧烈的区域，特别是南宋（12世纪）以来黄河夺淮又北徙夺大清河、淮河改道入江、洪泽湖及南四湖形成、北五湖形成又消失，真可谓"沧海桑田"，黄淮运的治理更是复杂[2]。

---

[1] 习近平：《在黄河流域生态保护和高质量发展座谈会上的讲话》。

[2] 李云鹏、郭姝姝、朱正强：《近2000年鲁西南地区河湖水系水环境变迁脉络研究》，《中国水利水电科学研究院学报》2021年第4期，第381–389页。

（4）黄河流域水利效益也是十分显著的。首先就是黄河输送大量泥沙对黄淮海平原土地的塑造，这是中华民族赖以生存的重要空间。黄河流域的引水灌溉历史悠久，规模巨大，经济及社会、生态效益显著，关中平原引泾灌溉的郑国渠、宁夏平原的引黄古灌区、内蒙古河套引黄灌区、河南五龙口引沁灌区，以及山西的引泉灌区、陕北红石峡等都是黄河流域著名的古老灌区，有的已被列入世界灌溉工程遗产名录，多沙河流引浑淤灌、改良和治理盐碱地等技术及特色灌溉管理制度等成为黄河流域极具代表性的农田水利科技①。引水灌溉在增加粮食产量的同时还对塑造、优化或维系区域生态环境发挥不可替代的作用。黄河流域还有水运之利，下游纳入大运河体系的借黄行运、各时期各节点黄运衔接工程，以及著名的关中漕渠等，效益及科技价值都很突出。

（二）黄河水利文化的内涵、载体与特征

所谓黄河水利文化，就是黄河流域兴水利、除水害的历史活动和创造的水利工程，特色水利科技成果及衍生的精神文化的总和。黄河水利文化内涵主要体现在三个方面：一是黄河流域治水哲学理念及治河策略，如起源于黄河治理著名的"贾让三策"、针对多沙河流的水沙资源统筹规划利用，变"沙害"为"地利"的思想等；二是黄河流域水利工程与特色水利科学技术，如独具特色的无坝引水工程技术、埽工等；三是黄河治理所体现或衍生出的不屈不挠、探索创新、无私奉献等民族精神、水利行业精神文化。

黄河水利文化的载体主要包括：

（1）历史治河水利工程或遗址遗迹，即水利工程遗产。包括具有历史价值的黄河及各级水系堤防、河势控导工程设施，引水灌溉工程设施，流域及相关的运河工程或航道整治工程设施，与水利工程运行管理有关的水尺、闸门启闭等设施，流域内其他各类水利工程设施，以及有关遗址遗迹等。

（2）水利历史文献档案。包括与治黄、黄河流域水利有关的各种水利

---

① 李云鹏：《从灌溉工程遗产看中国传统灌溉工程技术特征》，《自然与文化遗产研究》2020年第4期，第94-100页。

文献，与黄河及流域内洪水、水利活动、水利管理制度、水旱灾害等有关的各类碑刻、题刻，水利工程建设档案，以及其他各类有关的历史文献记载等。

（3）历史水利管理及文化建筑设施。包括不同历史时期黄河管理或黄河流域内各种水利衙署等管理机构建筑，与黄河有关或流域内的龙王庙、大禹庙、镇水铁牛等各类水神崇拜建筑或祭祀设施。

（4）黄河变迁自然遗迹及相关生态文化景观。包括自然及人为的治水活动双重影响下黄河及相关河湖水系变迁的遗址遗存遗迹，如黄河故道、南四湖与洪泽湖、北五湖遗址，黄河决口形成的河湖遗迹及自然景观，黄河口区域发展变迁生态景观等。

（5）与水利活动有关的民俗、节日、传说；治水人物及有关水利事件；与黄河水系、水利工程有关的各类文学艺术作品等。

黄河水利文化具有如下特征：一是专业性，与水利业务工作、工程科技密切相关，也因此极具特色；二是历史特征，不同历史阶段黄河水利文化的形态差异极大；三是区域性，上中下游河段、不同地区的河流特性、水文特点、水利矛盾及工程科技、水文化等有极大差异；四是民生性，与沿河地区及流域人民的生命财产安全、生产、生活、生态环境密切相关。

二、黄河国家文化公园

黄河国家文化公园建设，要立足于国家文化公园的定位与总体布局，把握黄河文化的特色与特征，科学确定空间范围、整体框架、发展目标与思路原则。

（一）国家文化公园定位

2017年1月，中共中央办公厅、国务院办公厅联合印发《关于实施中华优秀传统文化传承发展工程的意见》，首次提出"规划建设一批国家文化公园，形成中华文化重要标识"。2019年12月，中共中央办公厅、国务院办公厅印发《长城、大运河、长征国家文化公园建设方案》，标志着国家文化公园建设进入实质性建设阶段。与从国家层面以保护具有国家代表性的大面积自然生态系统为主要目的"国家公园"①定位相比,"国家文化公园"则是从国家层面保护展现具有国家代表性的特色文化,着眼于打造一批中华文化重要标志,有效保护利用相关重要文化遗产,有效发挥综合效益,高水平传承发展中华优秀传统文化②。一些专家也特别指出,国家文化公园建设不是简单的遗产统筹保护、主题公园的重复再现,而是要从世界维度、历史尺度和国家高度来阐释华夏文明的独特性;建设国家文化公园要挖掘特色文化、避免"示范效应"、突出教育和休闲游憩功能。国家文化公园的建设,是在深入系统挖掘主题特色文化基础上,在特定的国土空间,利用相关的历史文化资源,实施系统的保护、阐释和展示利用,建立文化保护传播平台,发挥社会文化综合服务功能。国家文化公园对外是展现国家和中华民族标志性文化的载体,是与"一带一路"关系紧密的文化平台。对内一方面是在国民中树立民族文化品牌和标志,增强文化认知度与民族自豪感。另一方面也是通过整合特色主题的文化资源树立主题文化品牌,并以文化旅游带动经济发展,在满足人民日益增长的文化需求的同时,为促进壮大国内大循环、带动相关区域高质量发展做出贡献。

(二)黄河国家文化公园建设的几个关键问题

2020年10月召开的十九届五中全会审议通过的《中共中央关于制定国民经济和社会发展第十四个五年规划和二〇三五年远景目标的建议》,正式提出建设"黄河国家文化公园"。黄河国家文化公园是继长城、大运河、长征之后的第四个国家文化公园,按照计划到2025年要基本建设完成,主要建设内容主要针对相关的博物馆、纪念馆、重要遗址遗迹、特色公园、非物质文化遗产、历史文化名城名镇名村和街区实施系列保护修复、展示设施及环境景观提升、服务设施配套和完善管理,并整合形成文

---

① 中共中央办公厅、国务院办公厅:《建立国家公园体制总体方案(中办发〔2017〕55号)》,2017年9月26日。

② 国家发展改革委、中央宣传部、住房城乡建设部、文化和旅游部、广电总局、国家林草局、国家文物局:《文化保护传承利用工程实施方案(发改社会〔2021〕581号)》,2021年4月25日。

化旅游复合廊道①。除此之外，黄河国家文化公园建设与发展，还应注意如下几个关键问题：

（1）公园建设的空间范围。黄河国家文化公园建设的范围不仅包括现黄河流域的范围，还应包括历史时期黄河泛滥、水利及文化影响的黄淮海平原区域，特别是黄河夺淮南行故道及沿线地区。这也是元明清时期数百年间黄河治理及国家水利建设的重点区域，与黄河水利有关的历史自然及文化遗存非常丰富，是见证黄河治理在国家政治经济体系中的重要地位的重点区域，是见证黄河变迁及治河活动双重影响下环境变迁的重点区域，是承载黄河厚重历史文化和内涵丰富、特色鲜明的黄河水利文化的核心区域，应作为黄河国家文化公园建设的重要区域。

（2）要突出特色文化特别是黄河水利文化。黄河国家文化公园建设要以深入挖掘黄河特色文化为基础，黄河水利文化是黄河文化中最能表征黄河不同于其他大河及流域自然及文化特点的部分，要作为重点来保护和展示。相较于长城、大运河、长征文化的工程或事件主题特征及主体文化资源界定较为清晰，黄河文化则主要基于"黄河流域"这一空间概念，文化主题不鲜明，文化资源内涵宽泛。因此，黄河国家文化公园建设规划、方案的编制更要注意不能流于一般程序及形式，建设内容和措施要突破相关专项的简单累加和杂烩，要准确把握黄河文化的整体性、系统性及主题特色，体现出国家高度和国际视野的高水平高标准。

（3）要科学把握黄河分段及流域分区的水利及其他文化特征。黄河上、中、下游所处的自然环境与社会经济条件、河流水文水资源特征、水利主要矛盾及治水策略措施差异很大，流域不同区域的文化差异也很显著。客观准确把握这些差异特征，实现国家文化公园在主题概念上的整体性、文化体系和总体布局上的系统性与协调性，以及局部及重要节点上的文化多样性和区域特色三方面的有机协调，整体关联与区域差异相结合，统筹衔接公园的自然、文化、景观、设施四个层次的建设内容，是建设好黄河国家文化公园的必要条件。

---

① 国家发展改革委、中央宣传部、住房城乡建设部、文化和旅游部、广电总局、国家林草局、国家文物局：《文化保护传承利用工程实施方案（发改社会〔2021〕581号）》。

（4）要衔接协调好黄河国家文化公园与相关其他国家公园、国家文化公园的关系。黄河国家文化公园建设范围广阔，正在建设或将要建设的三江源、祁连山、黄河口等国家公园及大运河、长城、长征等国家文化公园与之有空间上的交叠关系。要准确把握各自的主题及定位，在交叠区域的建设内容、文化或自然特色差异及各自侧重、能够共同利用的资源及设施平台等，在规划层面要有所协调，既不能影响各自公园系统、完整的主题概念和体系，又要避免平台设施的重复建设、互相掣肘或干扰影响。

（5）要与流域生态保护和高质量发展结合、融合，实现动态提升和可持续发展。黄河国家文化公园建设，要准确把握保护、传承、弘扬黄河文化在黄河流域生态保护和高质量发展大局中扮演的角色与特殊地位，厘清文化保护工作与生态保护工作的关系与差异、有机整合与衔接两方面工作，贯彻落实"绿水青山就是金山银山"和文化遗产也是金山银山的理念，以高品质的生态文化景观促进高质量发展，是黄河国家文化公园建设的目标之一。另一方面，2025年黄河国家文化公园初步建成之后，随着今后社会经济及文化需求的发展、国家文化公园建设理论与实践发展和经验总结，应明确仍要动态提升和可持续发展的思路，黄河国家文化公园也必然要求动态提升和可持续发展，要考虑建立相关机制、保障长效建设。

三、保护传承弘扬黄河水利文化

结合黄河国家文化公园建设，保护传承弘扬黄河水利文化，要在准确系统把握黄河水利文化内涵特征基础上，明确保护、传承、弘扬的对象、策略、目标、思路与原则措施。

（一）系统保护各类水利遗产

系统保护水利遗产是传承弘扬黄河水利文化的基础，也是黄河国家文化公园建设的重要工作内容。黄河水利遗产是指黄河流域，特别是黄河干流上不同历史阶段治水活动所留下的各类具有历史、科技、文化价值的遗存、遗址、遗迹，包括水利工程遗产与非工程遗产两大类。其中，郑国渠、宁夏引黄古灌区、内蒙古河套灌区已经被列入世界灌溉工程遗产名录，黄河大堤也正在推动申报世界文化遗产工作。黄河水利遗产是黄河国家文化公园中最能体现黄河文化与其他文化差异性特点的历史文化资源。首先要系统调查黄河流域的水利遗产，摸清底数和遗产保存、利用、保护、管理现状，评估遗产价值。在调查评估基础上分类制定保护管理措施，针对不同类型的水利遗产及它们在用、废弃、遗址遗迹等不同现状情况，分别制定保护措施。针对损毁的水利工程、管理建筑等遗产设施及具有重要价值的遗址遗迹，可以基于结构安全、展示利用的目标适度修复，并结合修复工程实施开展水利考古，推动基础研究及价值挖掘。建立健全基于国家文化公园体制下、与行业管理相结合、跨地区跨层级的水利遗产保护制度，使所有水利遗产都得到有效的保护管理。

（二）挖掘传承传统水利科技

深入挖掘黄河流域两千多年来水利建设开发的历史经验教训，总结传承利用优秀的传统水利科学技术，特别是治黄水利科技，研究挖掘黄河水利发展规律，分析治黄战略的发展趋势，为当前及未来黄河治理工作提供参考借鉴，具有突出的学术与现实意义，同时也为黄河国家文化公园讲好"黄河治水故事"、传播治黄水利文明提供支撑。黄河流域水利工作在中国水利史上具有典型的代表性，由于黄河流域特别是下游水利问题最复杂，对国家的社会经济政治甚至军事等影响又极大，黄河水利历来是国家水利工作的重点。在历史长期治水实践中，治黄水利科技逐渐发展成一套相对完整且独具特色的理论与技术体系，并随着时代及黄河水利形势的发展不断调整，在治黄的哲学理念、思路策略、工程技术、管理制度等方面创造出突出的科技成就，其中有不少对当前水利工作仍有借鉴价值。结合新时期黄河治理的形势与需求，创新发展历史治水科技经验，对挖掘和发挥黄河水利文化的时代价值、活态传承传统水利科技具有重要现实意义和文化价值。

（三）展示弘扬特色水利文化

通过系统展示、传播黄河水利文化，是黄河国家文化公园建设的主要目标之一。要在系统调查识别水利遗产、水利文化资源基础上，在黄河国家文化公园范围系统建设全域水利文化标识体系。在系统挖掘研究水利历史科技文化基础上，建设水利遗产在地展示、主题场馆集中展示、公共游憩区域宣传展示、网络新媒体平台线上传播相结合的黄河水利文化展示宣传体系。充分发挥黄河流域及文化影响区内的世界灌溉工程遗产、水利风景区、水情教育基地等文化传播平台功能，结合其主题展现、弘扬黄河水利文化的不同侧面。充分利用世界水日、中国水周、防灾减灾日、文化遗产日及黄河流域不同地区的特色水事民俗节日等时机，系统协调策划系列黄河水利文化宣传活动。要准确把握不同区段、区域及不同类型载体所承载的黄河水利文化的差异，在黄河国家文化公园的全局体系中在局部或节点上突出自身文化特色，避免展示内容和专题上的重复，展示的形式形象风格上也可在统一中有差异。突出特色一定程度上就是竞争力、吸引力。

结语

国家文化公园建设目前仍处于起步和探索阶段，尚无系统理论和成熟经验，特别是黄河国家文化公园与其他既定国家文化公园相比，有其在文化定位和主题特征上的独特性，更要从不同专业、不同视角多讨论。本文基于对黄河治理水利工作在中国历史上的突出地位，黄河治理对流域区域文化的深远影响，黄河水利文化的特征价值的认识，提出建设黄河国家文化公园要以黄河水利文化为核心，系统分析了黄河水利文化的内涵特征，在此基础上探讨了黄河国家文化公园建设在实施层面要注意的几个关键问题，并提出了结合国家文化公园建设保护传承弘扬黄河水利文化的措施建议，以期抛砖引玉、引起讨论，对黄河国家文化公园的规划设计及建设管理具体工作有所启发。

（作者李云鹏就职于中国水利水电科学研究院）

黄河文化的主要特征与时代价值

2019年9月，习近平总书记在河南调研考察时明确指出，黄河文化是中华文明的重要组成部分，是中华民族的根和魂①。我们要系统分析认识黄河文化的丰富内涵和主要特征，深入挖掘黄河文化的时代价值，促进黄河文化在新时代的保护、传承、弘扬与创新。

一、黄河文化的丰富内涵

黄河全长5 464公里，流经9省区，横跨青藏高原、内蒙古高原、黄土高原、华北平原等四大地貌单元和我国地势三大台阶，其流经区域地理环境变化非常大，沿线人民在认识和适应自然环境的过程中形成了丰富多彩的物质文化和精神文化。黄河流域特殊的自然人文环境孕育出独具特征的黄河文化。黄河文化不仅是一种地域文化，也是一种流域文化，还是一种民族文化，更是一种国家文化。

从地域和流域角度分析，黄河文化是黄河流域广大人民在长期的社会实践活动中适应当地的自然地理环境、认识和利用当地的发展条件所创造的物质财富和精神财富的总和，既包括共同认可的社会规范、生活方式、风俗习惯、精神风貌和价值取向，也包括在这种价值取向影响下当地的发展观、生存观以及生产力发展方式。因为黄河流经地区地理环境的特殊性，其文化影响不仅包括干流流经地区，也包括沿线各支流流经地区。所

---

① 新华社：《习近平在河南考察时强调坚定信心埋头苦干奋勇争先谱写新时代中原更加出彩的绚丽篇章》，《河南日报》2019年9月19日第1版。

以，黄河沿线的不同地段形成的河湟文化、关中文化、三晋文化、河洛文化、燕赵文化、齐鲁文化等都属于黄河文化体系的组成部分。这些区域性文化虽然气质各异，但是却底色相同、本质一致。同时，由于历史上黄河河道的改道，黄河流域的范围变化较大，特别是下游地区。南至现在的淮河，北到现在的海河，都曾经是黄河流经区域，从而形成了庞大的黄河文化体系。

从人口迁移历史的视角分析，现在的岭南地区、东部沿海地区、西南及西北大部分地区都曾经从中原大量移民，伴随这些移民而迁移的中原文化也被直接引进我国南方和西北大部分地区。所以，沉淀黄河文化最厚重的中原文化对南方与西北地区均影响广泛，它们的文化之根是黄河文化。在我国的东北地区，历史上主要从山东大量移民，而山东的齐鲁文化也是黄河文化的重要组成部分。所以，东北地区的文化底蕴仍然是黄河文化。由此观之，黄河文化的深度影响不仅仅局限于现在的黄河流域，而是辐射全国各个地域。

从空间地域的视角分析，黄河文化先后融汇了黄河支流上多个民族的地方文化，并在持续不断与更广地域的外界交流合作中，吸收借鉴了很多外来文化的优点①，特别是融入了部分东亚地区、中亚地区、中欧地区的文化元素，丰富自身的内涵，弥补了本身的不足，持续增加了自身的韧性与可持续性，逐渐聚集、融合、升华为具有重要国际影响力的地域文化，是东亚文化圈的主体文化。

从民族演绎历史的视角分析，黄河文化是中华民族传统文明积累创新形成的有巨大影响力的民族文化。正是因为这样，刘庆柱明确提出黄河流域是中国文明的原点、发源地，也是形成地，黄河文化是"国家文化"，即"中华民族"的"根文化"与"魂文化"②。

按照文化传承的历史脉络看，黄河文化确实影响着中华民族传统文化演进的主脉。黄河文化在历史发展的长河中，逐渐萌发、成长、壮大、成型和演变，融入了各个历史时期不同的新要素，丰满了自己，更加铸就了

① 陈隆文：《黄河文化的历史定位》，《河南日报》2019年10月29日第6版。
② 刘庆柱：《黄河文化与中华五千年不断裂文明——在黄河文化高层论坛上的主旨报告摘要》，http://www.hnass.com.cn/Special/index/cid/4/jid/30/jcid/74/id/1304.html。

独特的品质。

二、黄河文化的主要特征

黄河文化具有以下六大特征。

（一）根源性

从考古发现、文献记载、民间传说等多角度分析，黄河流域是中华民族的主要发祥地，也是中华文明的主要诞生地，在黄河流域特殊环境下孕育出来的黄河文化是中华民族传统文化的主要根源。黄河流域是中华民族的先人们最早聚居生活与持续繁衍的地方。他们在这里创造物质财富的同时，也创造了灿烂的精神财富，积淀了中华传统文化的基因，迈开了中华文明前行的脚步，逐步形成了中华民族的雏形，并积淀了黄河文化。中华文明上下五千年，在长达3000多年的时间里，黄河流域一直是我国政治、经济和文化中心。中华民族的传统文化大多起源于黄河流域，特别是现在的河南、陕西、山西大中原地区。

黄河文化是中华民族的根源，她是木之根本，水之渊薮。黄河文化的这种根源性，既具有国家意义，因为黄河流域是中华民族的发祥地，是中华民族共同的精神家园；也具有全球意义，因为中华文明是全球四大文明之一，对全球文明发展与进步贡献巨大。黄河文化中崇尚的"家国情怀"历来是全球事业有成者为理想事业献身的精神源泉。黄河文化中推崇的"天人合一""道出于天"等观念，是全球尊重自然、热爱自然、推动可持续发展认识论思想的起点。

（二）灵魂性

黄河是中华民族的母亲河，是孕育中华文明的摇篮。产生于黄河流域的黄河文化孕育出了儒释道相结合、以仁义礼智信为主要支撑的中国传统文化，是我们赖以维系的精神纽带，直接影响和决定着中华民族共同的价值取向、道德标准和行为准则。黄河文化是维系中华文化脉络传承的主干，是全民族心理认知的基本坐标。

习近平总书记强调："九曲黄河，奔腾向前，以百折不挠的磅礴气势塑造了中华民族自强不息的民族品格，是中华民族坚定文化自信的重要根基."黄河早已成为中华民族的精神图腾。《周易》云："天行健，君子以自强不息。"自强不息，是中华民族自古便有的民族精神，这种不畏艰险、勇往直前的精神一直深埋在我们民族的灵魂之中，是维系中华民族传统文化可持续发展的内在基因。

在抗战时期，一曲代表广大中国人民心声的《黄河大合唱》从延安窑洞响起，并迅速传遍祖国大地，"保卫黄河、保卫全中国"成为时代的最强音，为夺取抗战胜利注入了强大的精神力量。在中华民族伟大复兴的关键时期，习近平总书记一年之内四次调研指导黄河流域生态保护和高质量发展，重视程度空前，全国各地积极响应、快速行动，掀起黄河流域生态保护和高质量发展的热潮，再一次体现出黄河文化的灵魂性。

（三）包容性

包容文化是在人与自然、人与社会、人与人互动交流中形成的一种动态的文化融合与创新发展形态。"草木有情皆长养，乾坤无地不包容"，这是中国传统文化中对大自然包容性最为经典的表述。黄河流域自古以来就是中国传统农耕文明与游牧文明、中原文化与草原文化、东方文化与西方文化交流融合的枢纽区域，由此形成了黄河文化的包容性。这种包容性不仅孕育形成了多民族长期融合、和谐发展的中华民族，也缔造了"万姓同根，万宗同源"的民族文化认同和崇尚"大一统"体制的全社会主流意识，彰显出中华民族"和为贵""求大同"的独特精神标识[1]。

正是黄河文化的包容性使中华传统文化在内部形成丰富多彩、主流价值观明确的特质，在外部则向世界开放，通过交流互鉴，不断接受外来先进文化的滋养，从而使自身具有更强大的生命力和可持续性，促进了中华文明延绵不断、有序传承，形成了"君子和而不同""大道之行，天下为公"的开放理念[2]。习近平总书记曾明确指出："中华民族是一个兼容并蓄、海纳百川的民族，在漫长历史进程中，不断学习他人的好东西，把他人的好东西化成我们自己的东西，这才形成我们的民族特色。"

新时代习近平总书记以开放包容的独特视角，提出构建人类命运共同

---

[1] 徐光春：《黄帝文化与黄河文化》，《中华文化论坛》2016年第7期，第5-14页。
[2] 张占仓：《以包容文化滋润开放发展》，《中州学刊》2018年第9期，第24-30页。

体的全球治理理念，得到越来越多国际组织和国家的高度认同，成为中国文化包容性智慧的新经典。包容文化为构建全球命运共同体奠定了坚实的思想基础①。

(四)忠诚性

忠诚，是中华民族传统文化的精神血脉，是中华民族的基本价值坐标。走进黄河流域数千年的文明长河，在广大老百姓心目中，"孝当竭力，忠则尽命"始终是最广泛的道德认同标准②。在我国历史上，从苏武"塞外牧羊"到岳飞"精忠报国"，从诸葛亮"出师未捷身先死，长使英雄泪满襟"，到文天祥"人生自古谁无死，留取丹心照汗青"，所展示的都是黄河文化中崇尚忠诚性的内核。忠诚，成就了无数伟人流芳百世的历史佳话，也代表着中华民族传承千年的价值观。在鸦片战争、八国联军侵华战争、抗日战争、解放战争、抗美援朝战争等国家与民族最需要的危急时期，就是因为中华传统文化中崇尚对国家忠诚的品格，才孕育出无数无私奉献、为国尽忠的英雄豪杰，保障了中华民族生生不息、百折不挠的传承与发展。

黄河文化的忠诚性，在家庭生活层面，则表现为孝道文化，就是关爱父母长辈、尊老敬老的一种文化传统。儒家思想创始人孔子写出一部被誉为"使人高尚和圣洁""传之百世而不衰"的不朽名著《孝经》，千百年来被广大民众和官方政府视作金科玉律，上至帝王将相，下到平民百姓，无不对其推崇备至，产生了推动社会文明进步的巨大力量，成为独特的中华孝道文化的基石。在黄河流域，"百善孝为先"家喻户晓、人人皆知，始终都是家庭教育与生活教育的起点，也是中华传统文明中家风家教传承的核心内容③。这种纯正的民风影响了无数代黄河儿女的德行，也塑造出大量感人肺腑的经典故事。如河南省清丰县，古称顿丘，因隋朝时境内出了一个大孝子张清丰，影响非常大，唐朝大历年间，钦定更名为清丰县，成

---

① 杜飞进：《构建人类命运共同体引领人类文明进步方向》，《哈尔滨工业大学学报》（社会科学版）2020年第3期，第1-13页。

② 张艳国：《忠诚文化及其现代价值》，《江汉论坛》2005年第9期，第97-101页。

③ 古琪：《孝道文化的历史变迁与当代价值》，《延边党校学报》2020年第2期，第68-72页。

为我国唯一以孝子之名命名的县。时至今日，当地仍然崇尚孝道文化，弘扬为家尽孝、为国尽忠的家国情怀，为纯洁社会风气、弘扬优秀传统文化及社会健康发展蓄势赋能。

孝忠相通，忠孝两全，孝始忠结，相辅相成。孔子说："夫孝，始于事亲，中于事君，终于立身。"曾子说："孝子善事君。"把对父母的孝心转化为对国家的忠心，把对家庭的责任转化为对国家的责任，这是儒家孝道文化的一个特点。自古忠臣多出于孝子，尽孝与尽忠一脉相承，孝与忠有着深刻的内在联系和共同本质。

（五）原创性

从人类早期生产力发展的角度看，无论是早期历史文献记载的伏羲氏作网罟、神农氏制耒耜、嫘祖始蚕丝，还是裴李岗文化、仰韶文化、龙山文化等新石器时代遗址考古发现的大量石镰、石刀、石斧、石锛等石质农具，每一项农耕文化的创新成就都是黄河文化演绎过程中的文化结晶。尤其是代表中国古代杰出科学成就的"四大发明"，都是由黄河文化孕育创造的①，象征着黄河文化的原创性，推动着人类文明发展的进程。

从代表中华文化标志的文字创造和演进的历史看，黄河流域是中国文字起源之地，中华文脉肇兴于此、传承于此、灿烂于此。无论是黄帝史官仓颉造字，还是安阳殷墟出土中国最早的甲骨文，从李斯规范书写"小篆"，到许慎编写出世界第一部字典《说文解字》，再到活字印刷术和宋体字的发明和使用，汉字文明的每一步演变创新都发生在黄河流域，这也从另一种视角揭示了黄河文化的原创性。

在民族精神追求层面，作为东方文明标志的儒、释、道以及墨、法等诸子百家思想也都在黄河流域发端、发展和完善。其中，儒家思想创始人孔子，从其周游列国开始直至形成完整的思想体系，其踪迹主要活跃于中原地区。佛教中的禅宗、天台宗、净土宗、临济宗等祖庭均在中原，登封"天地之中"建筑群乃是佛教文化的杰出代表，少林寺至今仍然名扬中外，

---

① 李立新：《深刻理解黄河文化的内涵与特征》，《中国社会科学报》2020年9月21日第4版。

由此演绎出的"中国功夫"一直是中国传统文化在国外最简明扼要的标志之一。道家思想创始人老子，在函谷关完成了充满辩证法思想的中华哲学宝典《道德经》，至今仍然是中华传统文化中最宝贵的财富之一。法家韩非子、李斯、商鞅提出了影响深远的法家主张。墨家、杂家、名家等创始人或集大成者的主要活动区域也在黄河中下游地区，均表明了黄河文化的原创性。

黄河文化的这种原创性，不仅深刻影响着中国的政治、经济、社会和文化基因，更从内心深处塑造了中华民族鲜明的集体人格，留下了永恒的国学经典和浩如烟海的人文典籍，成为我国传统文化的宝藏。

（六）可持续性

国际学术界把中国文明称为"黄河文明"，它与埃及的尼罗河文明、西亚的两河流域文明、印度的印度河文明并称为世界四大文明。全球其他三大文明由于各种原因都无法保持连续存在，而作为唯一不曾间断的文明，中华文明长期延绵，始终保持强大的生命力和自我修复能力，至今仍然可持续发展[①]，其可持续性特质特别宝贵。在我国5000多年文明发展史中孕育而成的中华优秀传统文化，在党和人民伟大斗争中孕育的革命文化和社会主义先进文化，积淀了中华民族最深层的精神追求，代表着中华民族独特的精神标识，影响着我们整个民族的世界观、人生观、价值观，黄河文化是全球华人的精神家园。

黄河文化是一种在全球有重要地位与影响的国家文化，她所孕育的政治、经济、社会等一系列重要文化内涵具有完备的系统性，构成了一个独特的东方思想体系。作为东方文明标志的儒释道融合思想，与黄河流域特别是黄河中下游地区联系密切。在儒家思想中，贵和尚中，追求"中庸"。所谓"中庸"，就是万事留余，就是"和为贵"，就是适可而止，讲究从长计议，不追求一时的利益最大化，不容易得罪人，无法形成零和博弈的不利局面。正是这种价值观，使东方文明具有稳定发展的内核，维系了中国传统文明的可持续性。

---

① 赵仁青：《中国传统文化中的可持续发展思想》，《重庆科技学院学报》（社会科学版）2008年第5期，第140-141页。

佛教中的禅宗等祖庭均在中原，道家思想的鼻祖老子是河南鹿邑人，在函谷关完成了著名的《道德经》，被称为哲学宝典之一，为世界所关注。对于儒释道之间的融合关系，习近平总书记讲道："佛教产生于古代印度，但传入中国后，经过长期演化，佛教同中国儒家文化和道家文化融合发展，最终形成了具有中国特色的佛教文化。"

三、黄河文化的时代价值

黄河文化寄托着中华民族伟大复兴的梦想，是中华民族不断攻坚克难的精神支撑，其时代价值突出体现在以下六个方面。

（一）为中华民族伟大复兴凝聚精神力量

黄河文化是中华民族的根和魂，沉淀和积累了几千年来中华民族持续创造的大量优秀物质财富与精神财富，是中华民族世界观与方法论的基本起点。我们在建设社会主义现代化国家的进程中，无论走得多远，既需要"不忘初心，牢记使命"，也需要"心有所信，方能行远"。面向未来，走好新时代的长征路，我们更需要坚定理想信念、矢志拼搏奋斗。因为文化自信是更基础、更广泛、更深厚的自信，是中华民族伟大复兴进程中统一思想、形成广泛共识的思想基础，而当这种自信根植于中华民族优秀的传统文化之中时，在全社会凝聚磅礴的历史动力就将自然天成。所以，保护、传承、弘扬与创新黄河文化，就是我们坚定文化自信的重要基石，也是中华民族伟大复兴进程中凝聚民族伟力的力量源泉。

（二）为生态环境治理提供价值引导

习近平总书记强调："治理黄河，重在保护，要在治理。要坚持山水林田湖草综合治理、系统治理、源头治理，统筹推进各项工作"，"要坚持绿水青山就是金山银山的理念，坚持生态优先、绿色发展"，"加强生态保护治理"。习近平总书记对黄河流域生态保护考虑得非常细致，我们要按照习近平总书记的要求，深度理解黄河文化中"天人合一"的理念，尊重自然、爱护自然、保护自然、利用自然，以系统性思维，推动生态环境保护，促进人与自然和谐相处，把"生态优先""重在保护"落到实处，让我们拥有越来越多的"绿水青山"，共同创造基于绿色发展基础的"金山银山"，确实为广大老百姓期望更好的幸福生活提供生态环境支撑。

（三）为黄河流域高质量发展提供思想资源

高质量发展是党的十九大以后国家发展的主旋律。黄河流域自然环境复杂，人文环境多样，自古以来创造有大量针对各种特殊情况求生存与谋发展的高招。深入挖掘黄河文化中治山治水的秘诀，根据各地的实际需要，探索高质量发展的具体路径，将为黄河流域高质量发展寻求真实可行的对策。也正是因为黄河流域上中下游情况差异巨大，有特别强的代表性，所以在黄河流域探索高质量发展方略对全国意义重大。因此，习近平总书记明确指出："沿黄河各地区要从实际出发，宜水则水、宜山则山、宜粮则粮、宜农则农，宜工则工、宜商则商，积极探索富有地域特色的高质量发展新路子。"第一次把因地制宜的方法，全面融入黄河流域高质量发展的策略之中，黄河流域高质量发展有了非常明确的着力点，将对全国高质量发展起到非常好的示范探路作用。

（四）为弘扬传统文化启迪创新智慧

在黄河流域，从历史神话、民间艺术、建筑工艺、礼仪风俗、戏曲歌舞，到大禹治水、愚公移山、精忠报国，再到红旗渠精神、焦裕禄精神等，都充满人类文明的智慧之光，对人们认识自然、适应自然、利用自然都起到了重要作用。在国内外一直受到追捧的少林武术、温县太极拳、洛阳牡丹以及唐诗宋词，都充满着神奇的智慧与迷人的诱惑力，对全球传统文化传承、弘扬、光大都具有非常重要的影响力。而这些丰富多样的传统文化品牌，都是由黄河文化孕育而来的。所以，讲好黄河故事，弘扬黄河文化，搞清楚我们从哪里来，要到哪里去，启迪更多智慧，创造更加美好的生活，永远都具有历久弥新的价值。

（五）为区域协同发展探索多重路径

黄河文化的保护、传承、弘扬与创新，第一次从沿黄九省区跨区域联合协调推进的角度，提出了一种全新的不同于以往单纯以工业化、城镇化为支撑的区域发展模式。黄河流域生态保护和高质量发展，作为国家重大战略，将依据传统地域文化或生态保护主题进行跨区域协同发展，展现出更宏大更协调更可持续的经济发展战略布局和多元发展理念，为区域经济发展与地域文化全面融合提供了新机遇，必将为新时代"盛世兴文"创造新的文化经典。特别是黄河文化博大精深，沿黄九省区地域差异巨大，发挥各自优势与特色，保护、传承、弘扬与创新黄河文化，将为各地因地制宜、探索有地域特色的高质量发展之路、支撑我们迈向建设社会主义现代化国家新征程提供新机遇、创造新亮点。

（六）为构建人类命运共同体提供文化滋养

习近平总书记以青年时代的七年知青岁月经历，对黄河、黄土地、黄河文化具有更加深入的认知与亲身的感受，也正是在这种感同身受的社会实践与理论思考中对"大道之行，天下为公"的东方哲学理解至深，他站位于政治家的战略高度，于2012年首次提出"国际社会日益成为一个你中有我、我中有你的命运共同体"的新哲学命题，得到社会各界的广泛认可与拥护。2017年1月18日，习近平总书记在联合国日内瓦总部发表了影响巨大的题为《共同构建人类命运共同体》的主旨演讲，得到与会的各国政要的高度重视。从人类文明史发展与进步趋势分析，唯有凝聚时代共识的思想，方有拨云破雾的穿透力；唯有洞察未来的远见卓识，方有指引历史前行的感召力。习近平总书记融合中华民族传统文化提出"共同构建人类命运共同体"战略构想，蕴含着传承数千年的中国智慧，指明了人类文明可持续发展的方向，显示出在百年未有之大变局中卓越政治家和战略家高瞻远瞩的战略思维，成为21世纪引领中国时代潮流和人类文明进步的鲜明旗帜，为人类文明创造新的辉煌奠定了哲学层面的思想基础。

结语

黄河文化源远流长、博大精深，具有根源性、灵魂性、包容性、忠诚性、原创性、可持续性特质，这些特质共同铸就了中华民族的文化特质。全面认识和把握这些特征，有利于我们坚定文化自信，保护生态环境，促进高质量发展，构建人类命运共同体。在保护、传承、弘扬和创新黄河文化方面要谋划开展丰富多彩的活动，系统打造代表黄河文化六大特征的典型地标，以传统艺术和现代艺术相结合的形式认真讲好"黄河故事"，延续历史文脉，以具体行动激励全社会坚定文化自信，以更好的包容性合作奏响新时代黄河大合唱，为实现中华民族伟大复兴的中国梦凝聚精神力量，谱写新时代建设社会主义现代化国家更加出彩的绚丽篇章。

（作者张占仓系河南省社会科学院原院长、研究员）

黄河国家文化公园建设：
时代价值、基本原则与实现路径

习近平总书记多次强调："一个国家、一个民族的强盛，总是以文化兴盛为支撑的，中华民族伟大复兴需要以中华文化发展繁荣为条件。经济总量无论是世界第二还是世界第一，未必就能够巩固住我们的政权。经济发展了，但精神失落了，那国家能够称为强大吗？"[①]建设国家文化公园，是新时代深入贯彻习近平总书记关于坚定文化自信和大力推进社会主义文化建设的指示批示精神，强化中华民族精神标识，传承弘扬中华民族优秀传统文化和革命文化的重要举措，是推进社会主义文化强国建设的重大文化工程。《中共中央关于制定国民经济和社会发展第十四个五年规划和二〇三五年远景目标的建议》明确指出，要"传承弘扬中华优秀传统文化，加强文物古籍保护、研究、利用，强化重要文化和自然遗产、非物质文化遗产系统性保护，加强各民族优秀传统手工艺保护和传承，建设长城、大运河、长征、黄河等国家文化公园"[②]。2022年1月，国家文化公园建设工作领导小组开始部署启动长江国家文化公园建设。至此，长城、大运河、长征、黄河、长江五大国家文化公园整体布局初步确立。

一、国家文化公园的内涵

"国家文化公园"是我国的原创概念，是世界首创的一种建设模式，

---

① 习近平：《做焦裕禄式的县委书记》，中央文献出版社，2015，第45页。
② 王建宏、张文攀：《宁夏：让长城文化绽放新光芒》，《光明日报》2021年2月1日第7版。

有别于国内外现行的国家公园管理模式和制度体系。20世纪80年代我国开始了对国家公园建设的探索，并先后进行了三江源、武夷山、神农架等国家公园试点建设。2017年，《国家"十三五"时期文化发展改革规划纲要》正式提出，中国将"依托长城、大运河、黄帝陵、孔府、卢沟桥等重大历史文化遗产，规划建设一批国家公园"，以此为基础逐步建立起中华民族优秀传统文化的重要标识体系。2019年，习近平总书记主持召开中央全面深化改革委员会会议，审议通过了《长城、大运河、长征国家文化公园建设方案》①。这是从中央层面将建设国家文化公园的宏伟构想落实到"建设的指导思想、主要任务和落实举措"的纲领性文件。

国家文化公园是国家、文化、公园三个具有深刻内涵词语的有机整合，国家代表着宏观格局与事物的最高层级，体现着国家意志和顶层设计。"国家"二字蕴含着两层含义：一是由国家批准并主导建设。国家文化公园的设立是由习近平总书记亲自谋划并推动实施，以国家名义相继出台了一系列文件，从制度层面体现了党中央、国务院的意志，这意味着国家文化公园建设经费将由中央财政支持，从资金层面体现为建设资金由国家支持；二是文化资源对于国家而言具有重要价值并极具代表意义。国家文化公园能够代表国家形象、彰显中华文明，并且能够受到全体国民广泛认同。文化代表着本质属性与显性特征，承担着唤醒民族之魂和追溯文化之根的历史责任。刘庆柱认为，中华文明与两河流域古文明、古埃及文明、古印度文明进行比较，后三者在各自文明历史发展过程中均为异族文明所取代，而唯有中华文明一代一代传承延续至今，之所以如此，是因为中华文明有着生命力强盛的"根"和"魂"。因此，文化公园应该定位于中华民族"根"与"魂"的"物化载体"展示之上。②公园代表着空间属性和文化的物质载体，体现着特定的空间权属和全民性的公益性质。公园是与私家园林相对应的一个概念，公园无论有无人为的设计，公有、公

---

① 王健、彭安玉：《大运河国家文化公园建设的四大转换》，《唯实》2019年第12期，第64-67页。

② 刘庆柱：《笔谈：国家文化公园的概念定位、价值挖掘、传承展示及实现途径》，《中华文化遗产》2021年第5期，第15-27页。

管、公享、公益乃是公园的基本属性，可以视为公园的基本要素①。国家文化公园与以创建自然保护地为初衷的国家公园体系相比，不仅兼具国家公园的功能和使命，更具有文化传播传承的内涵，是国家公园的"升级版"。概言之，国家文化公园中的国家是权属关系，文化是内涵主题，公园是平台载体，如图1所示。对于"国家文化公园"一词，学术界有着不同的定义，王克岭认为，"国家文化公园是依托'遗址遗迹'和'建筑与设施'等人文旅游资源，具有代表性、延展性、非日常性主题，由国家主导生产的主客共享的国际化公共产品"②。李树信认为，"国家文化公园是由国家批准设立并主导管理，以保护具有国家代表性的文物和文化资源，传承、弘扬中华民族文化精神、文化信仰和价值观为主要目的，实施公园化管理经营的特定区域"③。孙华认为，"国家文化公园是国家一级政府基于保护国家重要文化资源、展示国家文化精华的目的，为了历史研究、文化传承、公众教育和人们休憩提供服务，依托重要的文化遗产，由国家划定、国家管理并全部或部分向公众开放的文化区域"④。结合已有学者对于国家文化公园的研究基础，可将国家文化公园界定为"以传承弘扬优秀文化、加强重要文化和自然遗产、非物质文化遗产系统性保护为主要目的，突出公益性和开放性特征，经国家有关部门确立的以国家名义进行认定并建设的具有文化传承、文物保护、文化交流、旅游休憩、科学研究等功能，融文化内涵和自然环境于一体的特定区域。"

---

① 孙华：《国家文化公园初论——概念、类型、特征与建设》，《中华文化遗产》2021年第5期，第4-14页。

② 王克岭：《国家文化公园的理论探索与实践思考》，《企业经济》2021年第4期，第5-12页。

③ 李树信：《国家文化公园的功能、价值及实现途径》，《中国经贸导刊》2021年第3期，第152-155页。

④ 习近平：《在黄河流域生态保护和高质量发展座谈会上的讲话》，《求是》2019年第20期，第4-11页。

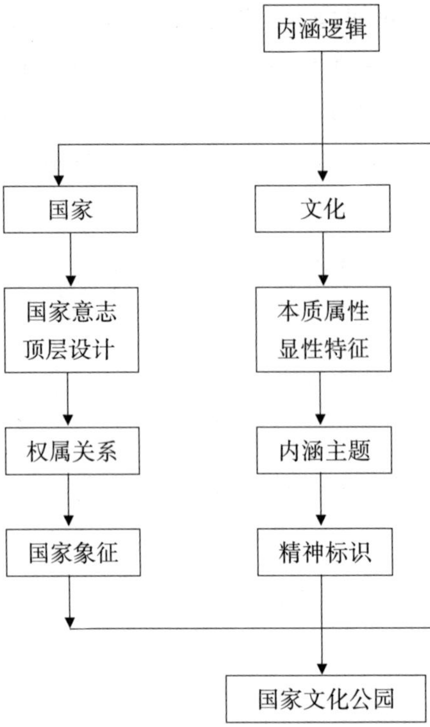

图1　国家文化公园内涵示意图

二、黄河国家文化公园建设的时代价值

黄河、长城、大运河、长征、长江这五个国家文化公园是汇聚国家力量打造的中华文化重要标识。大运河和长城是先民人工开凿或建造而成，长征突出体现了中国共产党人的伟大革命精神，唯有生生不息的黄河和长江是大自然的馈赠，其历史最为悠久，文化资源最为丰富，文化内涵最为深邃。众所周知，世界四大文明皆因大河而起，古巴比伦文明诞生于两河流域，古埃及肇始于尼罗河流域，古印度发端于恒河流域，中国就起源于黄河流域。黄河全长5 464千米，流经青海、四川、甘肃、陕西、山西、河南、山东9省（区），孕育了关中文化、河洛文化、齐鲁文化等独具特色的地域文化，中华文明就是从黄河流域肇始、壮大并广为传播，中华民族世世代代在此繁衍生息，黄河被全世界视为中华民族的母亲河，黄河文明对于中华民族有着极为特殊的意义。习近平总书记指出："要深入挖掘黄

河文化蕴含的时代价值，讲好黄河故事，延续历史文脉，坚定文化自信，为实现中华民族伟大复兴的中国梦凝聚精神力量。"[1]千百年来，黄河以奔腾向前、百折不挠的磅礴气势塑造了中华民族自强不息的民族品格，是中华民族坚定文化自信的重要根基[2]。建设黄河国家文化公园，具有极为重要的时代价值。

（一）构筑中华民族的精神家园

中华文明探源工程等一系列考古成果已经表明，黄河流域是中华民族先民们最早繁衍生息的地方，在偃师商城、安阳殷墟等5个属于夏商周时期的遗址中都发现了碳化小麦遗存，这说明黄河流域肥沃的土地和较高的粮食生产率，非常适宜人类繁衍生息，有了人类生存活动，文明也就从这里起步。中华民族的先民在这里创造物质财富的同时，也滋养了辉煌灿烂的精神文明，历史的沉淀使其逐渐融入中华民族的血液，内化为中华民族优秀的文化基因，塑造了中华民族基本的性格特质。"中国"这一名称就发源于此，明清以前的奴隶社会和封建王朝大多建都于此，在中华5 000多年的文明史中，黄河流域3 000多年一直是全国的政治、经济和文化中心。从民族文化结构来看，构成中华民族主体文化的儒家、道家、法家、墨家等文化流派均发源或兴盛于黄河流域，佛家文化自东汉传至洛阳后，在河洛大地生根发芽，随后在整个黄河流域乃至全国范围内广泛传播，逐步与中国传统文化相融合，最终形成了具有中国特色的佛家文化；从人口迁徙历史来看，因战乱等原因，历史上黄河流域的河洛地区，曾有大批先民迁徙到福建、广东、西南及西北地区，六成多福建人的祖先都来自于黄河流域的固始县[3]。这些源自黄河流域的先民使得黄河文化广播四方并传承至今，例如在黄河流域早已失传的南音在福建地区仍在传承。"走西口""闯关东"等人口迁徙也是黄河文化广泛传播的有力佐证。黄河文化不仅是中华文化之根，黄河流域更是全球华人血脉之根；从姓氏文化传播来

---

① 习近平：《在黄河流域生态保护和高质量发展座谈会上的讲话》，《求是》2019年第20期，第4-11页。

② 习近平：《在黄河流域生态保护和高质量发展座谈会上的讲话》。

③ 唐韬：《六成多福建人的祖先来自固始》，《河南商报》2015年4月9日第A21版。

看，《中华姓氏大典》记载的 4 820 个汉族姓氏中，起源于河南的有 1 834 个，所包含的人口占汉族总人口的 84.9% 以上，在当今华人的 120 个大姓中，全部或部分源于河洛文化圈内的，有 97 个，占 120 大姓的 81%，占全国汉族人口的 79.52%。①姓氏作为区分人类血缘与族群关系的文化符号，作为代代相传的文化徽章，是黄河文化成为中华文化之根的有力佐证，编织起"万姓同根，万宗同源"的民族文化认同和中华民族大团结的血脉纽带。黄河已经成为了中华民族的象征，成为了中华民族的文化符号和代名词。毛泽东曾指出，"没有黄河，就没有我们这个民族啊"②，"这个世界上什么都可以藐视，就是不可以藐视黄河；藐视黄河，就是藐视我们这个民族啊"③。通过黄河国家文化公园的建设，能够系统展现黄河文化在中华文化中的根源性特征和主干性的地位，是对习近平总书记提出的"黄河文化是中华文化根和魂"的生动诠释④，让国人感受到黄河文化的千年延续，感知到黄河流域是中华文化的渊薮之地，共筑中华民族的精神之基。

(二)彰显中华民族的民族品格

习近平总书记指出："九曲黄河，奔腾向前，以百折不挠的磅礴气势塑造了中华民族自强不息的民族品格，是中华民族坚定文化自信的重要根基。"⑤数千年来，炎黄子孙在黄河流域辛勤耕作，日出而作，日落而息，既保持着对黄河的高度依赖，又坚持着与黄河水患的不懈抗争。从大禹治水到国民党郑州黄河口决堤，黄河"善淤、善决、善徙"的历史告诉世人，这曾经是一条充满着忧患困难之河。据 1959 年黄河水利委员会的统计，历史上见于记载的黄河决口泛滥总计有 1 500 余次，仅以 1938 年郑州花园口决堤为例，当时洪水漫流豫东、皖北、苏北 44 个县市，受灾面积

---

① 徐光春：《中原文化与中原崛起》，河南人民出版社，2007 年，第 355 页。

② 尹传政：《毛泽东与新中国水利工程建设》，人民出版社，2021，第 16 页。

③ 唐正芒、夏艳：《毛泽东日常谈话中的黄河情结》，《党史博览》2018 年第 1 期，第 14–19 页。

④ 习近平：《黄河文化是中华民族的根和魂，深入挖掘其时代价值》，http://www.cssn.cn/jjx/jjx_xjpxsdzgtsshzyjjsx/201909/t20190919_4974279.html？COLLCC=833916241。

⑤ 杨亚澜：《事关千秋大计!10 句话读懂这项重大国家战略》，http://jhsjk.people.cn/article/31404548。

13 000平方公里，灾民480万人，伤亡89万人，给黄河流域的人民带来沉痛的灾难。"黄河宁，天下平"，炎黄子孙在防治黄河水患、与水共生过程中逐渐形成了中华民族独具特色的黄河文化，"团结、务实、开拓、拼搏、奉献"的黄河精神早已根植于中华民族的精神世界，自强不息、勇于抗争等优秀品格为中华民族打上了深深的烙印，使全体中华儿女内化于心，外化于行，成为维系中华民族优秀传统文化的内在基因。诞生于黄河流域的《周易》被尊为群经之首，其中的"天行健，君子以自强不息"为世人所熟知。自强不息、勇于抗争是中华民族古已有之的民族精神，黄河的治理开发史，就是一部气势恢宏的斗争史。面对黄河的惊涛骇浪，我们从未选择屈服，大禹治水、王景治黄等实践无不体现出中华民族自强不息、勇于抗争的斗争精神。面对外来侵略时更是如此，抗战时期，面对日本帝国主义的铁蹄，一曲振奋人心的《黄河大合唱》从延安响起，并迅速唱响全中国，"保卫黄河、保卫全中国"成为反抗外来侵略的时代最强音，为中华民族注入了强大的精神动力。在黄河文化的润泽下，忠孝传家、无私奉献等民族品格得以代代传承，从苏武牧羊到岳飞精忠报国，再到"人生自古谁无死，留取丹心照汗青"的文天祥，充分展示了黄河文化中崇尚忠诚的文化内核。隋唐时期大孝子张清丰因孝而闻名，位于河南省的清丰县至今仍是我国唯一一个以孝子为名的县。开国上将许世友在临终前向组织提出了土葬的要求，他认为自己少小离家参加革命，未能给母亲尽孝、送终，许世友将军希望能够活着为国尽忠，死了为母尽孝，故此提出了土葬的要求。邓小平以许世友是一位具有特殊性格、特殊经历、特殊贡献的特殊人物为由，破例特许。为国家尽忠，对家庭尽孝，忠孝相通，忠孝两全成为炎黄子孙共同的价值追求。建设黄河国家文化公园，就是要通过充分展现经典的故事和鲜活的事例，使黄河精神为国家发展和民族强盛提供丰富的精神滋养。让世人了解面对家国存亡的危机时，中国共产党带领全国人民共御外侮、同赴国难，抛头颅、洒热血的英雄史歌，将黄河国家文化公园建设成为延安精神、红旗渠精神、焦裕禄精神传承和弘扬的绝佳平台载体，为中华民族的伟大复兴凝聚起坚不可摧的精神力量。

(三)展示中华民族的哲学思想

黄河是一条流淌着文化和哲学的河,产生了和合思想等一系列古老生态哲学思想。和合思想源远流长,早在炎黄时期,黄河流域的先民就萌发了和合思想的哲学思维,希望人与自然和谐、部落和睦、族人和善,三千多年前商代的甲骨文和金文就创造了"和"字。春秋战国时期,诸子百家从不同的视角对"和合"思想进行阐述,使之进一步丰富,追求人与人之间和善,人与天之间和谐,部族与部族之间和睦,国与国之间和平,在文化思想上要求同存异,提倡要和而不同。这些哲学思想至今也闪耀着智慧的光芒。在人与自然方面,2500年前老子"人法地,地法天,天法道,道法自然"的哲学论断,生动地映照了习近平生态文明思想中建设望得见山、看得见水、记得住乡愁的美丽中国生动实践。太极学说是黄河文化中的一个古老哲学思想,是阐明宇宙从无极而太极,以至万物化生过程的哲学理论。太极是阴阳对立统一的学说,阴阳对立是事物存在的必要条件,是事物在一定层次上发展变化最高度的抽象和概括。阴阳包括的内容极广泛,如道与器、形与理、时间与空间、精神与物质、内与外、上与下、天与地、人与鬼神……都属阴阳的范畴。太极学说影响广泛,太极图被称为"中华第一图",在孔庙、道教服装、中医学说、太极拳等武术理论、韩国国旗图案等方面,太极图无不跃居其上。马克思主义哲学思想与黄河文化哲学体系息息相通,1926年,郭沫若在《马克思进文庙》一文中以文学化的想象和幽默的语言描述了马克思与孔子对话场景。在经历过一番长谈后,马克思感叹:"我不想在两千年前,在远远的东方,已经有了你这样的一个老同志!你我的见解完全是一致的。"孔子也说:"单只要能够了解,信仰你的人就不会反对我了,信仰我的人就不会反对你了。"[1]马克思主义与黄河文化有许多契合之处,从发展进程上自传入中国起就与以黄河文化为代表的中华优秀传统文化紧密结合。黑格尔、费尔巴哈等著名哲学家都系统研究过中国哲学,马克思在撰写的《中国革命和欧洲革命》等著名文章时就曾吸收了中国哲学思想。黄河文化与马克思主义的基本立场、观点、方法有诸多相同或相近之处,比如马克思主义坚持人民立场,以人的

---

[1] 郭沫若:《郭沫若全集》(文学篇第十卷),人民文学出版社,1985,第165页。

自由全面发展为目标，儒家提出了"民为贵，社稷次之，君为轻"的民本思想，马克思主义认为世界统一于物质，这与中国古代哲学中唯物主义认为"气"被认为是万物的本原，世界统一于"气"异曲同工。马克思主义认识论主张行先于知，由行致知。这与我国古代哲学家荀子提出的"不登高山，不知天之高也，不临深渊，不知地之厚也"不谋而合。建设黄河国家文化公园，不仅能够向世界展示黄河流域丰富的物质文化，更要展示黄河流域的丰富的精神内涵和24节气等非物质文化遗产；不仅能够向世界介绍黄河文化深邃的哲学体系，还可以进一步印证习近平总书记提出的马克思主义基本原理同中华优秀传统文化相结合的重要命题。

三、建设黄河国家公园应遵循的基本原则

（一）协同推进与鼓励先行先试相结合

黄河国家文化公园是增强中华民族凝聚力的重要载体，承担着保护、传承与弘扬中华民族优秀文化的历史使命，是以国家意志建设的一个涉及9个省（区）的宏伟文化工程，其建设必须要高水平体现国家水准。既要在国家层面强化引领作用，突出顶层设计，在统一文化主题、统一管理体系、统一建设标准、统一建设标识等方面下功夫，协同推进黄河国家文化公园建设，提升对沿线文化资源的统筹整合能力；又要根据我国文化工作按行政区划分别推进，范围上属地管理、层级上分级管理、内容上分类管理、社会上行业管理的特点[①]，结合黄河流域时空跨度大、流域长，文化资源迥异和经济发展水平不一的现实，在黄河国家文化公园的建设时应该充分调动地方积极性，鼓励和支持沿线地区依据自身的经济条件和文化资源优势，突出地方文化特色，鼓励在规划和建设等方面先行先试。

（二）公益效应与产业效益相结合

习近平总书记在主持召开文艺工作座谈会时强调，一部好的作品，应该是把社会效益放在首位，同时也应该是社会效益和经济效益相统一的作

---

① 韩子勇：《国家文化公园建设是实现中华民族伟大复兴的扛鼎之作、重头文章》，https://sd.china.com/whzx/20000949/20220212/25547006_1.html。

品①。习近平总书记的重要讲话精神对黄河国家文化公园的建设有着重要的指导意义，黄河国家文化公园应将"文化"的社会效益和公益效应放置在首位，将其建设为一个集黄河流域优秀传统文化、革命文化、社会主义先进文化于一体的传承传播载体，突出黄河国家文化公园的公益性，体现文化事业属性和提升公共文化服务职能，最大限度地满足人民群众的文化需求。强调公益效应并非要坚决杜绝文化的市场化和产业化发展，应鼓励社会资本参与到黄河国家文化公园在建设、投资、运营等各环节，提高社会资本参与黄河国家文化公园建设和保护的积极性，提升黄河国家公园的活力，实现公益效应与产业效应的有效衔接。

（三）保护传统与合理开发相结合

文物保护并不排斥利用，而是反对无节制的开发利用。文物也有尊严，既要严格保护，又要合理利用。一方面，合理利用是对文物最好的保护，没有利用的保护实为机械化的保护；另一方面，建设国家文化公园的目的是传承优秀传统文化，如果把这些文化遗产都"锁起来"，不利于增强广大人民群众对中华文化的认同感②。黄河文化遗产遗址多、时间跨度大、区域分布广、所属地域不同，保护难度比一般文化遗产更为复杂，部分遗址遗产等文化遗存因风雨侵蚀或人为破坏而损毁严重。非物质文化遗产因生活生产方式的改变而普遍面临传承乏人等问题，部分项目甚至面临"人亡艺绝"的境地，生存发展遭遇挑战。此外，还存在物质类文化遗产所属单位和非物质文化传承人保护动力不足，保护资金欠缺等诸多问题。缺乏合理开发的意识和手段，创新型发展和创造性转化能力欠缺。黄河国家文化公园的建设应妥善处理保护传统与合理开发之间的关系，保护与开发并不矛盾，保护是开发的前提，开发更有利于保护的实施，关键是做好对"度"的把握。

---

① 程惠哲：《文化建设：处理好社会效益和经济效益的关系》，《中国文化报》2016年3月12日第 版。

② 李婷、王斯敏等：《专家深度解读：长城国家文化公园怎么建》，《光明日报》2019年10月9日第7版。

（四）政府主导与市场参与相结合

以政府为主导繁荣公益性文化事业，以市场为主导发展文化产业，坚持文化事业和文化产业两轮驱动，才能形成公益性文化事业的"补血"和"造血"机制，改善和发展文化民生，推动文化惠民。文化建设是以政府主导还是由市场主导，应由文化的事业和产业属性决定。从国家层面打造文化形象、推进文化建设、传承优秀文化、推动创造性转化和创新性发展的黄河国家文化公园，是站在国家、民族、文化的历史和未来层面建设的一项伟大工程。应在规划、建设、投资、运营、管理等各个环节都强化政府的主导作用，突出国家的意志，凸显社会价值，保证黄河国家公园的建设不偏离《黄河国家文化公园建设保护规划》的既定方向，坚守文化事业的基本属性，不被市场经济等要素所干扰。同时也要妥善处理好政府与市场的关系，注重发挥市场调配要素、整合资源的功能，使二者紧密配合、相辅相成。

四、建设黄河国家文化公园的路径选择

（一）建全体制机制，完善黄河国家文化公园的顶层设计

一是要健全体制机制。黄河国家文化公园呈大分散、开放性、散点化的带状布局，上游流域远离城市，常住人口稀少，有些地方甚至是无人区，而中下游的河南、山东等省份人口密集，城市、县区、村镇遍布其间，跨省、跨市的行政管理主体多层多级，较难形成高效统一的管理协调机制，应进一步健全"统分结合、协同推进"的跨区域、跨部门合作的体制机制。统是凝聚合力，分是明确主体，按照中央统筹协调、部门联动、省（区）推进的工作思路，强化部门联动能力和省级党委、政府的主体责任，实现对区域文化旅游资源的有效整合和一体化开发。二是要健全运维体系。科学划定政府与市场的责权利，综合采取市场化、法治化和信息化等现代运维机制，加快建立科学规范的黄河国家文化公园运营维护体系，强化政府行为与市场参与有机结合的意识，突出强化政府的主体地位，对黄河国家文化公园实施专项资金、债券、贴息贷款等综合金融扶持，完善基础设施和文化服务能力建设。注重发挥市场力量，开发黄河文化的产业

化价值，盘活黄河国家文化公园的运维体系。三是要健全研究体系。建立黄河国家文化公园，需要加强对黄河文化的理论研究能力和研究体系建设。目前，黄河流域9省（区）仅有河南和甘肃两省设置了黄河国家文化公园研究院，其他省份和地市的相关研究机构亟需建立，需要尽快建立一套从中央到省、地市完整的官方和民间研究机构有机互补的理论研究体系。

（二）构建文化体系，展示黄河国家文化公园的文化魅力

一是建设文化地标。择优选择一批能够充分展示黄河文化独具特色的自然地理、文明起源、红色文化、民族融合、人文史迹、水利遗产等足以支撑中华民族根与魂的山水文化景观和标志性文化遗产，作为黄河国家文化公园建设保护的支撑实体，加快建设黄河国家博物馆、黄河文化博物馆、中国彩陶博物馆、黄河流域非物质文化遗产保护展示中心、济南泺口黄河铁路大桥核心展示园、黄河悬河文化展示馆等一大批重点工程。二是挖掘文化内涵。黄河文化内涵广博，是数千年来黄河流域人与人之间、人与自然之间、人与社会之间长期互动共生的文化统合，要以黄河国家文化公园建设为契机，扎实开展黄河文化的理论研究工作，引导广大学者关注黄河文化、研究黄河文化，对黄河文化所蕴含的生活方式、行为准则、价值观念、典章制度、民间传说、宗教礼法、风俗习惯等领域进行深入的理论研究。三是强化传承保护。进一步强化黄河流域文化和非物质文化遗产、自然遗产的全面保护工作，加强对流域内各民族优秀的民间艺术、民俗民风、文学创作、中医中药的保护、研究和传承，运用影视制作、图书出版、实景虚拟展示、多维立体展示、交互体验展示等传播手段，重点对中华优秀传统文化和延安精神、吕梁精神、沂蒙精神、愚公精神、焦裕禄精神等红色文化进行传播，讲好黄河故事。

（三）注重文旅融合，增强黄河国家文化公园影响力

一是要树立品牌意识，注重连点成线。黄河流域有着众多极具开发价值的文化旅游资源，为高质量的文旅融合发展奠定了良好基础。据统计，沿黄9省（区）拥有19处世界遗产、18处世界地质公园、47个国家全域旅游示范区、9个国家级旅游度假区、31个国家级生态旅游示范区、65个5A

级景区、85个红色旅游经典景区、214个全国乡村旅游重点村、278个自驾车房车营地①。黄河流域的山西、河南、山东、陕西、甘肃拥有的全国重点文物数量名列前茅。国家重点支持的6个国家级大遗址保护片区中，西安、洛阳、郑州和曲阜4个片区都位于黄河流域②。作为以国家意志推动的涉及到9个省（区）的黄河国家文化公园建设，推动文旅发展时应注重树立黄河国家文化公园品牌意识，对流域内文旅资源统一品牌推广，统一资源调配，注重黄河国家文化公园品牌的宣传推广，将其打造成具有世界水准、中国气派的文旅带。支持流域内壶口瀑布、香炉寺等世界文化遗产、全国重点文物保护单位、国家级风景名胜区之类的文旅资源继续做大做强，并以此带动黄河国家文化公园内相邻和相近的景区景点发展，连点成线，连点成片，使之像一串串珍珠镶嵌在黄河两岸，延长文旅产业链。二是要注重区域协作，实施差异发展。实施区域协作战略已成文旅产业的发展趋势，例如2021年11月，湖南、湖北和江西文旅部门开始联合打造"鄂湘赣文旅圈"。黄河流域的一些著名景区景点就在两省甚至三省交界之地，晋陕大峡谷、壶口瀑布就分别位于山西和内蒙古、陕西和山西交界之处，黄河国家文化公园应在国家层面的主导下，强化区域协作机制，增强旅游的联动效应，尤其是要强化诸如豫鲁之间、陕甘之间相邻省份的协作机制，提升管理运营水平，对于黄河国家文化公园的文旅工作要通盘考虑，协同推进，鼓励相邻省（区）之间互推客源、互利互惠，利益共享、风险共担。同时，根据河南黄河沿线的区位、地貌、文化、景观等特征，实施差异发展，如针对黄河上游的河湟文化、陇右文化、河套文化，推广生态游、丝路游等路线。三是实施"文旅+"战略，助力全域发展。文旅融合是黄河国家文化公园的一项重要内容，要加快培育一批极具竞争力的文旅旗舰企业，大力开发华夏明文体验游、沿黄古都游、红色文化游等文旅产品。推出黄河文化主题的旅游演艺，开发黄河文创产品、开展黄河文化研学之旅等形式，全面优化提升文旅产业结构布局。实施文旅+农业战略，打造景观农业，发展创意农业，开发传统村落和民俗文化，推广文旅

---

① 张研文：《一文读懂：什么是国家文化公园》，https://weibo.com/ttarticle/p/show?id=2309404580156403483236&ivk_sa=32692#_loginLayer_1644109596276。

② 栾姗：《郑州洛阳列入国家级大遗址保护片区》，《河南日报》2011年8月23日第3版。

与采摘农业、乡村度假等特色农业相结合；实施文旅+工业战略，依托沿黄流域现代化工业体系和黄河工业遗存资源，结合工业参观、工业生产、工业考古、生产体验，建设沿黄工业旅游产业体系，塑造工业品牌，助力文旅多元发展；实施文旅+康养战略，国务院印发《"十四五"旅游业发展规划》明确提出要打造一批国家中医药健康旅游示范区和示范基地。依托黄河流域少林文化、太极文化等享誉世界的养生文化，结合山东、河南等省的中医中药优势和国家中医药健康旅游示范区优势（河南21家、山东4家，其他省略），实施文旅+康养战略，以市场为导向开发精品康养旅游产品，筹建一批综合性康养旅游基地，完善康养配套设施。以文旅+战略为抓手，推进文旅、康养、农业、服务业的融合发展，助力全域快速发展。

（四）强化科技助力，创新黄河国家文化公园文化表达形式

科技的发展能够赋予文化全新的生命力，文化的形态、内容、理念等元素与科技的精神、理论、技术等要素加持，能够有效地丰富和拓展文化的表现方式和表现内容。以央视总台2022年春晚为例，晚会从源远流长的中华优秀传统文化中寻找新的创作灵感，从火热的现实生活中提取新的创作元素，在打造厚重内容的基础上有机融入了XR等虚拟新技术，以电影化制作呈现出影视大片质感的作品，展现出春晚旺盛的创新活力。今年春晚特别打造的720度弧形屏幕，也带给现场观众"沉浸式"体验，使观众用"惊艳"来表达自己的感受。黄河国家文化公园的建设应充分运用科技的元素。AR、VR、5G、大数据的应用使得虚拟仿真技术为黄河文化生命力的焕发打开了一扇新的窗子，通过虚拟技术、网络平台可以更为真实地使人感知黄河文化的产生背景和发展壮大历程，身临其境地体会黄河文化的波澜壮阔和时空变换，体现出科技对于黄河文化的表达能力，破除时间、空间的限制，使人们更加全面深刻地感受黄河文化贯通中西、传承通今、纵横奔流的特质。文化和科技正以前所未有的态势融合是一个不争的事实，例如数字藏品可以通过区块链技术，对艺术品生成唯一的数字凭证，在保护版权基础上实现数字化发行、购买、收藏和使用，河北博物馆推出馆藏国宝"长信宫灯"的数字藏品，刚上线就被秒杀。随着索尼、高

通、百度等国内外科技巨头的相继入场，元宇宙正在从技术想象走进现实，黄河国家文化公园的传统文化必须借助最新的技术手段，来创造高品质的文化内容、探索全新的表达形式，元宇宙主打的沉浸式体验能够为传统文化的现代化表达提供了全新的发展思路和发展模式，数字藏品、数字演艺的出现，将勾勒出黄河文化"虚实相间"的展示新态势，增强黄河文化的感染力和凝聚力。

（作者张祝平系中共河南省委党校科技文化教研部教授）